广州化工交易中心有限公司　中国化工信息中心有限公司　北京化工大学 | 编著

中国石油和化工行业绿色发展蓝皮书

（2023-2024）

BLUE BOOK ON GREEN DEVELOPMENT
IN CHINA'S PETROLEUM
AND CHEMICAL INDUSTRY
(2023-2024)

经济日报出版社
北　京

图书在版编目（CIP）数据

中国石油和化工行业绿色发展蓝皮书 . 2023-2024 / 广州化工交易中心有限公司，中国化工信息中心有限公司，北京化工大学编著 . -- 北京：经济日报出版社，2024.5

ISBN 978-7-5196-1484-3

Ⅰ.①中 … Ⅱ.①广 … ②中 … ③北 … Ⅲ.①石油化工－无污染技术－研究报告－中国－2023-2024 Ⅳ.① TE65

中国国家版本馆 CIP 数据核字（2024）第 083108 号

中国石油和化工行业绿色发展蓝皮书（2023—2024）

ZHONGGUO SHIYOU HE HUAGONG HANGYE LVSE FAZHAN LANPISHU（2023—2024）

广州化工交易中心有限公司　中国化工信息中心有限公司　北京化工大学　编著

出　　版： 经济日报出版社
地　　址： 北京市西城区白纸坊东街 2 号院 6 号楼 710（邮编 100054）
经　　销： 全国新华书店
印　　刷： 北京虎彩文化传播有限公司
开　　本： 710mm×1000mm　1/16
印　　张： 24
字　　数： 240 千字
版　　次： 2024 年 5 月第 1 版
印　　次： 2024 年 5 月第 1 次印刷
定　　价： 168.00 元

本社网址：edpbook. com. cn，微信公众号：经济日报出版社

中国石油和化工行业绿色发展蓝皮书
（2023—2024）

指导专家

雷涯邻　闫　利

主　编

吴　军　刘　棠　赵　君　肖甲宏　罗海燕

编委会成员（按英文字母顺序排列）

白　杨　陈文会　龚燚良　顾　方　江　勇　蒋招梧
李　宾　李东旭　李　莉　李淑波　李晓林　刘玲娜
鲁　瑛　牛倩倩　潘招银　屈一新　辛春林　张　华
张松臣　张译丹　仲　冰　周俊良　胡志宏

前言

石油化工行业是关系国民经济命脉和国家安全的支柱产业之一，其发展从根本上改变了化学工业的原料结构，通过提高技术水平，促进和推动了整个化学工业的发展。石油化工行业是指利用石油、天然气、煤炭等化石燃料为原料合成各种有机化合物的工业领域，其产品广泛应用于能源、化工、建材、医药、食品等多个领域，是现代工业经济的重要支柱。然而，由于传统石油化工在生产过程中产生的废气、废水、固体废弃物等会对环境造成严重污染，同时使用化石燃料也会导致温室气体排放和全球气候变暖，石油化工行业作为能源消耗较大的行业之一，减少对传统能源的依赖是迈向绿色发展的重要举措。当前全球石化行业进入深刻调整期，发达国家不断提高绿色壁垒，逐步限制高排放、高环境风险产品的生产和使用，对我国石化行业产品参与国际竞争提出了更大挑战。面对新形势，石化产业迫切需要加强科学规划、政策引领，形成绿色发展方式，提升绿色发展水平，推动产业发展和生态环境保护协同共进，建设美丽中国，为人民创造良好生产生活环境。

《中国石油和化工行业绿色发展蓝皮书》（简称《蓝皮书》）是一部全面分析和阐述中国石化行业和企业绿色发展现状以及未来展望的蓝皮书，它由广州化工交易中心有限公司、中国化工信息中心有限公司和北京化工大学共同完成，按年度向全社会公开出版发行。《蓝皮书》共包括五大部分：宏观环境篇、发展现状篇、绿色发展指数篇、案例篇和未来展望篇。宏观环境篇，主要分析国内外环境对中国石化行业发展的影响。发展现状篇，简要阐述国际石化行业绿色发展现状和重点分析国内石化行业绿色发展现状。绿色发展指数篇，旨在构建石化行业、企业绿色发展指数模型，并从绿色管理、绿色生产、绿色增长以及典型企业等方面分析石化行业、企业绿色发展情况，并针对石化行业、企业绿色发展提供保障措施和建议。案例篇，从典型案例视角分析对行业绿色发展做出贡献的石化企业的具体发展情况。未来展望篇，旨在分析中国石化行业绿色发展面临的机遇和挑战，并提出我国石化行业绿色发展路径建议。

《蓝皮书》主要聚焦中国石化行业绿色发展的宏观环境、发展现状及趋势展望，为中国石化行业绿色发展提供一定参考。《蓝皮书》与一般意义上的以文字和数据图表为主的年鉴不同，是以年度现状和展望未来为基本特征的著作。《蓝皮书》以文字分析为主，以数据图表为辅，文字描述力求言简意赅，宏观环境、现状分析和未来展望高度强调权威性、逻辑性和概括性，所获结论力求对石化行业绿色发展具有指导性。《蓝皮书》的相关作者主要来自广州化工交易中心有限公司、中国化工信息中心有限公司和北京化工大学等单位，作者团队长期致力于石化行业发展研究，具有一定的专业基础和水准。

雷涯邻、闫利统领了《蓝皮书》架构设计并负责组织全书编撰；吴军、刘棠、赵君、肖甲宏、罗海燕负责蓝皮书的书稿统筹编撰和审定工作。各个章节分工如下：宏观环境篇（赵君、付峒蓉）；发展现状篇（赵君、孙晓军、曹子民）；绿色发展指数篇（肖甲宏）；案例篇（罗海燕）；未来展望篇（赵君、曹子民）。

最后，衷心感谢各位专家和老师在本书编撰过程中给予的指导和帮助！

《中国石油和化工行业绿色发展蓝皮书》编委会

2024 年 3 月

目 录

CONTENTS

宏观环境篇

发展现状篇

绿色发展指数篇

案例篇

未来展望篇

宏观环境篇

政治环境对石油化工行业发展的影响

化石能源对环境的污染被视为污染物来源之首，当前国际社会普遍关注绿色低碳、环境友好等可持续发展问题，石化行业向绿色发展方向转型成为可持续发展的必然选择。政治环境对石化行业的绿色发展产生至关重要的影响，和平稳定的政治环境有利于石化行业健康发展，且可以推动石化行业稳步进行绿色转型。

一、国际政治环境对石油化工行业发展的影响

当前，国际政治环境复杂多变，在充满挑战的国际政治环境背景下，石化行业绿色发展的挑战和机遇并存。

（一）2023 年国际政治环境对全球石油化工行业发展的影响

2023 年，全球石化行业绿色发展面临地缘局势紧张、意识形态冲突和供应链中断等多重冲击带来的危机。在此国际政治背景下，区域市场和贸易格局的重新划分以及金融和通货膨胀风险都为石化市场的发展带来巨大挑战。与此同时，全球石化行业扩能放缓也为市场供需格局调整和行业盈利回升创造了有利条件。

1. 碳达峰碳中和背景下，全球石化行业绿色发展面临新挑战

碳排放问题给全球和中国的经济发展以及油气市场带来了巨大压力，全球推进碳中和的步伐显著加快，给石油化工行业绿色发展带来了新挑战、提出了新要求。根据中国石化石油化工科学研究院《碳达峰碳中和背景及政策分析》报告解读，美国碳中和主要政策包含三个方面：一是在经济领域计划投入2万亿美元，在交通、建筑和清洁能源等领域加大投资力度；二是在政策领域，把气候变化纳入美国外交政策和国家安全战略并加强国际合作；三是在技术领域，加速推进清洁能源的技术创新，持续推动美国“3550”碳中和进程。2023年4月，欧洲议会正式通过“减碳55”（Fit for 55）的一揽子气候计划，以立法形式确保欧盟实现到2030年底温室气体排放量较1990年至少减少55%的气候目标，提出碳边境调节机制（CBAM）从2023年10月1日开始实施，2026年开始起征关税。据联合石化报告《碳中和背景下的碳交易市场展望》解读，这一机制将提高外部产品进入欧盟的门槛，提高欧盟本土产品的竞争力。需要注意的是，欧盟的目标是到2030年CBAM涵盖欧盟碳市场的所有产品，届时石油化工行业将受到影响，尤其是把电池产品纳入CBAM范围，将对新能源汽车及上下游产业链造成较大冲击。

2. 国际石化贸易格局转变，亚洲石化产品出口面临挑战

随着欧洲企业提前进口和贸易豁免期的结束，欧洲更多地转向国际市场寻求替代资源。2023年，国际运费大幅下降，国际贸易流

动阻力大幅降低，为国际贸易调整创造了充分的条件。以聚乙烯和苯乙烯为例，欧盟自2022年4月开始对俄罗斯石化产品实施制裁，但因其设置了豁免期，相关约束在2023年1月8日后才发挥作用。由于欧洲自俄罗斯进口的聚乙烯仅占其总进口量的5%左右，相关缺口将会由现有贸易伙伴增加供应来满足。

随着2023年苏伊士运河干散货船的通行费上调10%的政策得以实施，大量货船绕行非洲好望角，亚洲出口至欧洲市场的石化产品的竞争力正面临挑战，从而对全球石化行业绿色发展造成影响。

3. 受俄乌冲突冲击，天然气供给格局面临重构

在全球化工产业格局中，美国借助页岩油革命、技术优势以及遍布全球的投资，占据重要的地位；欧洲拥有先进的化学工业技术和终端优势，化工新材料和精细化学品的占比高、竞争力强，是全球化学工业的重要部分；中东和东欧地区掌控原油和天然气的话语权，在原料方面具有影响力；中国在制造端和市场方面具有优势。

欧洲消费40%的天然气用于生产化学品，合成氨、甲醇等产品的生产几乎全部依赖天然气。俄乌冲突造成能源危机和欧盟天然气断供，导致欧洲化学工业原材料生产不稳定、规模缩减，石化化工供应链面临断供风险，欧洲产能在全球占比高的聚合物和维生素产品，全球供给格局面临重构。同时，由于天然气是用于生产氮肥的重要原料，天然气供应量减少及天然气、电价成本大幅上涨将直接影响化肥等产业生产，也导致煤炭、石油等高排放原料比重上升。

4. 国际地缘政治局势趋缓，石化行业整体情况转好

2023 年，国际地缘政治局势趋缓，国际原油价格在经济复苏预期不足的情况下，进入下行通道。此后欧佩克主动减产，原油价维持在 70 美元 / 桶以上。2023 年上半年，原油均价为 79.91 美元 / 桶，全球原油需求有所增长，高于去年同期水平的 1.48%。与之相对，下游化工行业得益于原料价格稳步下行，终端需求虽仍未有明显提升，但产品利润率有所恢复，行业整体情况转好。2023 年上半年，全球化工行业总体呈利润恢复态势，常规大宗化工品如聚乙烯、聚丙烯等产品价格小幅下跌，原料大幅下跌，效益率提升。精细化工品则在全球性复苏不利的情形下，需求持续下滑，行业效益情况下行。

（二）2023 年国际政治环境对中国石油化工行业发展的影响

在当前的国际政治背景下，中国石化行业绿色发展迎来新的机遇。首先，碳中和推动中国尖端零碳技术、零碳制造和零碳服务体系等进一步发展，为中国经济“换道超车”和高质量发展带来新动力。其次，大力倡导低碳减排使我国天然气和清洁能源行业快速发展。与此同时，我国石化产业上、下游生产供应链会因国际间技术竞争而重新整合，这为我国的能源转型提供更多的可能。我国积极推进能源全产业链务实合作，为国家石化行业绿色发展提供安

全保障。

1. 碳中和目标为中国推动石化行业绿色发展带来巨大机遇

石化行业是碳元素排放的重要来源，低碳经济模式对石油行业的影响显著。当前，碳中和对各国都是一个前所未有的挑战，但中国面临的挑战却更为特殊。第一，未来 40 年，中国经济很可能保持中高速增长。即使中国力争实现净零碳排放的目标，能源消耗仍将继续增长，这意味着中国经济增长的能源效率和碳排放结构都必须出现较大增幅的改变。第二，中国仍处于工业化和城市化进程中，经济结构能源强度高，且能源结构中化石能源占比超过 80%，相比欧美发达国家服务业占经济的 80% 以上，中国能源转型任务更加艰巨。第三，与其他发展中国家相比，中国在工业化和基础设施建设方面的存量较高。这意味着中国不仅要以绿色方式实现增量增长，还必须对其巨大的存量进行绿色转型。第四，中国幅员辽阔，地区资源和特征差异显著，经济结构多样且发展不平衡，各群体收入差距较大。如何实现协调和平衡转型，是一项艰巨的挑战。

虽然挑战巨大，但碳中和更将成为中国经济“换道超车”和高质量发展的新动力。碳中和并不意味着以高昂的代价来牺牲经济增长。相反，它可以在诸多方面促进经济增长，尤其是在就业、效率提升和经济转型升级等重要方面。例如，随着新能源发电技术的快速发展，碳中和对促进增长的作用在能源领域尤为明显。新技术为中国提供了潜在的巨大出口机会。

2. 低碳减排的大力倡导使我国天然气和清洁能源行业快速发展

绿色低碳对石化行业是重大利好，石化行业与电力、钢铁、交通、信息、人工智能等行业的耦合发展，将有助于加快形成新的机遇。风电、光伏、氢能、储能等新能源产业的快速发展，中国能源体系正在进入重构的大轨道，将在未来几十年内带动大量的石化产业相关投资。

“十四五”以来，国家绿色可再生能源体系构建工程不断推进，我国清洁能源市场加速扩容。生物天然气作为绿色、可再生能源，我国相关技术手段已初步成熟，行业将成为国内天然气市场未来主要发展细分领域之一，逐步补足国内天然气行业产能，提升国家天然气供给安全性，行业整体发展潜力巨大。随着我国生物天然气相关项目逐渐落地，国内生物天然气产量将不断提升，行业供给能力持续增强。

3. 中美加强对话与合作，推动我国石化行业绿色发展

当地时间 2022 年 11 月 14 日，中美双方在巴厘岛会晤达成重要共识。两国元首同意，双方外交团队保持战略沟通，开展经常性磋商。同意两国财金团队就宏观经济政策、经贸等问题开展对话协调。同意共同努力推动《联合国气候变化框架公约》第二十七次缔约方大会取得成功。双方就开展两国公共卫生、农业和粮食安全对话合作达成一致。同意用好中美联合工作组，推动解决更多具体问题。同意中美人文交流十分重要，鼓励扩大两国各领域人员交往。这一

个个“同意”，释放了积极信号。

化学品作为许多民生产品的关键原料，对下游产业影响相当重大，区域竞争、新料源及新制程的兴起都促成了石化产业的重新整合。国际间的自由贸易策略，将影响全球投资方向与供应链的形成。中美加强对话与合作，为我国未来石化产业的发展提供了安全保障。2021 年中国石油化工股份有限公司和美国维吉液化天然气公司（Venture Global LNG）共同签署了为期 20 年，400 万吨 / 年的液化天然气（LNG）长期购销协议，每年 400 万吨的供应量将有力地满足中国的能源需求。这一协议不仅彰显了中美两国在能源转型方面的积极共识，还将对中国的碳达峰与碳中和目标的实现产生积极影响，有助于中国的能源转型。

4. 共建“一带一路”为我国石化行业绿色发展提供安全保障

2023 年是共建“一带一路”倡议提出十周年。十年来，我国积极履行全球企业公民责任，发挥自身能源技术优势，与共建国家开展了多领域、深层次的紧密合作，形成了利长远、惠民众、可持续的合作模式，推动共建“一带一路”高质量发展取得新成效。其中，中国石油化工集团有限公司（以下简称中石化）在“一带一路”共建国家执行石油工程项目合同 314 个，每年从“一带一路”共建国家进口原油 1.8 亿吨，开展成品油贸易 2000 多万吨、LNG 贸易近 700 万吨。我国充分发挥油气勘探开发、石油和石化工程技术服务、油品化工品及设备材料贸易、仓储投资等领域优势，积极推进勘探开发、炼化、仓储、工程服务等能源全产业链的务实合作，为全球能源发展注入了确定性、正能量。

在共建“一带一路”中，我国严格遵守各个国家法律法规和当地环境保护规定、要求，共建国家建立健全环境保护管理体系，站在促进人与自然和谐共生的高度，坚持把绿色低碳理念贯穿共建“一带一路”全过程，通过绿色清洁生产、发展循环经济、保护生物多样性等措施，积极应对全球气候变化，共同守护绿色地球：在厄瓜多尔，优化绿色生产技术，在南美雨林树起绿色环保品牌；在乌干达，采用超静音、零排放钻机，并对钻机外观等进行专门设计改造，最大限度地降低石油钻井对周围环境和野生动物的影响；在沙特，从环境管理、低碳节能、人员培训、环保实践等多个方面践行绿色理念，为配合“绿色沙特”倡议、推进沙特绿色发展贡献力量。此外，我国不断提升低碳发展水平，发布并落实各项节能减排措施，持续与“一带一路”共建国家一道打造绿色油田、绿色工厂、绿色家园。

二、国内宏观政策对石油化工行业发展的影响

2023 年是全面贯彻党的二十大精神的开局之年，中央明确要求，坚持稳中求进的工作总基调，完整、准确、全面贯彻新发展理念，加快构建新发展格局，着力推动高质量发展，更好统筹国内国际两个大局，推动发展方式绿色转型，深入推进环境污染防治。

（一）2023 年国内宏观政策对中国石化行业绿色发展的影响

2023 年政府工作报告明确指出要进一步推动发展方式绿色转型，深入推进环境污染防治。推进能源清洁高效利用和技术研发，加快建设新型能源体系，提升可再生能源占比。完善支持绿色发展的政策和金融工具，发展循环经济，推进资源节约集约利用，推动重点领域节能降碳减污，持续打好蓝天、碧水、净土保卫战。此外，需要加快建设现代化产业体系。强化科技创新对产业发展的支撑。持续开展产业强链补链行动，围绕制造业重点产业链，集中优质资源合力推进关键核心技术攻关，充分激发创新活力。加强重要能源、矿产资源国内勘探开发和增储上产。加快传统产业和中小企业数字化转型，着力提升高端化、智能化、绿色化水平。加快前沿技术研发和应用推广，促进科技成果转化。建设高效顺畅的物流体系。大力发展数字经济，提升常态化监管水平，支持平台经济发展。

2023 年中央经济工作会议要求，要坚持稳中求进、以进促稳、先立后破，多出有利于稳预期、稳增长、稳就业的政策，在转方式、调结构、提质量、增效益上积极进取，不断巩固稳中向好的基础。

作为拥有 14 亿人口的发展中国家，中国正处在转变发展方式、优化经济结构、转换增长动力的关键时期。为贯彻落实党的二十大“推动经济社会发展绿色化、低碳化是实现高质量发展的关键环节”的精神，为实现“碳达峰碳中和”的目标，促进人与自然和谐共生，中国坚持高水平对外开放，持续优化营商环境，促进全球石化行业合作共赢。

1. 坚持高水平对外开放，促进全球石化行业合作共赢

中国持续优化营商环境，继续吸引外资企业在华投资兴业。外资企业扩大对华投资的整体趋势没有改变，巴斯夫湛江项目、沙特阿美盘锦项目等纷纷启动和开工；2023 年上半年新设外资企业数量同比增长 35.7%，不少外资企业将研发中心建在中国，以更好配合其在华市场发展战略，这些都表明了中国对外资的强劲吸引力。中国坚持高水平对外开放，加快构建以国内大循环为主体、国内国际双循环相互促进的新发展格局。这将为外商在华投资提供坚实的市场基础，也将促进全球石化行业合作共赢。

2. 构建人类命运共同体理念下，石化产业绿色转型成为必然

作为发展中国家，中国面临发展经济、改善民生、环境治理、应对气候变化等艰巨任务，仍处于并将长期处于社会主义初级阶段，面临着发展不平衡不充分的问题，发展的质量效益还不高。中国是一个富煤贫油少气的国家，正处在转变发展方式、优化经济结构、转换增长动力的关键时期，工业化和城镇化进程持续推进，能源需求仍将增长，以煤为主的能源结构短期内难以根本改变，能源结构需要时间进行调整。更新国家自主贡献的目标是对全球治理的新的重大贡献，对中国应对气候变化工作提出了更高要求。

在人类命运共同体理念下，中国积极应对气候变化的决心不会改变，落实应对气候变化承诺的决心也不会改变，推动构建公平合

理、合作共赢全球气候治理体系的决心更不会改变。中国把实现国家自主贡献新目标作为促进经济转型升级和高质量发展的机遇，坚持绿色低碳发展的方向，并与国际社会一道，树立创新、协调、绿色、开放、共享的新发展理念，积极推动石化产业绿色转型，推动生态环境高水平保护。

3. 政府大力推动绿色低碳转型，进一步推动石化产业绿色发展

2023 年，我国绿色制造和服务体系不断完善，累计培育国家层面绿色工厂 5095 家、培育绿色制造专业化服务机构 500 余家，带动省、市级层面建立起绿色制造体系，绿色工厂产值占规模以上制造业产值比重超过 17%。绿色发展是高质量发展的底色，制造业绿色化发展的关键点在于加快发展方式绿色转型。石化产业当前主要以石油、天然气、煤炭等化石资源为原料生产一系列有机化学品和高分子合成材料，石化产业的原料结构和生产过程的自身属性必然伴随二氧化碳的排放，同时石化产品和材料的生产过程中也会排出废气、废渣和废水。石化产业加大创新、加快绿色低碳化转型，发展绿色低碳产业，加快节能降碳先进技术研发和推广应用，并坚持先立后破，有计划分步骤实施碳达峰行动，有效控制化石能源消费，逐步实现能源消耗总量和强度调控转向碳排放总量和强度“双控”。

经济形势对石油化工行业发展的影响

石油化工产业是国民经济的重要支柱产业之一，其发展状况随着国内外经济发展水平而产生波动性变化。2023 年，中国石化行业迎来投产大年，虽有中国经济高质量发展，但海外市场需求增速放缓，行业供需错配问题升级，致使行业整体盈利水平继续下滑。在“双碳”背景引领下，在绿色工艺、绿色发展政策驱动下，石化行业向高质量绿色发展方向迈进，加快发展高端绿色石化产品和化工新材料产品，石油材料化，减油增化，以化为主的深度炼化一体化发展将是大势所趋。

一、国际经济形势对石油化工行业发展的影响

2023 年，国际经济处于深度调整期。随着世界经济衰退风险加剧，石化行业贸易壁垒显著增加，石化企业绿色发展面临成本高昂的局面，严重影响世界石化产业绿色发展的稳定。受原料优势突出、成本更低、竞争力更强的进口产品的冲击，中国石化产品和合成材料市场的供给冲击进一步加剧，需求收缩成为不容回避的挑战。尽管国际经济环境复杂严峻，但是中国经济长期向好基本面没有改变。这也为我国石化行业绿色发展提供了有力保障。

1. 全球经济下行压力持续加大，我国石化行业发展面临挑战

2023 年 7 月 25 日，国际货币基金组织发布《世界经济展望》报告，称高于预期的通胀、为遏止通胀而持续加息以及疫情过后市场恢复不及预期等不利因素，全球经济“正危险地逼近衰退”。这也意味着石化行业经济运行面临着更加严峻的挑战。

尽管外部环境复杂严峻，我国经济韧性强、潜力大、活力足，长期向好基本面没有改变。《中华人民共和国 2023 年国民经济和社会发展统计公报》显示，初步核算，2023 年全年国内生产总值 1260582 亿元，比上年增长 5.2%。其中，第一产业增加值 89755 亿元，比上年增长 4.1%；第二产业增加值 482589 亿元，增长 4.7%；第三产业增加值 688238 亿元，增长 5.8%。

2. 国内石化产品和合成材料市场的供给冲击进一步加剧

上一个十年世界石化产业迎来了一个新的经济景气周期，中国把握新一轮景气周期的发展机遇，特别是“十三五”以来，国有骨干石化企业、善抓机遇的民营企业以及在华跨国公司，都把发展的聚焦点瞄准了炼化一体化装置和化工新材料基地。中海壳牌二期、中化泉州、大南海中石油揭阳、长兴岛恒力、舟山浙石化、连云港盛虹等一批大型炼化一体化装置和石化基地集中建设、集中投产，炼油和乙烯总产能双双实现新的跨越，均跃居世界第一。这大大提升了国内石化产品和合成材料的供应能力。另一个不容忽视的供给冲击现实是，原料优势突出、成本更低、竞争力更强的进口产品的

冲击。例如，北美和海湾地区得益于页岩气和伴生气资源、以轻烃为原料经脱氢或裂解获得的烯烃、聚烯烃及其有机化学品，与国内传统原料、传统工艺获得的烯烃，尤其是国内独有的煤制乙二醇、煤制烯烃及其聚烯烃和下游产品，对国内石化产品和合成材料市场的供给冲击进一步加剧。

3. 全球总需求收缩是石化产业近期和未来都不容回避的挑战

受全球主要央行为应对高通胀而采取的货币紧缩政策等多种因素影响，全球经济面临较大的下行压力。由于货币政策收紧，信贷条件恶化，劳动力市场疲软，以及能源价格居高不下等因素，2023—2024 年发达经济体的经济增长保持疲软，全球总需求呈现收缩状态。石化产业既是国民经济的重要支柱产业，也是配套性的能源原材料基础产业，人们的衣食住行离不开石化产品和材料，航空航天、国防军工也离不开石化产品和高性能材料；汽车离不开橡胶轮胎，电子信息等高端制造业以及新能源等战略性新兴产业也离不开专用精细化学品和高性能复合材料。进入工业化和城市化中后期阶段，建筑及房地产业繁荣不再，与石化产业密切相关的建筑材料、装饰装修材料、家电家居及床上用品都呈现收缩状态。当人们更加关注碳减排、传统燃油车禁产禁售呼声日高、新能源汽车备受青睐、汽车拥有量出现平台期，与汽车工业密切相关的轮胎、涂料、保险杠、密封条及其内饰材料也呈收缩之态。需求收缩是石化产业近期和未来都不容回避的挑战。

二、国内经济形势对石油化工行业发展的影响

创新动能持续赋能经济增长，绿色转型步伐加快将为我国经济发展注入新动力。在国内经济环境以及政策利好情况下，石化产业实现新跨越，国际影响力进一步增强。石化行业发展由规模速度型向结构效益型转变，传统品种结构优化、新材料品种丰富、绿色低碳产品加快发展，随着新增产能向高能源利用率企业集中，新兴赛道扩张提速。总体来看，我国石化产业绿色转型在即，挑战与机遇并存。

1. 石化产业实现新跨越，国际影响力进一步增强

“十三五”以来，我国石化产业抓住全球经济和石化产业迎来新的景气周期的新机遇，石化产业的总体规模、产业集中度、整体技术水平和布局结构、产业结构、产品结构都得到了持续提升和优化，石化大国的地位进一步巩固，作为国民经济重要支柱产业的地位和作用更加凸显。一方面经营业绩再创新高。石化全行业收入和进出口总额都再创历史新高，利润总额保持了万亿元以上的历史高位，为国民经济稳增长、稳外贸和健康稳定发展都做出了重要贡献。另一方面规模总量全面跨越。在大宗基础化学品产能产量多年稳居世界首位的基础上，2022 年年底炼油总产能和乙烯产能都首次超越美国成为第一炼油大国和第一大乙烯产能国。尤其是在石化产品的增量方面成为亚太和世界石化产业的主要贡献者，多年来占世界化工市场份额稳定在 40% 以上，世界石化大国的地位日益稳固，国际影响力进一步增强。

2. 新增产能向高能源利用率企业集中，新兴赛道扩张提速

2021 年以来，国家放松石化行业“能耗双控”的要求，行业进入新一轮投资扩产周期。2022 年，国家发展和改革委员会不再将原料用能纳入能源消费总量控制，这有利于加快推动能源要素向单位能耗物质产出效率更高的产业和项目倾斜，推动构建高端完整的化工供应体系，推进行业高质量转型发展。2023 年，在国家严禁新增电石、炼油产能背景下，氯碱及炼化企业产能扩张受限；化纤和煤化工企业加大精细化工产业投资力度，潜在产能增速较大；农药企业供给格局仍分散；综合性企业扩张稳定性最强，竞争力将持续提升。同时，行业内企业持续进行存量资产和增量资产的组合优化，生产集中度和骨干企业产能利用率进一步提高。化工项目朝合理有序实施方向发展，行业发展由规模速度型向结构效益型转变；新项目准入关口从严，不符合要求的落后工艺技术和生产装置淘汰加快；传统品种结构优化、新材料品种丰富、绿色低碳产品加快发展。

3.“集中开工”的石化项目增多，要避免产能过剩

大宗基础产品产能过剩的问题已预警多年，2023 年全国各地都设定了更为积极的增长指标，新年伊始不仅各地包机海外抢订单占据了“头条”，而且投资驱动这架“马车”再次全面加速，各地重大项目“集中开工”高潮迭起，工业领域集中签约、集中开工。但如果是低水平重复建设，可能会导致“集中开工”矛盾越积越多、产能过剩的矛盾更加尖锐、内卷更加严重、发展的不平衡不协调不可

持续问题更加突出。如今我国大宗基础化学品和通用材料产能产量长期稳居世界第一位、炼油和乙烯产能又实现新的跨越的情况下，我们必须面对石化产品已经告别了产品短缺时代的现实以及大宗基础产品和通用材料产能过剩的现状。

我们从重点专业协会座谈会了解到，纯碱、烧碱、聚氯乙烯、甲醇以及苯酚丙酮、环氧乙烷、乙二醇等，这些产能相对饱和的基础化工产品新建和新增产能都在增加。

乙烯是石化产业的重要基础化学品，甚至已成为衡量一个国家石化产业发展水平的一个重要标准。近五年来我国乙烯产能的复合增长率达到了16.4%，我国乙烯产能实现了“三级跳”，2019年我国乙烯产能超过欧洲，2021年超过海湾地区，2022年超越美国跃居世界乙烯产能第一大国。据统计目前国内已公布的、在建和拟建的、计划于“十四五”末要投产的乙烯产能还有3475万吨/年，其中2023年、2024年两年投产的有1370万吨/年，另2100万吨/年计划于2025年底前投产。

4. 我国石化产业绿色转型进程加快，挑战与机遇并存

从行业本身发展特征和社会经济转型的大背景来看，石化行业面临着内部产业价值链升级、避免同质化竞争，以及“双碳”大势下的绿色转型等多重挑战。伴随国内大型炼化进入建设周期的尾声，2023年石化行业产能扩张脚步略有放缓，但市场竞争加剧，同时行业发展的重点也转向结构调整、节能环保和高附加值产品。历经多年的发展，中国的石化工业总体规模目前仅次于美国，稳居世界石

化大国前列，但在规模效应、技术经济水平、盈利能力和竞争力等方面，距离世界石化工业强国还存在一定距离。而作为高能源消耗和高排放的产业之一，石化产业等待价值升级的同时，“双碳”目标的不断推进也将为行业带来更为深远的影响。

随着中国工业化进程逐渐进入后期，钢铁、水泥、有色等高耗能、高排放行业的发展进入平台期并逐渐下降，碳排放也将逐渐减少。对于石化行业来说，化学品的需求还将持续增长，这将为行业的发展带来机遇也为行业的减碳带来很大的挑战。石化行业当前正处于结构调整、提质增效、降低能耗的转型升级关键时期，面临着产品高质化、运营高效化、生产低碳化等一系列挑战。石化行业在转型升级方面面临着时间紧、任务重的压力；在创新技术实现落地上，面临着投产设备成本和高技术人才短缺的挑战。

技术环境对石油化工行业发展的影响

在新一轮科技革命和产业变革的加速演进以及复杂多变的国际形势的深远影响下，世界政治、经济、科技格局加速重构，科技创新成为影响全球经济社会发展格局和竞争格局的关键变量，世界各国均把技术发展放在更加重要的位置。在各类技术不断更迭的局面下，世界科技发展领域、发展范式、发展方向以及目标都面临着新的变化，进一步促进了石化行业低碳转型并推动石化产业绿色发展科技体系的完善。

一、国际技术环境对石油化工行业发展的影响

世界各国为顺应全球科技发展新态势，前瞻科技发展动向，在顶层设计、领域布局、组织变革和基础研究等方面纷纷布局科技创新战略，力图占领科技发展制高点。

当前，国际环境日趋复杂，全球科技竞争新变量不断增加，其不稳定性和不确定性明显增强，世界各国为把握发展机遇，纷纷加强科技战略制定，提出了一系列关乎未来科技发展的长远规划和举措。

1. 加大未来研判和统筹力度，整体规划科技发展的顶层设计

世界各国加大对科技发展的未来研判和统筹能力，从宏观视角

对未来科技发展的目标、路径、支撑保障等方面制定了具有前瞻性的总体规划，并致力于保障国家科技发展安全。

作为全球科技强国，美国在科技领域的投入一直居于领先地位，其在2022年研发经费投入高达7132亿美元，用于支持基础科学研究、前沿技术开发以及创新产业的孵化和发展。美国通过高额的科研经费投入，不断推动科技发展，保持了其在全球科技创新中的领先优势。2022年10月，美国白宫发布的《2022年国家安全战略》提出利用“决定性的十年”促进美国科技发展，将继续维护其全球领导地位，号召盟友联合推进国际技术生态系统。2021年7月，英国政府发布《英国创新战略：创造未来，引领未来》，旨在通过做强企业、人才、区域和政府四大战略支柱打造卓越创新体系，到2035年将英国打造成为全球创新中心。2021年5月，欧盟委员会发布《全球研究与创新方法：变化世界中的欧洲国际合作战略》，新时期的欧盟研究和创新框架计划“地平线欧洲”将成为实施该战略的关键工具。2021年3月，日本政府发布《第六期科学技术与创新基本计划》，用以指导2021—2025年科学技术与创新发展，从宏观战略层面提出实现社会5.0的科技创新政策的纲领性举措。

2. 聚焦信息化、绿色化发展方向，积极谋划科技发展的新式赛道

世界各国积极研判未来科技发展方向，聚焦产业信息化、绿色化发展，持续加大对未来关键技术和新兴技术的投入，加速相关技术突破和成果转化。

2020年3月欧盟发布《欧洲新产业战略》，重点部署计算机技术、微电子技术、高性能计算和数据云基础设施、区块链等关键技术。2021年11月，欧盟理事会通过《单一基本法案》，新资助10个研发合作计划推动绿色和数字转型。日本2020年发布《产业技术愿景》《面向社会5.0的光子学和量子技术》，提出日本将优先发展支撑超智能社会的物联网、数字技术、激光处理、光子量子通信以及光子和电子信息处理等技术。2023年，法国在低碳技术专利方面处于全球领先地位，3所法国研究机构跻身全球前10名，并在氢气开发方面尤其表现良好，在二氧化碳的捕获和储存方面也处于领先地位。2023年，德国政府全力以赴发展可再生能源，举行了首届风能和光伏峰会，发布了德国风能和光伏战略，计划到2030年实现80%的全国消费电量由可再生能源供应，到2035年实现供电系统的碳中和。2023年，气候变化、空气污染等环境问题引发英国科学家强烈关注，剑桥大学研究人员开发了一种太阳能技术，将捕获的二氧化碳和塑料废物转化为可持续燃料和其他有价值的化学产品；该校科学家同时公布了一种漂浮的太阳能装置，可在世界任何地方将受污染的水转化为清洁的氢燃料和纯净水；牛津大学化学家团队首次在不使用危险气体的情况下生产出氟化物。德国出台全球首个国家级氢能战略——《国家氢能战略》，助力技术发展的绿色化转型，并修订《人工智能战略》，将面向人工智能(AI)的财政支出从30亿欧元增加到50亿欧元，推动数字化相关技术突破。韩国发布《5G+战略》，提出到2026年国内5G+产业创造180亿美元的经济价值的战略目标，不断加强信息化、数字化转型。

3. 建立健全科研组织管理制度，提升产业关键技术攻关能力

世界各国不断加强科研组织管理，增设新型机构，优化管理制度，大力推动关键技术攻关，积极推进未来产业发展。美国 2021 年 5 月成立人工智能美国半导体联盟（SIAC），由全球 64 家半导体制造企业和下游用户组成跨部门联盟，以强化美国半导体制造和研究能力。芬兰设立国际技术创新局、科技创新基金会、国家技术研究中心三大机构，作为其国家创业孵化器，为创业企业提供坚实的资源和资金支持。瑞典推行了政府、企业与高校共同构建的“三角螺旋模式”，为科学城提供持久的创新活力。德国未来研究战略体系以德国科学联席会议为纽带，鼓励政府、社会、科研机构等多元主体协同推进创新发展。德国大学和科研机构在 2018 年 10 月联合成立了 3 所马普学院（Max Planck School），以加强产学研之间的合作交流。2021 年 2 月，英国政府成立新的独立科研机构“先进研究与发明局”（ARIA），旨在促进前沿科学和新技术的创新与研发。

4. 探索基础研究发展的新路径，深入推进基础研究能力提升

世界各国开辟面向未来的基础研究建设路径，形成强化研究能力建设、创新人才培养模式、鼓励科研人员自由探索的战略性、前瞻性基础研究机制。2020 年 7 月，英国出台《英国研发路线图》，加大对长期性、基础性科研工作的支持力度，发展世界领先的基础设施和研究机构，增加科学基础设施投资。韩国和俄罗斯近年均将 40% 以上的政府研发经费用于资助基础研究。俄罗斯出台的面向

2030年《国家科技发展计划》提出，要确保基础研究投入占全社会研发投入比重不低于2015年的水平(14.4%)，完善基础研究管理体制，并宣布2018—2024年投入709亿卢布，构建完整的青年科研人才培养和职业发展体系，到2024年将顶尖研发机构青年科研人员比例提高25%。韩国在《第4期基础研究振兴综合计划（2018—2022）》中提出实行“金字塔”分层人才培养制度，持续扩大以研究者为中心的基础研究投资，规模从2019年的1.71万亿韩元增加到2022年的2.52万亿韩元。

（一）2023年国际技术环境对全球石油化工行业发展的影响

在新一轮科技革命和产业变革的加速演进背景下，清洁能源技术创新实现质的飞跃，石化产品和材料的工艺过程逐步向生物技术转型，各类技术不断更迭的局面积极推动全球石化行业进行低碳转型。此外，多元化的国际利益关系也进一步推动石化产业绿色发展科技体系完善。

1. 清洁能源技术创新实现质的飞跃，促进石化行业低碳转型

基于工业化的传统发展范式，带来了物质生产力的飞跃和经济的成功。但是，以扩大生产和促进消费的传统范式往往建立在高碳能源的过度依赖中，导致不可持续的气候变化风险和环境退化。为了应对气候变化这一全球性挑战，各国在可持续发展方向上不断深化合作，拥抱“共同的未来”。《巴黎协定》明确了“1.5℃”的全球温控目标及21世纪下半叶实现温室气体净零排放的实现期限，即提

出了“碳中和”的概念。截至2023年10月，全球已有约150个国家以各种方式承诺碳中和，中国作为全球碳排放量最高的国家，亦承诺采取有力措施，实现“力争于2030年前二氧化碳排放达到峰值，努力争取2060前实现碳中和”的目标。

对于广大制造业企业而言，推进能源替代是当前技术最成熟、效益最直接的自主减排手段。能源替代包括提升电气化率以及清洁电力的使用比例，实现碳减排和污染物的同步降低；而在非电领域中，通过天然气、氢能及生物质能替代传统化石能源的方式实现范围一环节的低碳转型。行业普遍认为2060年中国工业部门电气化率将达到70%~80%，而对于非电领域，主流的能源替代方案主要包括氢能源替代、天然气替代及生物质能源替代等，减少煤炭的使用比例。当下，钢铁、水泥、化工等传统高排放的企业在氢能替代的研发实验中投入了极大的关注，在未来技术成熟时代，氢能凭借其高能量密度、可储存、应用广泛等优势，助力工业部门深度脱碳，促进石化行业低碳转型。

2. 传统石化领域生物化转型是未来发展的重要方向

当前生产石化产品和材料由石油、天然气、煤炭等化石资源为原料向生物质资源为原料转型，生产石化产品和材料的工艺过程向生物技术转型，这一技术倾向为石化产业绿色发展带来机遇。据欧盟《工业生物技术远景规划》预测：2030年生物基原料将替代6%~12%的化工原料，30%~60%的精细化学品将由生物基获得。大家最熟悉的可能是生物质乙醇脱水制乙烯，进而获得有机化学品和聚乙烯等聚合物。相关报道显示，美国、韩国、巴西都正在开发生物质乙醇脱水制丙烯和全生物基聚丙烯技术；近几年大热的生物可降解材料是聚乳酸以及生物法丁二酸、丙二醇、丁二醇、戊二胺以及生物基尼龙、生物基聚酯、生物基聚碳等。传统石化领域的生物化转型，将是未来发展的一个重要方向。

3. 多元化国际利益关系，推动石化产业绿色发展科技体系完善

大国博弈日趋激烈，发展中国家和新兴经济体在群体性崛起过程中不断冲击西方国家经济利益，“一超多强”世界格局深刻调整，原有国际经济秩序和国际体系正在重塑。在未来世界经济实力“东升西降”的发展态势下，面向多元化的国际利益关系突破科技领域国际合作与交流壁垒，与崛起中的发展中国家和新兴经济体合作将深化，按照“需求差异化”“领域差异化”和“方式差异化”原则实施“一国一策”的精准化科技合作战略，建设覆盖全球的科技伙伴关系网络将是发展趋势。加强国际化科研环境建设，有利于开展多层次、多主体国际石化产业科技合作，支持鼓励民间组织和企业等非政府主体积极开展石化领域国际科技合作交流，推动石化产业绿色发展科技体系完善。

（二）2023 年国际技术环境对中国石油化工行业发展的影响

面对当前国际技术环境的新形势，我国石化产业技术发展面临新的挑战，落实石化企业创新主体地位迫在眉睫。

1. 全球产业技术向信息化、绿色化发展对我国石化产业技术发展提出新的要求

党的十八大以来，我国石化产业总体规模、产业布局、产业结构、管理水平等全方位突破，产业集中度持续提升，主要产品产能产量不断实现新跨越，上榜“世界500强”榜单的石化企业不断有新进步。但是，与发达国家和跨国公司相比，我们的行业和企业高质量发展仍在路上，信息化、绿色化发展水平仍不足，与世界先进水平还存在一定的差距。

我国石化产业结构性矛盾突出，主要表现为原料结构和产品结构偏重。原料结构偏重是因为与发达国家和海湾地区相比，我国石化领域不论是原料用能还是燃料用能中以煤炭为原料和煤化工路线比重过高，其基础产品中煤头合成氨和煤头甲醇都占总产能的70%以上，聚氯乙烯电石乙炔路线占比也在70%以上。产品结构性偏重主要是大宗基础化学品过剩、高端产品和高性能材料短缺的结构性矛盾十分突出。我国石化产业的产品结构以纯碱、烧碱、合成氨、氮肥、硫酸、磷肥以及基本有机化学品和通用合成材料为主，产能产量、吨位规模都是世界第一。这些产品的生产过程中，物耗、能耗、排放远高于精细化学品和高性能材料。

就石化全行业和生产基础化学品以及通用合成材料的企业来说，与发达国家以高端产品和高性能材料为主的产业结构以及生产企业相比，其信息化、绿色化、低碳化方面面临着更为严苛的挑战。这

就要求我们立足国情和资源禀赋、立足石化产业的现状和实际，既要通过产业和企业的高质量发展为国民经济各行业和国计民生以及高端制造、战略性新兴产业提供重要保障和配套支撑，又要加快石化产业和企业的信息化、绿色化、低碳化转型。

2. 解决技术短板问题，健全自主可控的石化技术体系刻不容缓

我国在近代错失工业革命和科技革命机遇，因此在科技领域存在引进和吸收发达国家先进技术以提高科技水平的路径依赖，这致使重要石化绿色发展领域的关键核心技术缺失，不利于国家科技产业链、供应链安全。在全球产业链、供应链分工体系下，产业链、供应链的安全性和稳定性需要提升等问题亟待解决。健全自主、可控、安全的石化技术体系刻不容缓。

3. 面对新形势、新需求，落实石化企业创新主体地位

当前，世界各国不断加强科研组织管理，鼓励政府、社会、科研机构等多元主体协同推进创新发展，为创业企业提供坚实的资源和资金支持，积极推进未来产业发展。在科技发展历史中，企业作为重大科技创新突破和产业化主体，在推动国家抓住工业革命和科技革命机遇、增强国际科技竞争力上意义重大。

我国一直重视发挥企业技术创新能力对提高我国科技实力和地位的重要作用，党的二十大对强化企业科技创新主体地位做出明确部署，企业转变为“科技创新主体”。但受到整体创新环境束缚和企业内部运行因素的限制，我国以企业为主体、市场为导向、产学研深度融合的科技创新体系尚未健全，领航企业和中小企业的创新能

力和创新活力不足，尚未完全落实企业作为创新决策、研发投入、科研组织和成果应用的主体地位。面对新形势、新需求，我国持续引导支持石化企业将科技创新作为核心竞争力，落实企业创新主体地位，为实现石化行业高水平科技自立自强和高质量绿色发展提供有力支撑。

二、国内技术环境对石油化工行业发展的影响

面对国际国内发展新环境，调整优化我国科技战略布局、加快塑造科技竞争新优势，对于推动石化产业绿色发展具有推动作用，经济社会的高质量发展、构建新发展格局、有效应对国际科技竞争和挑战具有重要作用。

我国应对气候变化及实现“双碳”目标的急迫性推动了绿色低碳技术的快速发展，主要包括可再生能源开发利用技术、储能技术与化石能源清洁开发技术。近几年，为更高效、更有针对性地实现“双碳”目标，我国生态环境部、国家发展和改革委员会、国家能源局等多部门陆续出台了多个指导能源部门发展的相关规划及文件，包括《2030 年前碳达峰行动方案》《中共中央 国务院关于完整准确全面贯彻新发展理念做好碳达峰碳中和工作的意见》《中华人民共和国国民经济和社会发展第十四个五年规划和 2035 年远景目标纲要》《2022 年能源工作指导意见》《“十四五”能源领域科技创新规划》《“十四五”现代能源体系规划》等，各类规划及文件中均提

出了构建清洁低碳安全高效的现代能源体系的规划目标，要求加大绿色低碳科技攻关与推广应用，并针对能源转型方面需要重点关注的技术方向提出了引导。

2023年6月30日，工业和信息化部、教育部、科技部、财政部、国家市场监督管理总局联合发布《制造业可靠性提升实施意见》（以下简称《意见》）。《意见》明确提出，围绕制造强国、质量强国战略目标，对标国际同类产品先进水平，补齐基础产品可靠性短板，提升整机装备可靠性水平，壮大可靠性专业人才队伍，形成一批产品可靠性高、市场竞争力强、品牌影响力大的制造业企业。

《意见》指出，需要围绕可靠性工程管理、设计、制造、分析评价、试验验证等环节，依托国家重点研发计划等科技重大项目，研究可靠性前沿基础和应用技术，突破可靠性正向设计关键技术，开发可靠性工程新方法和新工具；推广先进可靠性管理工具，鼓励产学研用联合攻关，构建可靠性设计技术体系，推广可靠性建模、分配、预计等普适性可靠性设计技术，鼓励企业加强可靠性设计技术应用，促进可靠性设计与产品功能设计同步实施；强化可靠性工程技术应用，加强可靠性技术的推广。

《意见》提出了深化数字技术在可靠性提升中的应用的四大途径。推动新一代信息技术与可靠性工程深度融合，以数字技术促进关键核心产品可靠性提升；加强数字模型等工具的开发应用及配套标准研制，运用基于模型的系统工程、数字孪生、可靠性仿真等技术提高产品可靠性设计水平；推动生产制造装备数字化改造，促进传感、机器视觉、自动化控制、先进测量等技术在生产制造环节深度应用，提高生产效率，降低质量波动；加强智能检测、故障预测等技术应用，提高检验检测效率和精准性，有效降低产品故障风险，提高产品可靠性。

目前，全球石油化工第一大技术来源国为中国，中国石油化工专利申请量占全球石油化工专利总申请量的62.66%；其次是美国，美国石油化工专利申请量占全球石油化工专利总申请量的14.47%。日本和韩国排名第三和第四，但是与排名第一的中国专利申请量差距较大。全球石油化工行业专利申请数量TOP 10申请人分别是中国石油化工股份有限公司及旗下四所研究院、中国石油天然气股份有限公司、沙特阿拉伯国家石油公司、法国石油公司、环球油品公司、中国石油化工集团有限公司。其中，中国石油化工股份有限公司石油化工专利申请数量最多，为23726项。中国石油化工股份有限公司石油化工科学研究院排名第二，其石油化工专利申请数量为8657项。

为应对气候变化及实现“双碳”目标，绿色低碳技术快速发展，各石化企业积极推进节能降碳的技术突破。随着应用信息技术发展成熟，智慧石化、绿色石化是我国石化行业发展的必然选择。

1. 明确技术发展方向，加快新增领域节能降碳改造

随着产能的快速投放和技术更新迭代加快，PTA、乙二醇、钛白粉、轮胎等重点领域存量项目产能规模差异较大，技术水平差距明显，如我国PTA的单装置规模从9.6万吨/年到360万吨/年不等，

乙烯法乙二醇的装置规模从5万吨/年到90万吨/年不等，硫酸法钛白粉与氯化法工艺的污染物排放存在明显差异，轮胎能效领跑者企业能耗低于行业平均值，天然碱法制纯碱产能占比快速提升，对联碱法、氨碱法工艺造成明显冲击等。由于相同领域内的不同企业装置能效水平存在明显差距，通过采用先进绿色低碳工艺、大型节能技术装备，加快先进技术迭代等对现有装置进行技术改造，可以显著提升石化行业绿色发展的能效水平。

2. 碳减排压力下，石化企业积极推进节能降碳的技术突破

新一轮科技革命将从降碳技术应用、零碳技术应用、负碳技术应用三个层面驱动石化行业低碳发展。比如，通过能效提升及工艺改进、使用替代原材料等方式减少直接排放，通过使用绿色电力减少间接排放，通过构建循环经济、开发生产绿色低碳产品、优化运输和储存等方式减少产品价值链排放，CCUS使用碳抵消机制等能够帮助石化行业减少全生命周期碳排放，加快实现碳中和。一方面是节能减碳技术，比如原油直接制烯烃，炼厂可以跳过燃料这一步直接生产有固碳作用的化工品。另一方面是二氧化碳的再利用技术，最理想的还是在化工方面的再利用，比如二氧化碳和氢进一步反应生产化工产品。如果能够在技术上大规模实现，又能有较低的成本，相当于找到了碳中和的路径，但这需要企业久久为功、长期投入。

目前有的石化企业正在对合成氨、尿素、电石、烧碱这些重点耗能行业实施节能降碳的技术改造，以加快推动节能降碳。另外，

有的石化企业在生产乙烯时选择轻烃工艺路线，这种工艺本身的碳排放和能耗相对较低。还有一些石化企业在发力二氧化碳利用技术，比如二氧化碳加氢制甲醇技术，目前已有项目投产。还有一些油田会用二氧化碳驱油。

3. 智慧石化、绿色石化是我国石化行业发展的必然选择

当前，我国石化行业正处于产业升级、力争实现“双碳”目标的关键时期。石化企业需要加速推进绿色发展和数字化转型，减少能源损耗和原料使用，提升管理效率，节约人力和生产成本，提升经营效益，推动智能石化和绿色石化深度融合。新一代信息技术在提高能源管理效率、改进能源使用方式、预测能耗水平等方面，具有不可替代的作用。因此，全面深入地应用信息技术发展成果，通过“数实融合”，构建智慧石化、绿色石化是未来我国石化行业发展的必然选择。随着石化行业数字化建设深入发展，我国石化产业的数字化已经形成了一定规模，围绕企业节能降碳背景，建立了丰富的解决方案和成功案例数据库，贯穿产业的各个环节，将节能减排行动落到实处。

4. 充分利用技术资源优势，实现石化产业系统性的重大变革

中国绿色发展具有独特优势。一是中国政府协调和管理国家发展战略系统性变化的能力。二是中国巨大的市场和增长潜力。这就为新技术的培育、孵化和发展提供了有利条件。三是中国的绿色技术和绿色产业，很多已处于全球领跑地位。例如，新能源、电动车等。这种优势有望继续保持和扩大。四是中国在数字技术的研发和

应用方面也具有坚实基础，并可以利用数字技术加快低碳发展。综上所述，充分利用这些优势，中国将有望以“换道超车”的方式，降低传统产业的重置成本、沉没成本，推动石化产业技术、产业和发展范式的系统性重大变革。

发展现状篇

国际石化行业绿色发展分析

在新一轮科技革命和产业变革加速演进的深远影响下，全球化工格局不断重塑，不同国家和地区化工行业发展具备不同特点。欧洲化工产业持续向高端化和精细化发展，凭借先进的化学工业技术和终端优势，通过分拆、合并实现了化工产业中的理想收益，在全球化工产业格局中占据重要一席。美国凭借页岩油革命和技术优势，以及遍布全球的投资和影响力，在全球化工产业格局中占据重要地位。中东和东欧逐步拓展产业链，提高原料利用能力和全球化竞争力，始终坚持掌握原油和天然气话语权，其原料端在全球化工产业中具有明显影响力，特别是轻质原料。中国作为全球最大消费市场，正逐渐承担起化工产业转型的重任，作为后起之秀，凭借制造业实力和巨大的市场优势，促成一批规模化的化工装置拔地而起。中国化工产业正走向规模化阶段。

一、国际石化行业绿色发展整体现状

（一）整体情况分析

1. 全球化工格局不断新建和重塑，不同国家和地区已经形成各自的化工产业发展特点

（1）全球化工企业将会继续加快结构性调整

产业升级和终端市场带来的消费升级，推动了新型和高端化学品市场，从而驱动了全球化学工业的新一轮产业结构调整和升级。一方面是生物质能和新能源的升级，另一方面是新材料和功能性材料、电子化学品、膜材料和新型催化剂的升级。（见表 2-1）

表 2-1　全球主要化工巨头未来新材料发展战略汇总

公司	业务	原料	比重	产品
巴斯夫	表面处理技术	石油、生物基	28%	树脂、汽车涂料
	材料业务	石油	18%	高性能聚合物、塑料添加剂
亨斯迈	聚氨酯	生物基	60%	建筑外墙用聚氨酯喷涂体系
	功能产品	生物基	17%	胺类、特殊表面活性剂及碳酸脂类产品、膨胀型涂料

（续表）

公司	业务	原料	比重	产品
亨斯迈	先进材料	生物基	14%	环氧树脂、丙烯酸、胶黏剂等
科思创	聚氨酯	生物基	47%	TPU 手机壳
	聚碳酸酯	石油	28%	3D 打印材料
	涂料、黏合剂和特种化学品	石油、生物基	19%	增强粉末涂料树脂
赢创	智能材料	石油	27%	无机材料、高性能聚合物、聚酰亚胺、薄膜、复合材料等
	高纯特种添加剂	石油	26%	涂料添加剂、油品添加剂、液压油等
	功能材料	石油	16%	ITDA、碳酸氢钾、吸水剂等
陶氏	聚氢酯和建筑化学品	石油	21%	硬质泡沫、防水剂
	功能材料和涂料	生物基	21%	环氧树脂、电子材料和涂料等
杜邦	光伏与先进材料	石油	4%	导电浆料、背板材料、黏合剂
	电子与成像	石油	19%	服务于半导体、先进芯片封装、电路板、电子与工业表面处理显示、柔版印刷等

综观石化巨头，很多是在某一项专精领域起家，之后开始发散扩张。整体发展逻辑具有一定周期性，呈现收敛—发散—收敛—再发散的特点。目前及未来一段时间，巨头们可能处于收敛周期，它们的运作更多是去枝存干，强强联合，战略方向更集中。

巴斯夫作为全球规模最大的化工企业，未来战略发展重点将会集中在涂料和催化剂领域。在新材料业务方面，巴斯夫未来的战略定位，将会主要集中在高端特种工程塑料、生物可降解塑料、聚氨酯材料等领域。亨斯迈是全球精细化学品重要制造商，是全球聚氨酯类产品重要生产企业。未来亨斯迈的发展重点，依旧集中在聚氨酯、功能性产品及新材料领域，其中新材料产品有环氧树脂、丙烯酸及树脂、聚氨酯基聚合物产品等。美国杜邦公司是一家以科研为基础的全球性企业，提供能提高人类在食物与营养，保健，服装，家居及建筑，电子和交通等生活领域的品质的科学解决之道。未来杜邦的发展战略方向，主要集中在光伏与先进材料生产，如导电浆料、背板材料等。在电子及成像领域，未来杜邦主要聚焦半导体、先进芯片封装、电路板、电子和工业表面处理、显示及柔版印刷等。科思创是全球领先的优质聚合物供应商，未来科思创的主要围绕目前核心业务开展，主要是聚氨酯、聚碳酸酯、涂料、黏合剂和特种材料领域，其中涂料、黏合剂领域和密封材料领域，是科思创重要的全球战略发展方向。

（2）“双碳”趋势可能会改变石化企业的战略定位

石油化工行业在碳排放中占比较大，是“双碳”趋势下需要作出巨大调整的行业。欧洲和美国国际石油巨头的战略调整方向大同小异。其中，美国石油巨头将重点放在碳捕捉、碳封存的相关技术开发，大力开发生物质能；欧洲等国际石油巨头是将重点转移到可再生能源、清洁电力方向。

BP 公司（英国石油公司）通过新能源建设和 CCUS 项目，实现“碳排放”再平衡。战略调整信息显示，BP 公司提出“重塑 BP 计划”，未来会加大清洁能源产量，增长主要来源于氢能和生物质能。埃克森美孚公司重视“CCUS”和“碳汇抵消”，将在 2022—2027 年向低碳业务投资 150 亿美元。壳牌公司通过剥离“高碳”业务，加速“新能源布局”。壳牌公司剥离上游油气和下游炼化，积极布局风能、光伏发电以及电动汽车充电站项目；公布了全新的“赋能进步”业务战略，计划到 2050 年实现企业维度“碳中和”。雪佛龙公司始终追求“生物燃料”发展模式；雪佛龙公司将在 2021—2028 年向低碳业务投资 100 亿美元，业务投资占比提升到 7%，其中，生物燃料是雪佛龙公司部署的重点战略。

中国化工巨头在面对碳中和时的策略调整：中石化作为中国最大的化工企业，以碳捕集与封存（Carbon Capture and Storage，CCS）和加油站光伏改造为主；氢能是目前中国石化的新能源业务，将加快打造“油气氢电非”综合能源服务商。中石化还将在可降解塑料、高端聚烯烃材料和高端合成橡胶材料等方面发力，将原料和产品实行高附加值化生产。中国石油天然气集团公司（以下简称中石油）以多元化为主要解决之策。中石油是中国第二大化工生产企业，是中国最大的原油贸易及相关服务商，加快建设“智慧能源综合补给站”，集合成品油零售、CNG 加气、汽车充电换电、光伏能源发电为一体；建设碳汇林地，捕集碳。万华化学集团股份有限公司（以下简称万华化学）通过强强联合推进“双碳”解决方案。万华化学作为中国“巴斯夫”，与中国华能集团有限公司（以下简称华能集团）共同建设分散式风电项目和光伏新能源公司，助力区域新能源产业发展。万华化学还与中粮集团有限公司成立合资公司，在生物质能及相关可降解材料方面达成长期合作。恒力石化股份有限公司（以下简称恒力石化）积极发展可降解塑料产品。恒力石化主要集中在可降解塑料及新材料领域，目前公示了 5 套可降解塑料产品，包括 PBS、PBAT 等产品。恒力石化子公司拟建设 30 万吨 PBS、PBAT 装置若干项，2024 年已投产 6.6 万吨 PBS/PBAT，在大连长兴岛园区形成可降解塑料生产基地，未来规模将拓展到 45 万吨 PBS。

（3）化工产业原料轻质化带来全球性化工产品结构转变

全球有 300 多种原油种类，分布在全球主要产油国家，其中包括沙特阿拉伯、美国和俄罗斯，三国总占比 42% 左右（见图 2–1）。世界石油消费国全球份额占比中，美国、中国、印度、沙特阿拉伯、日本等排名靠前（见图 2–2）。中国每年进口原油中，中质和轻质石油占比较大，重质占比较小（见图 2–3）。随着美国页岩油供应增长，美国从最初的原油净进口国转变为原油净出口国。美国页岩油为轻质原油，加大了全球轻质原油供应量。2019 年，全球原油供应中轻质油比例由 29.3% 增至 33.2%，中质油比例从 55.5% 降至 53.1%，重质油比例从 14.2% 降至 12.9%。

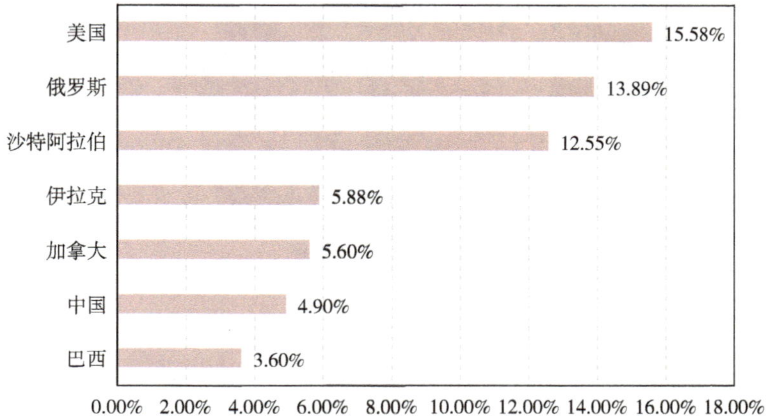

图 2-1　全球不同国家 2019 原油产量占比

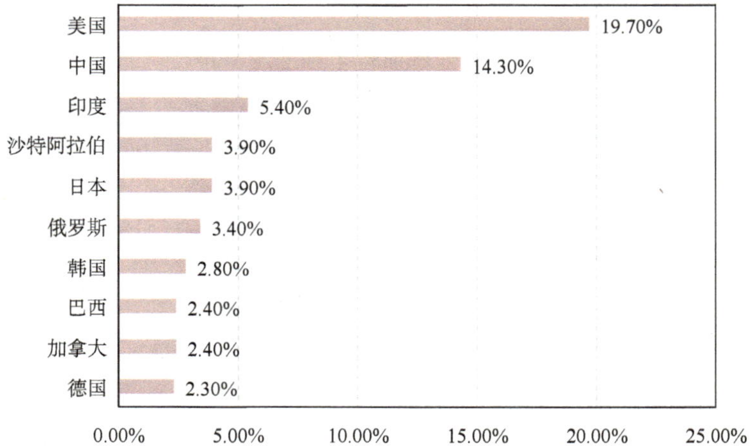

数据来源：EIA。

图 2-2　2019 世界石油十大消费国全球份额

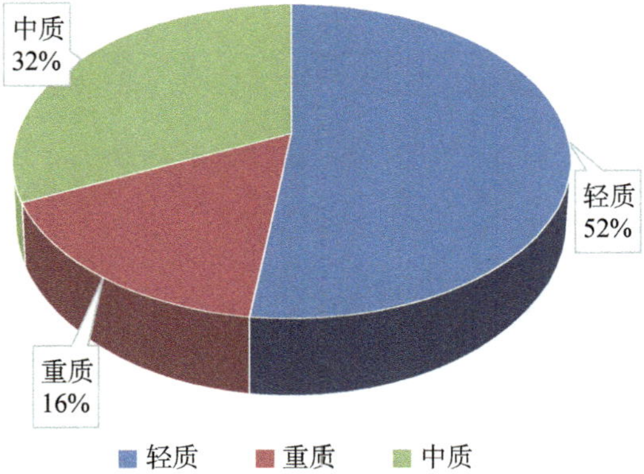

数据来源：中国海关。

图 2-3　中国 2019 年进口原油品质占比

表 2-2　2010—2020 年全球原油生产情况（单位：万桶日）

	2005 年	2010 年	2015 年	2016 年	2017 年	2018 年	2019 年	2020 年
全球产量	7409	7423	8075	8063	8069	8244	8201	7576
轻质油	2086	2178	2419	2355	2425	2634	2762	2516
中质油	4196	4120	4394	4469	4432	4418	4303	4024
重质油	1050	1057	1196	1179	1152	1134	1077	975

数据来源：2021 世界能源评论。

（二）能耗、污染和碳排放

1. 能源消耗

炼厂最大二氧化碳来源是大型公用锅炉和各过程中的加热炉、

催化重整装置、催化裂化催化剂再生器等。化工生产过程中二氧化碳排放主要来自化石燃料的燃烧，2018 年全球化工行业二氧化碳排放量为 8.75 亿吨，如果不采取措施，到 2030 年将达到 10.65 亿吨。

2. 温室气体

炼油和化工行业是能耗和碳排放大户。炼油工业占所有工业温室气体排放量的 6% 左右，是全球工业领域减排的重点行业。2021 年全球炼厂二氧化碳排放量约为 12 亿吨，如果不采取任何减排措施，预计 2030 年全球炼厂二氧化碳排放总量可达 165 亿吨。

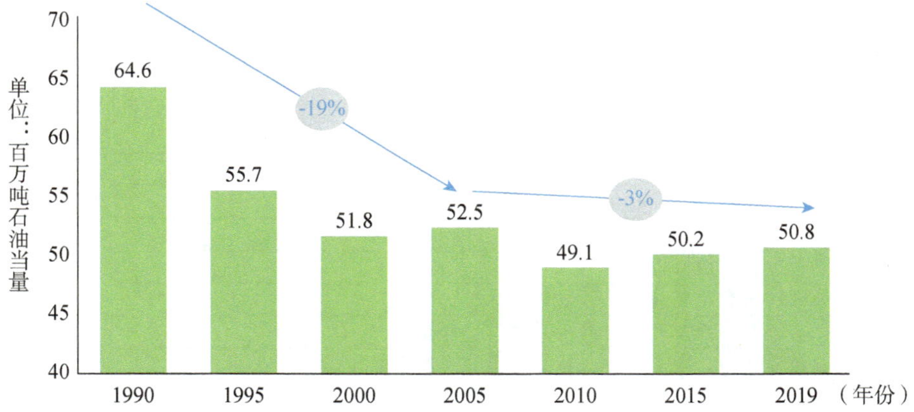

数据来源：欧洲统计局。

图 2-4　欧盟化学品燃料及电力消耗

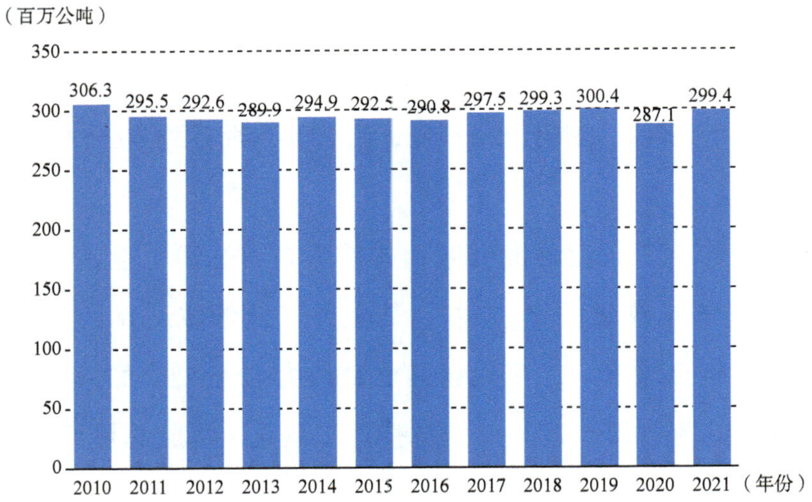

数据来源：数据统计公司 Statista 2024。

图 2-5 欧盟化学品石油产品总消耗

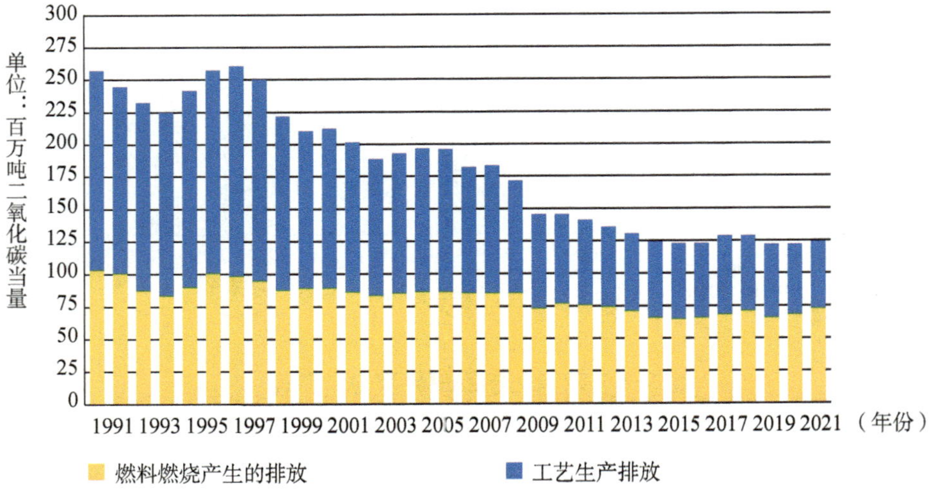

数据来源：欧盟环境署。

图 2-6 欧盟化学产业温室气体排放量

（三）绿色技术方面

绿色化学、化工技术取得了长足进步。1990年美国颁布污染防治法案，1996年美国政府设立“总统绿色化学挑战奖”，1997年由美国国家实验室、有关大学和企业联合成立了绿色化学院，绿色化学的研究在美国兴起。此后，日本、欧洲、拉美等地也相继掀起绿色化学研究的热潮。在绿色化学研究的基础上，绿色化工生产技术快速发展，其研究范围包括：（1）原料绿色化，即选择无毒、无害原料，以及替代性和可再生原料（如生物质、淀粉和纤维素）；（2）化学反应绿色化，目标是实现“原子经济反应”；（3）反应介质绿色化，即采用无毒、无害的催化剂、溶剂和助剂；（4）产品绿色化，即生产环境友好的化工产品。

在原料绿色化方面，国外已开发出用无毒或低毒化学品替代剧毒的光气和氢氰酸生产许多化工产品的技术。如意大利埃尼公司开发出以一氧化碳、甲醇和氧气为原料制备碳酸二甲酯（DMC）的工艺，从而淘汰了以光气和甲醇为原料生产DMC的技术等。在替代氢氰酸方面，日本旭化成公司开发出用异丁烯直接氧化生产甲基丙烯酸的技术，代替以氢氰酸和丙酮为原料生产甲基丙烯酸的技术等。

化学反应绿色化的目标是实现“原子经济性反应”，以最大限度地利用原料和减少废物排放。在石油化工生产过程中，已有一部分生产技术是“原子经济反应”的应用实例。如乙烯聚合生产聚乙烯、丙烯聚合生产聚丙烯、对苯二甲酸（PTA）与乙二醇聚合生产聚酯、甲醇羰基化制醋酸以及在钛硅分子筛的催化作用下，环己酮与氨、过氧化氢一步直接合成环己酮肟等都属于“原子经济反应”。此外，绿色化工技术还在反应介质绿色化、产品绿色化等方面取得了积极进展。

为应对资源、环境的制约和气候变化的挑战，世界石化产业在发展绿色化工技术的同时，加快开发和应用节能减排、生物基化学品以及二氧化碳的捕集、封存和利用技术，石油石化企业积极实施绿色低碳发展战略，取得了显著成绩。

埃克森美孚公司探索低碳高效运营模式，将其温室气体减排的战略目标分成 3 个阶段：近期目标是提高能效；中期目标是推进成熟减排技术的应用；长期目标是开发突破性新型减排技术。该公司把提高能效作为减少二氧化碳排放的最重要途径。在生产过程中实现能源的优化利用，推广采用最新透平技术的热电联产生产方式，显著提高了能效，并在全球 30 多个地区建设了 100 多座热电联产装置，2011 年热电联产能力超过 5 GW。该公司在生产运行中实施能源管理系统，控制碳排放量，2000—2011 年，减少温室气体排放超过 52 Mt。埃克森美孚公司还致力于开发可再生能源，2009 年 7 月推出光合成海藻生产先进生物燃料研发计划，预计投资将超过 6 亿美元。

巴斯夫公司坚持开发绿色、低碳技术和产品，每年在提高能源效率、气候保护、资源节约和可再生原料领域的研发投入达 4 亿欧元，超过研发总投入的三分之一。通过提高能效，1990—2008 年，该公司在产量增长 68% 的基础上，温室气体排放的绝对量下降

32%，单位产量的温室气体的排放量下降 60%。2010 年巴斯夫公司除在自身生产过程中显著降低温室气体排放量外，还通过创新气候保护解决方案，帮助客户减少二氧化碳足迹 322 Mt。

2012—2035 年，全球能源消费总量将增加 41%，人均能源需求量将增长 14%。随着世界经济社会的发展，能源消费总量将显著增加，在能源、环境约束凸显的今天，提高能效、降低能源消耗、减少排放已成为全球共识。同时，节能也是减排二氧化碳的首要措施。2010 年发布的《IEA 能源技术展望》给出了 2010—2030 年不同低碳技术对减少碳排放的贡献度：提高能效 56.9%、可再生能源 22.9%、二氧化碳捕集和封存 10.8%、核能 9.97%。

由此可见，节能是减排二氧化碳最重要的途径。因此，各大石油石化公司和研究机构都把开发节能减排技术作为研发的重要方向，相继开发出一系列节能减排新技术，并积极推广应用。例如，近年来 PTA 节能技术有突破性进展。美国 Pxarair 公司开发了以富氧为基础的氧化工艺，与传统的 PTA 工艺相比，氧化工艺的选择性可从 96.2% 提高到 98.2%，原材料和公用工程消耗也大幅降低；Dow 化学公司和戴维工艺技术公司开发了紧凑型 PTA 工艺技术，与传统 PTA 工艺相比，紧凑型 PTA 工艺技术不仅可降低 15% 的投资和 20% 的公用工程消耗，还可节约 25% 的装置空间；BP 公司 PTA 减排新技术使废水和气体污染物减排三分之二，固体废物减排一半，挥发性有机物排放基本消除。又如，异氰酸酯节能减排技术也取得新进展，拜耳公司采用节能新工艺在上海漕泾投运的 250 kt/a 二异氰酸酯装置，与传统装置相比，降低了约60%的能耗、80%的溶剂消耗，每年可减少二氧化碳排放60 kt，并降低20%的投资金额。

各大石油石化公司通过开发、推广应用节能减排新技术，实施优化能效解决方案，取得了积极成效。如BP公司实施工厂操作优化和能效优化解决方案，2011年能源消耗总量比2010年降低了10%；巴斯夫公司每年因节能节省的成本相当于节省2.60 Mt原油的使用量，约合节省10亿美元的成本。

用生物质原料生产生物基化学品是减轻对石油的依赖和对气候影响的重要途径。生物质气化可制得富含氢气和一氧化碳的合成气，由合成气可生产系列化学品。生物质还可经预处理，通过微生物或酶将多糖转化为单糖，再经化工或生物技术转化成化学品。在各国政府的重视和支持下，一批技术公司和部分石化公司涉足生物基化学品的技术研发，并取得了显著成绩。目前已有一些生物基化学品进入市场。据美国《化学周刊》2013年8月9日报道，目前世界100%的1，3-丙二醇和99%的乳酸生产用原料来自生物质。2011—2013年，琥珀酸产能已从3 kt/a增至50 kt/a。

生物基化学品的研发不断取得新进展。Braskem公司2010年9月率先在巴西建成世界首套基于甘蔗基乙醇生产0.2 Mt/a乙烯的“绿色”乙烯装置，为下游装置提供原料。2012年Genomatica公司与杜邦Tate&Lyle生物产品公司合作，成功地工业放大生产出2.27 kt生物基1，4-丁二醇产品，生产过程的能耗比经典Reppe法的能耗降低约60%，二氧化碳排放量减少70%。德国Lanxess公司以

Genomatica 公司生产的生物基 1，4- 丁二醇为原料，成功制备出 20 t 聚对苯二甲酸丁二醇酯（PBT），Genomatica 公司与美国杜邦公司对半出资，在德国建设 80 kt/a PBT 生产装置，生产生物基 PBT 产品。

另一重要进展是生物基丁醇。Gevo 公司通过发酵技术生产生物基异丁醇。据美国《世界炼油商务文摘周刊》2013 年 9 月 2 日报道，Gevo 公司继成功开发并生产出生物基异丁醇产品后，已在实验室用生物基异丁醇生产出对二甲苯 / 聚对苯二甲酸乙二醇酯，并建成投产了生产生物基对二甲苯的示范装置。Myriant 公司和 JM Davy 公司合作成功投运了以生物基丁二酸为原料的丁二醇 / 四氢呋喃生产装置。中国石化扬子石化公司 1 kt/a 生物基丁二酸中试装置已产出高纯度丁二酸，采用的工艺可在发酵过程中大量利用化工装置副产的二氧化碳，每生产 1 t 丁二酸产品可利用 0.37 t 二氧化碳。随着美国页岩气革命的蓬勃发展，北美的乙烯厂多用廉价乙烷等轻烃作为原料，导致丁二烯供应缺口进一步增加。因此，开发生物基丁二烯技术成为另一热点。美国 Genomatica 公司已开发出生物基丁二烯技术，该公司正在将生产生物基丁二烯技术推向工业规模应用。Cobalt 公司在开发的生物基正丁醇技术的基础上，正在研发以生物基正丁醇为原料生产生物基丁二烯的成套技术。

一些大型石化公司先后介入生物基化学品业务。除了前述的杜邦公司外，Dow 化学公司在巴西拥有以甘蔗基乙醇为原料的 0.35 Mt/a 聚乙烯装置，并正在与拥有由玉米和蔗糖低成本生产丙烯酸中试技术的 OPX-Bio 工业生物技术公司合作，开发生物基丙烯酸工业生产技术。据《化学周刊》2013 年 7 月 3 日报道，巴斯夫公司与 Cargill 公司和 Novogymes 公司合作，已成功地以中试规模生产出生物基丙烯酸产品。除了上述生物基化学品外，还有一批生物基化学品如异戊二烯、异丁烯、己二酸、己二胺、1- 丙醇及异丙醇等正在加紧研发中。

减排二氧化碳是石油石化企业绿色发展的重要内涵和应承担的社会责任。近年来，国际石油石化公司在大力开展节能减排的同时，也积极开展二氧化碳的捕集、封存和利用研究。在二氧化碳的捕集和封存方面，一些公司在积极研发和示范该技术。例如，法国道达尔公司开展了一项一体化二氧化碳捕集和封存试验项目（Lacp 项目），该项目采用燃烧碳捕集技术，通过管线输送至储存地点，最后注入枯竭的天然气田，被称为世界第一条“碳捕集与封存链”。

壳牌公司在英国的彼得黑德项目，得到了英国 SSE 电力公司和彼得黑德燃气电站业主的支持，其目标是用十年时间捕集 10 Mt 二氧化碳，可为 50 万个家庭提供可使用一年的清洁电力。2010 年埃克森美孚公司在美国怀俄明州和挪威通过地下灌注形式，封存二氧化碳近 5 Mt。

在二氧化碳的利用方面，为了降低碳排放，并替代石化原料，二氧化碳的转化利用研究成为石化公司研究的热点。例如，日本三井化学公司开展了二氧化碳转化制甲醇的中试研究，建成投运了 0.1 kt/a 的中试装置；日本旭化成公司开发出以二氧化碳和苯酚为原料制取碳酸二苯酯（生产聚碳酸酯的原料）的新工艺；拜耳公司与德国亚琛工业大学合作，回收 RWE 公司褐煤电厂烟气中的二氧化碳，用其作原料利用高效锌基催化剂生产多元醇，进而生产聚氨酯。拜耳公司还正在与合作伙伴合作利用风电电解水产生的氢气与回收的二氧化碳反应生成一氧化碳，最终用于制造聚碳酸酯、聚氨酯泡沫塑料等；巴斯夫公司成功开发出高效、低毒、非贵金属催化剂，将二氧化碳转化为聚碳酸酯；德国在利用可再生能源转化二氧化碳技术方面取得重大进展。利用太阳能和风能电解水产生氢气，再用氢气与二氧化碳作用，转化为甲烷。2012 年 11 月，德国巴登 – 符腾堡州太阳能与风能研究中心与其他单位合作，建成世界上规模最大的日产 300 m^3 甲烷气示范装置，标志着该项技术已进入工业试验阶段。

此外，Lanza 技术公司开发了用工业废气中的二氧化碳生产醋酸新工艺，马来西亚国家石油公司已与 Lanza 技术公司签订协议，将建设用工业废气中二氧化碳生产醋酸的工业示范装置。在二氧化碳基聚合物方面，国内外开展了大量研发工作。美国 Novomer 聚合物公司开发了用二氧化碳和环氧化物共聚生产聚碳酸亚丙基酯和聚碳酸亚乙基酯技术。中国科学院广州化学研究所与合作方建成了世界首套 20 kt/a 的二氧化碳聚合物生产装置。中国科学院长春应用化学研究所开发成功二氧化碳共聚物生产技术，并与合作方先后建成 3 kt/a 和万吨级生产装置。

二、国际石化行业重点国家发展现状

（一）美国

2021年美国GDP增长5.6%，扭转2020年3.4%的下降趋势。美国工业生产也在2020年收缩7.2%之后，迎来了2021年5.5%的增长。市场需求反弹，实现小幅增长。尽管2021年美国化工行业受到冬季风暴“尤里”和飓风“艾达”，以及供应链冲击等因素的不利影响，但终端市场需求激增推动了市场对化学品需求的上升，2021年实现了1.4%的小幅增长，但远低于全球化工行业增长平均水平（5.8%）和美国的工业增长平均水平（5.5%）。其中特种化学品增长最高（2.6%），几乎所有功能和细分市场的特种化学品需求均出现增长；基础化学品增长1.8%；塑料树脂仅增长0.4%。

2022年，随着美国终端商品制造商的生产恢复和库存重建，以及供应链危机的缓解，化学品需求稳步增长，带动化学品生产增长。美国化学理事会（ACC）认为，2022年汽车和住房市场的增长支撑化学品需求增长，预计2023年美国化学品总产量增长将放缓至2.1%。根据《美国化学与工程新闻》近三年公布的美国化工企业50强和上榜企业2021年三季度报告数据，美国化工企业的收入和利润在经历了2019年和2020年连续两年的大幅下降后，终于迎来了增长并好于2018年的水平。以排名第一的陶氏化学公司为例，2019

年化工业务销售收入下降 13.4%，至 429.51 亿美元，化工业务营业利润下跌 30.2%，至 43.52 亿美元；2020 年化工业务销售收入下降 10.3%，至 385.42 亿美元，化工业务营业利润下跌 37.6%，至 27.15 亿美元；2021 年前三季度化工业务销售收入增长 45.9%，至 406.04 亿美元，化工业务营业利润陡增 337.6%，至 72.68 亿美元。

（二）德国

德国是欧洲排名第一、全球排名第三的重要化工制造国。在欧盟地区，德国、法国、意大利和荷兰为欧盟主要化工业国家，超过 60% 的 EU27 化工品销售额由它们产生（2020 年）；其中，德国是仅次于中国和美国的第三大化学品制造国。

2021 年，德国化学品销售额实现最高水平为 1724 亿欧元，同比增长 20.2%（见图 2–7）。分部门看，基本化学品、肥皂和洗涤剂为主要销售产品，销售额分别为 1061 亿、131 亿欧元，同比增长 25.7%、4.7%，占总销售额的 61.6%、7.6%（见图 2–8）。从销售结构看，德国化工及制药行业以国外销售为主。具体来看，2021 年，行业销售额的 38.6% 由德国国内消化，33.6% 销售至 EU27 内部（占化学品总出口额的 57%），其余 27.8% 销售至其他国家和地区，其中，美国和中国为主要出口国，分别占总销售额的 3.9%、3.1%，占化学品出口额的 6.6%、5.3%（见图 2–9）。

2022 年上半年，德国化学及制药行业实现营业收入 1300 亿欧元，同比大幅增长 21.5%；其中德国国内销售额实现 500 亿欧元，国外销售额为800亿欧元，分别同比增长25.5%、20.5%。从单季度情况看，一季度营业收入为663亿欧元，同比增长28.4%；二季度营业收入637亿欧元，同比增长16%。

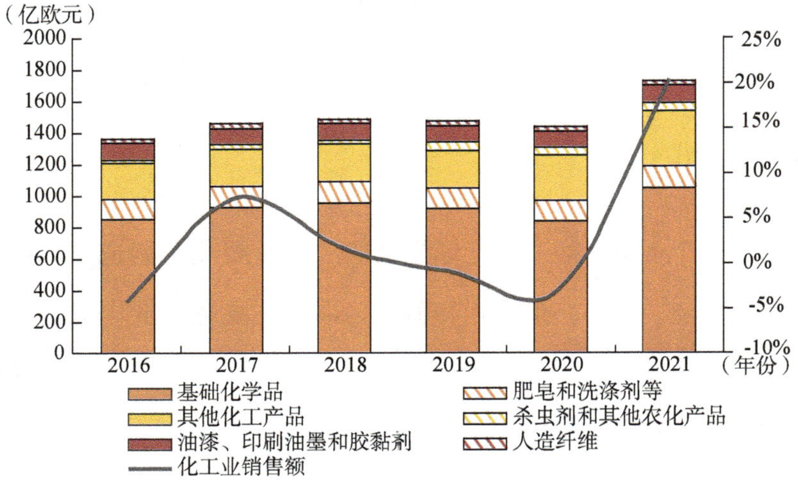

图 2-7　德国化工业分部门销售额

资料来源：VCI。

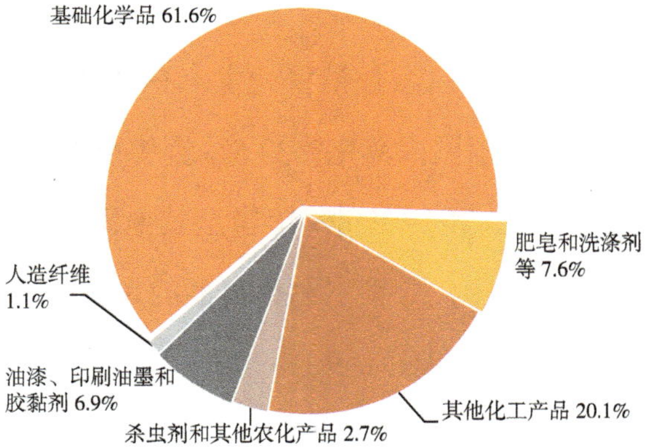

图 2-8　2021 年德国化学品销售额分布情况

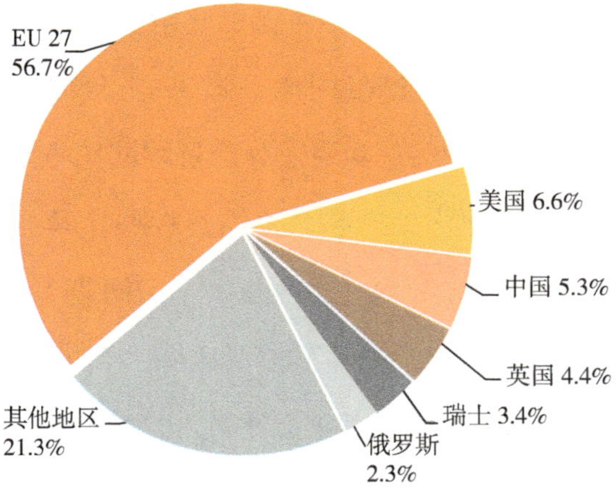

图 2-9　2021 年德国化学品出口国家分布

据 VCI 数据，行业营业收入的增长主要由于同期生产者价格上涨所致（从部分基础化学品价格来看，1—5 月，德国氨水、氢气、尿素、氮肥、丙烯、甲醇、合成橡胶的生产者价格同比分别上涨 166.6%、157.5%、147.8%、90.3%、57.1%、28.3%、26.7%）。

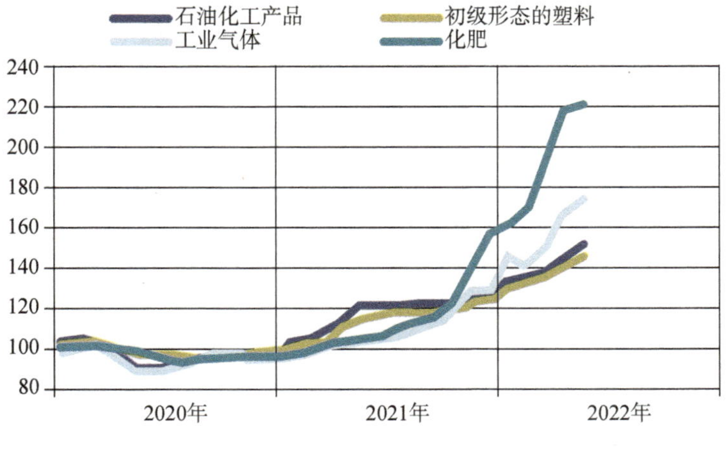

图 2-10　德国化工产品的生产者价格指数（2015=100）

从产量角度看，2022 年上半年德国化学及制药行业产量同比仅增长 0.5%，其中化学工业产量同比下降 3%。分部门看，聚合物部门产量同比增幅较高为 3%，其余部分产量均同比下滑，消费类化学品、基本无机物、石油化工产品、精细及特种化学品产量分别同比下降 0.5%、0.5%、2.5%、9%（见图 2-11）。同期，化学及制药行业产能利用率已降至低于“正常”偏低区间，其中一季度为 80.9%，二季度继续降至 80%，是 2018 年以来除 2020 年第一季度外的最低水平。

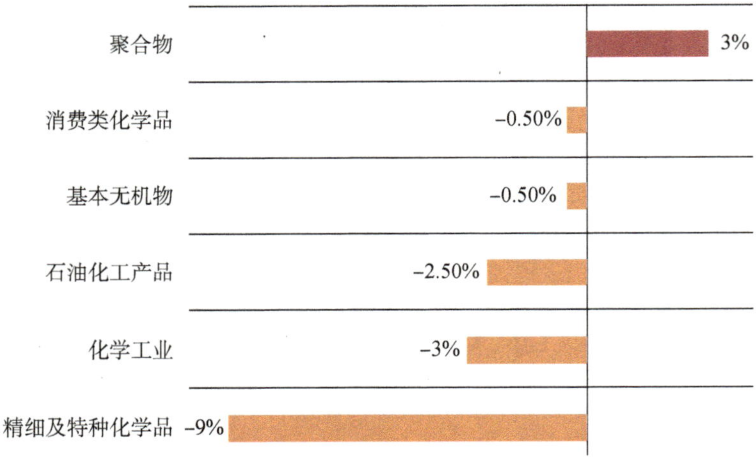

图 2-11　2022 年上半年德国化工业分部门产量变动情况

（三）日本

尽管日本化工企业的历史表现强劲，但从 2018 年到 2021 年，它们的股东总回报每年仅增长 7.5%，而全球化工产品的年增长率为

25.8%。全球化学公司在 2020—2021 年取得了强劲的业绩（自 2019 年以来收入的复合年增长率为 11.4%），但日本化学公司一直在苦苦挣扎，与全球化学公司相比，股东总回报表现较低。日本化工公司目前的营销费用（占收入的 3.5%）低于全球专业公司（5.8%）或全球大宗商品公司（3.9%）。日本化工公司一直是并且仍然是某些领域的市场领导者，在偏振器和分离器等领域拥有超过 50% 的全球市场份额。然而，在过去十年中，前者的市场份额下降了 2.4%，达到 45.2%，而后者的市场份额下降了 1.5%，达到 44.1%。虽然这两个值仍然相对较高，显示了日本的整体竞争力，但这一下降表明新进入者正在国际市场获得份额。截至 2021 年，有四家日本公司跻身市场份额前 20 名的特种化学品公司，然而大约一半的日本化工公司尚未

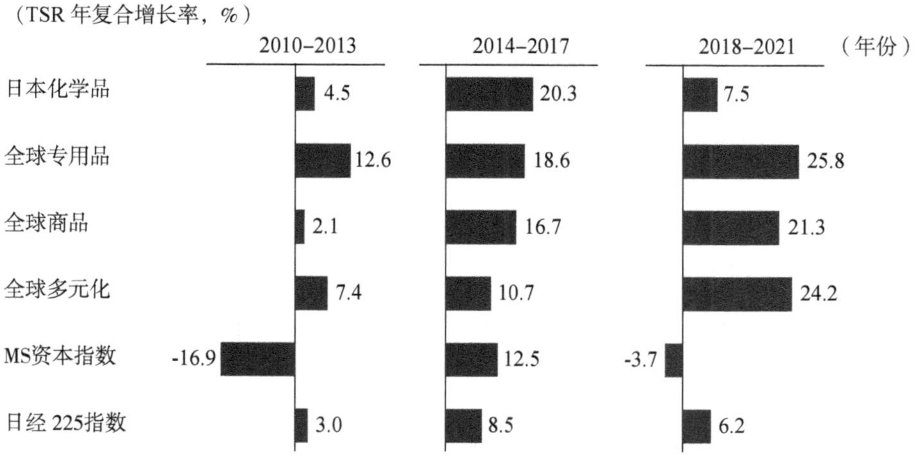

资料来源：麦肯锡公司。

图 2-12 化工公司全球市场份额

配置市场驱动的投资组合，一些低利润率的产品正在影响利润。在这一点上，许多日本公司生产很大份额的石化产品，如聚乙烯和聚丙烯，这两种产品都来自相对昂贵的原料，这给利润率带来了压力。

（四）韩国

由于国内资源不足，韩国约 98% 的化石燃料消耗依赖进口，根据 BP 能源统计，2018 年韩国的石油消耗位居全球第八位，为 279.3 万桶 / 天，其原油基本全部依赖进口。与此同时，韩国的炼油产能位居世界第五，成品油产量位居全球第六。韩国的石化产业开始于 20 世纪 70 年代，在 90 年代开始快速发展。虽然韩国原料匮乏，也不具有中国这样巨大的消费市场，但韩国却发展成为当今世界的石化强国，其中出口导向型战略是一个重要原因。韩国高度发达的经济驱动对能源的消耗，但韩国的经济增长主要来自出口，尤其是电子、半导体和石化产品的出口。

韩国的炼油行业高度发达，目前全球 10 家最大的炼油厂中，有 3 家位于韩国，使其成为亚洲最大的石油产品出口国之一。据 Facts Global Energy（FGE）统计，2017 年，韩国的成品油出口量估计为每日 140 万桶，主要以柴油、汽油和航空燃油等中间馏分油的形式出口。我们估计韩国的石油及衍生品中有一半左右面向出口。韩国的石化行业具有较强的竞争力，与韩国经济主要由三星、SK、现代、乐天、LG 等综合性财阀主导类似的是，韩国大的石油公司主要由 SK 能源、GS Caltex、S-Oil 和现代石油银行（Hyundai Oilbank）等大型集团主导。这些公司专注于炼油业务，随着业务的发展与扩张，这些公司越来越重视下游新材料的延伸，以及在海外的项目扩张。以 SK 集团为例，涉及石油石化的子公司包括：SK Innovation、SK 能源、SK 综合化学、SK 仁川石油化学、SK Trading International、SK 化工、SKC、SK E & S、SK 燃气等。

根据 KPIA 统计，2018 年韩国的主要石化产品（合成树脂、纤维、橡胶等）的产量为 2163.8 万吨，同比增长 1.8%；其中出口量为 1141.4 万吨，同比增长 0.2%；出口比例占产量的一半［见图 2–13（a）］。与此同时，韩国仍然有少量的石化产品保持进口。韩国的石化产品中，出口占比高的产品有 PX、PP、PE、PS、ABS、纯苯、苯乙烯等［见图 2–13（b）］。韩国的石化生产商多为财团性质，在国际市场上会出现抱团取暖的现象，同时出口中也形成了 FOB 韩国计价的 Benchmark，掌握了部分商品的定价权。据我们从行业所知，韩国的纯苯、丁二烯、丙烯等产品出口在国际现货市场中均有一定的话语权。以韩国丽川石脑油裂解中心（YNCC）为例，主要股东为大林和韩华，目前在韩国丽川拥有三套石脑油裂解乙烯装置，具备乙烯产能 195 万吨 / 年，丙烯产能 111.1 万吨 / 年，丁二烯产能 24 万吨 / 年，纯苯 29 万吨 / 年，芳烃 BTX 产能 78 万吨 / 年。YNCC 在 2018 年底时总资产 19.03 亿美元，销售额 53.17 亿美元。从资产和产品规模的角度看，YNCC 在大型石化企业中并不占优势，但是其在烯烃、纯苯等产品上的价格影响力较大，常常会主导现货的 FOB 韩国价格。

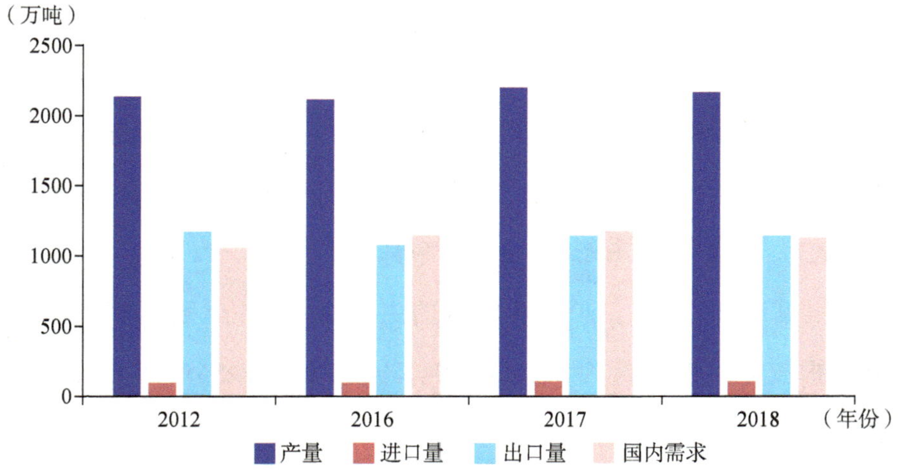

（a）韩国主要石化产品需求及出口量

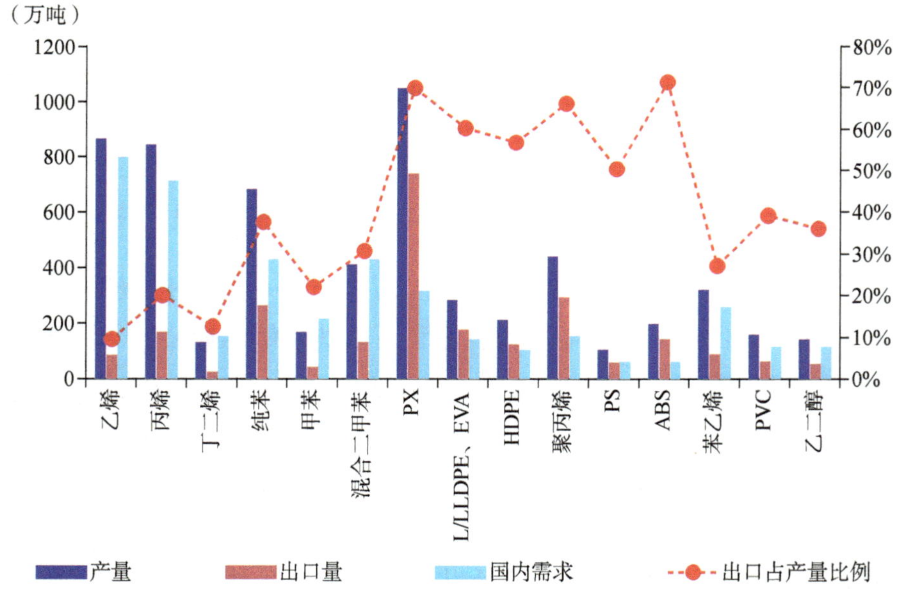

（b）韩国主要石化产品产量、需求及进出口量

图 2-13　2018 年韩国主要石化产品需求、产量和出口量

韩国在石化产业的发展过程中，也遇到产品的退出。近年来韩国 PTA 的产能基本保持不变，但产量及出口量呈下降趋势。以 PTA 为例，韩国曾经是中国最大的 PTA 进口来源地，目前仍是中国 PX 的最大进口来源。目前韩国的 PTA 产能不到 700 万吨 / 年，且长期以来没有大规模的产能扩张。在 2010 年中国首次对韩国进口 PTA 发起反倾销调查，当时中国 PTA 产能为 1520 万吨 / 年，而需求 2080 万吨 / 年。2015 年韩国政府鼓励 PTA 生产商通过自愿减产或关停现有装置的方式削减 150 万吨 / 年的产能，占当时总产能的 30%。2018 年韩国的 PTA 出口量为 175 万吨，其中主要出口地为土耳其、西班牙、印度、立陶宛等地。

三、国际石化行业重点化工园区发展现状

（一）美国休斯敦化工园区

美国炼油行业注重炼化一体化发展，50% 以上的炼厂有下游配套化工装置。其中休斯敦工业园是墨西哥湾区最主要的炼化一体化基地。休斯敦工业园是美国石油业发展的起源地和世界石化中心之一，休斯敦市区有 618 家化工制造企业，就业人数超过 39700 人。根据 HIS 数据，全美逾 45% 的基础石化工业活动和全美能源公司 200 强中有 45 家皆在休斯敦附近的墨西哥湾地区。美国液态空气公司、阿托菲纳公司、贝克石油集团、杜邦公司、丹麦托普索公司等

均坐落于此。休斯敦工业园面积约 12 平方英里，园区企业主要分布在休斯敦航道（美国墨西哥湾地区主要的输油航线）附近。园区企业共享水、铁路、高速公路和公用事业设施（化工产业及其他）等社会资源和基础设施；尤为重要的是，工业园内部的化工和塑料生产企业在生产中所需的大量原料，如乙烯、丙烯等，均可通过园区铺设的管线互相传输，形成园区企业之间特有的产品流。

休斯敦地区是全球最大的化工园区之一，2019 年休斯敦地区的炼油产值达到 1970 亿美元，化学品产值达到 1030 亿美元。

休斯敦地区的化工园区生产的产品种类非常丰富，主要包括：

· 炼油产品：石油、汽油、煤油、柴油、航空燃油、润滑油、液化石油气等；

· 基础化工品：乙烯、丙烯、丁烯、苯、甲苯、二甲苯、乙二醇、聚乙烯、聚丙烯、聚苯乙烯、聚氯乙烯等；

· 高附加值化学品：化纤、塑料、橡胶、涂料、油漆、医药、香料、精细化工品等。

其中，乙烯、丙烯是休斯敦化工园区的主要产品之一（其产能见表 2-3），休斯敦地区约有占全球 20% 的乙烯产能和 12% 的丙烯产能。休斯敦地区还是美国最大的液化天然气出口基地之一，其出口量占全美总量的一半以上。

表 2-3　2018 年休斯敦化工园区基础化学品产能

产品	单位（百万吨）	占全美总生产能力
丁二烯	1.2	48.70%
乙烯	17.6	45.90%
丙烯	14.2	45%
二甲苯	4.5	40.10%
苯	3.3	40.30%

数据来源：HIS。

休斯敦地区的化工园区提供了大量的就业机会，根据美国劳工部（US Department of Labor）的数据，2019 年休斯敦地区的石油和炼油产业共有约 2.6 万名员工，化学品制造业有约 3.6 万名员工，这些行业对于休斯敦地区的经济发展和就业起到了重要作用。

（二）德国勃兰登堡化工园区

德国勃兰登堡化工园区是位于德波边境的现代化化工园区。它占地约 5800 公顷，勃兰登堡也是通往“东方”的门户，当地公司很容易进入东欧和中欧邻国的高吸收性化学品市场，为化工行业的加工和市场开发提供了完美的条件。勃兰登堡有 26 家行业领先企业，包括巴斯夫等全球性企业和 Gelkaps 等创新型中型企业。它们沿着整个价值链运作——从塑料到化学纤维再到药品——并提供一个完美的生产和服务企业网络。在研发方面，28 所大学和其他高等教育机构，超过 17 万名学生，以及 250 多所私立和公立机构形成了一个密集的，以实践为导向的网络，当地化学品公司正在从这一基础设施中获得越来越多的利益。例如，促进了施瓦茨海德和施韦特的现代化工厂和综合化工厂，进行技术转让并产生经济优势。此外，勃兰登堡化工园区的劳动力成本远低于德国西部和大多数欧洲工业国家。

（三）荷兰鹿特丹化工园区

荷兰鹿特丹港作为欧洲最大港口，地处北海航运要冲，扼西欧内陆海咽喉，经莱茵河、高速公路、铁路、石油管线连接西欧大陆运输网，成为通往包括西欧、东欧等欧洲腹地的“欧洲门户”。鹿特丹港利用其转运港的位置和交通等天然优势，在港口附近不仅建立先进的现代物流产业园，同时也形成了一个巨大的临港工业园区。而在发达的临港工业中，石油精炼和石油化工是鹿特丹临港工业中的主导产业。鹿特丹化工园是世界最重要的石油化工中心之一，拥有欧洲最大的炼油基地和世界三大炼油中心之一。鹿特丹港港区有 6 个原油码头，约 40% 的土地用于发展炼油业和石油化工业。园区沿江几十公里，占地 60 多平方公里，几乎集聚了世界上所有著名化工公司的石油化工生产装置。园区拥有 5 座世界级大型炼油厂，总炼油能力为 8500 万吨 / 年，乙烯产能 180 万吨 / 年，丙烯 95 万吨 / 年。

鹿特丹临港工业区石化产业现已形成了从原油炼制到化工新材料、专用化学品完整的产业链。烯烃产业链、芳烃产业链、聚氨酯产业链、聚酯产业链以及氯产业链优势突出，集聚了全球化工领域具有世界影响力的企业，如埃克森美孚、英国 BP、赢创、阿克苏诺贝尔、亨斯曼、帝斯曼、阿科玛、利安德巴塞尔、日本信越等企业。优势细分领域以及典型代表企业见图 2–14。

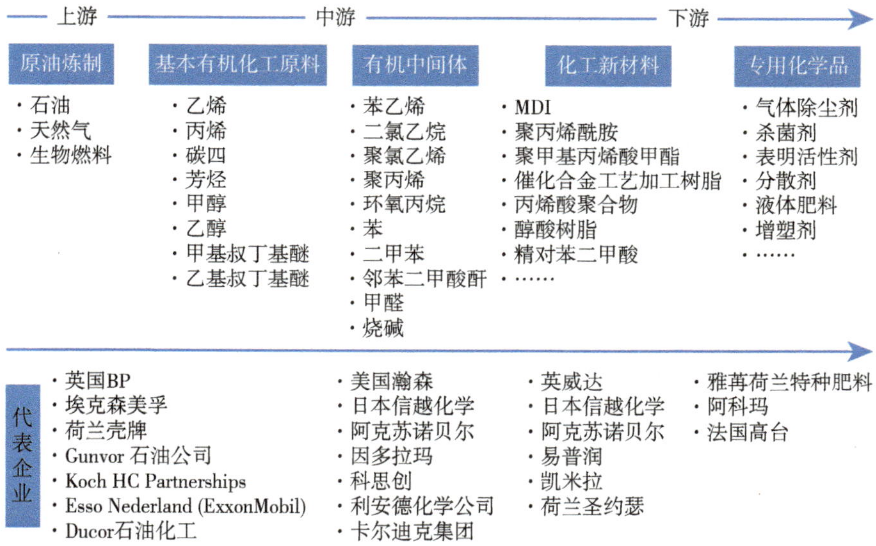

数据来源：长城战略咨询。

图 2-14　鹿特丹化工园区产业链

园区有 4 家工业气体制造企业和 13 家罐装贮存和配送企业。4 个世界级的精炼厂、逾 40 家化学品和石化企业、所有相关的石化作业都通过一个管道网连接起来，管道总长超过 1500 公里。其中 Botlek 物流中心面积 87 万平方米，是石油、化工产品的专业配送中心。在石化制造业不断发展的同时，鹿特丹港更加注重服务业态对于制造业的支撑。在危险品运输、第三方物流服务、检验检测以及研究与开发等细分领域优势突出，拥有 Vopak Logistic Services、Odfjell Terminal、SGS 等企业。鹿特丹化工区沿马斯河两岸而建，工业区外侧即为居民区。同时，部分区域河道一侧为化工工业区，另一侧即为居民生活区、商业区。马斯河宽约 400 米，如此短的距离表明了居民对化工企业的认同度，也从另一个侧面反映了入驻企业一流的安全环保水平。

作为一个已经步入成熟期的一体化化工园区，鹿特丹港化工园的发展模式和管理方式主要特点如下：

① 充分利用地理优势，构建以港口为中心的临港工业园区；

② 积极开拓港口物流和运输服务，建设鹿特丹港化工园区成为全球经济活动和资源配置的国际航运枢纽；

③ 通过合理规划，打造港城一体化的国际城市。

（四）日本千叶化工园区

日本千叶化工园区是亚洲最大的化工园区之一，园区内约有 400 家企业。该园区的主要产品有石化产品、合成树脂和医药中间体等。园区内的企业包括三菱化学、三井化学、日本化学工业等。千叶化工园区以其高科技化、高附加值化的产品而闻名于世。千叶化工园区的优势在于毗邻东京。有运送来自世界各地的国际航空公司乘客和货物的成田国际机场，以及日本最大的货物处理量之一的千叶港；拥有先进的四通八达的干线公路网络（包括东京湾水线在内），这使其成为进入日本和全球市场的绝佳地点。幕张新城是各行各业的外资和外国公司的所在地。幕张展览中心是日本最大的会议设施，是一个集工作、住房、学习和娱乐为一体的国际商业城市。这里最重要的行业是化学工业、石油工业和钢铁工业。2011年上述各行业对制成品出货价值的贡献比例分别为22.6%、19.9%和14.6%，三个行业占制成品总出货价值的57.1%。

（五）韩国尚州化工园区

尚州化工园区是韩国最大的化工园区，也是韩国重要的制造业中心。该园区的主要产品有石油化工产品、聚合物和医药中间体等。园区内的企业包括SK化学、LG化学、三星化学等。尚州化工园区以其先进的技术和制造工艺而闻名于世。园区位于韩国忠清南道尚州市，是一个集石化和能源于一体的工业园区，具有较完整的产业结构，是韩国国家战略层面石化产业结构的重要组成部分，同时当地政府的港口条件使其形成完善的产业链条，港口转运与装卸速度得到显著提升，给园区提供了较大发展空间。

园区距离仁川港口24公里，与韩国的80%以上的大中小型炼油厂保持合作关系，使产业可以循环发展。同时，韩国国家政府支持韩国现代石油公司投资25亿美元，用于在园区建设200万吨/年聚丙烯装置等17个石油化学工程项目。

四、国际石化行业重点化工企业发展现状

（一）巴斯夫公司

巴斯夫公司成立于1865年，总部位于德国，是世界上最大的化工公司，产品涵盖从大宗商品到特种产品的全方位产品。此外，该公司在农业作物保护化学品、汽车和卡车排放控制催化剂方面处于强势地位。根据巴斯夫公司年报分析，总体来看巴斯夫公司整体发展呈现上升趋势（见图2-15），2022年俄罗斯天然气供应逐步减少，欧洲天然气供应情况因俄乌冲突等因素发生了重大变化，尽管巴斯夫的所有欧洲工厂都可以根据2022年的需求从西欧供应商处获得天然气供应，但价格明显较高且波动较大。

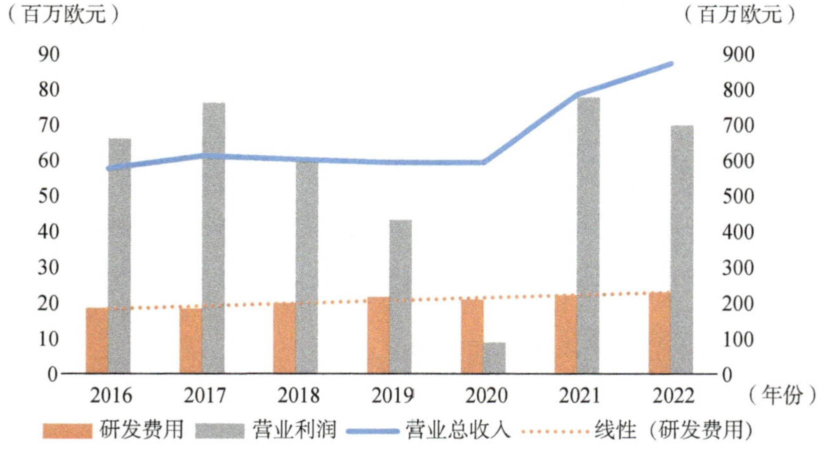

图2-15　巴斯夫公司主要经济指标

巴斯夫是全球石油化工生产中精细化率最高的企业，并且也是全球石化生产技术储备最多的公司之一，常年雄踞全球化工企业榜首。主要以六大业务领域为主，分别为化学品、材料、工业解决方案、农业解决方案、表面处理技术以及营养与护理等，不同业务销售份额占比见图 2–16。各业务领域下包含不同产品，如化学品领域包括中间体、石油化学品等。

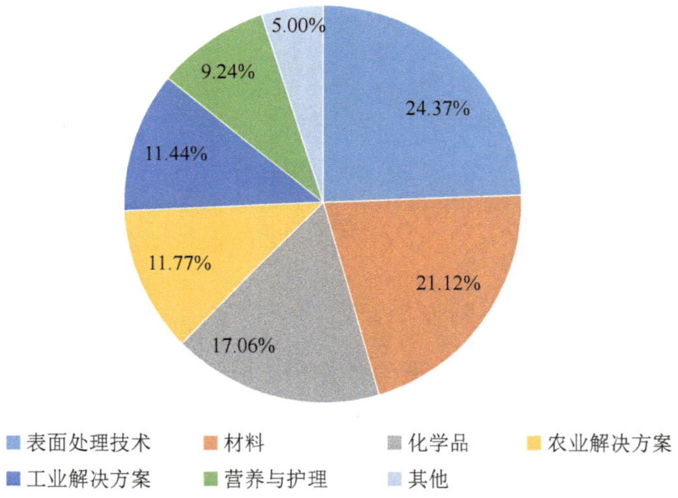

图 2-16　2022 年巴斯夫公司不同业务销售份额

由于公司总部位于德国，其生产基地与销售地区仍以欧洲为主要地区。但随着欧洲能源危机和原料成本的上涨，巴斯夫正逐步增加对亚太地区的销售，如在中国广东湛江建设工厂等。从图 2–17 看出 2020—2022 年巴斯夫公司在亚太地区销售额逐步增长。

天然气是巴斯夫公司最重要的原料之一，是用作能源供应的燃料以及生产基本化学品的原材料。2022 年，巴斯夫公司在欧洲的电力需求为 32 太瓦时。德国路德维希港的发电厂约占 24 太瓦时，这其中约一半用于热电厂的中央电力和蒸汽发电。

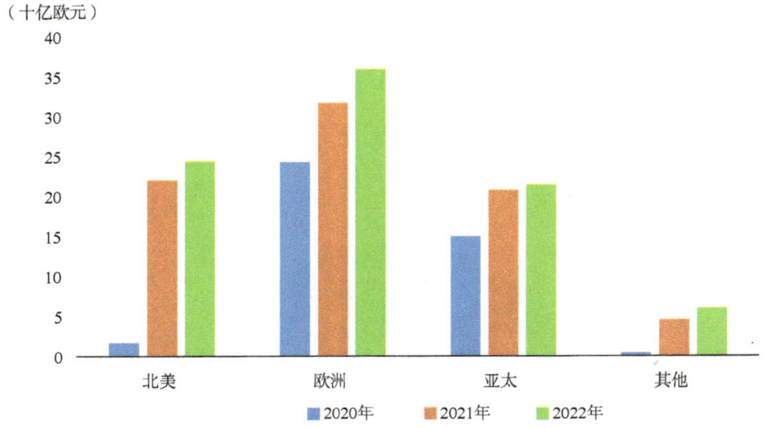

图 2-17　2020—2022 年巴斯夫公司各地区销售额

随着公司创新的不断发展，巴斯夫温室气体排放呈现逐年递减的趋势（见图 2-18），但由于该企业仍以化工产品为主要业务，其耗能未能减少。

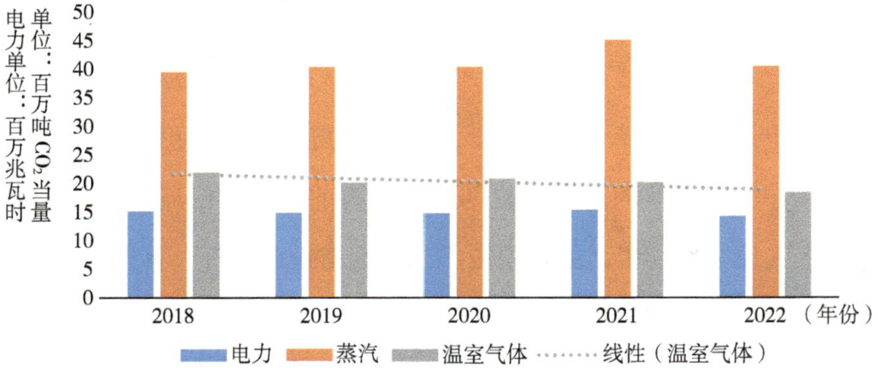

图 2-18　2018—2022 年巴斯夫公司能耗及温室气体排放

（二）陶氏化学

陶氏化学成立于1897年，是全球化工行业的百年老店。陶氏化学在全球31个国家和地区布局有113个生产基地，形成了全球布局的全产业价值链资源整合的网络体系。陶氏化学在2017年8月正式与杜邦公司合并为陶氏杜邦。合并之后，陶氏杜邦进行了一系列内部重组，并在2019年初拆分成了三家独立的公司，它们分别是：陶氏、杜邦和Corteva Agriscience，分别专攻于材料科学、特种化学品和农业这三项业务。作为一家多元化公司，陶氏化学凭借强大的技术创新能力、渠道整合能力以及资本创新能力成功构筑其在全球化工行业中的核心竞争优势。公司通过做大、做强石油化工产业链各产品以及农化产品，建立公司内部强有力的上下游产品体系，并在全球拥有一定的市场份额和技术影响力。同时，公司通过技术交叉渗透产业融合，实现了基础化学的主要核心技术与生物技术、电子技术、新材料、医药等各个高新技术的融合拓展，逐步开发并完善出新的产业链和产品体系。

从图2-19中可以看出，2019—2022年北美地区始终是陶氏化学销售的主要地区，且营业收入不断攀升。虽然亚太及拉丁美洲地区收入呈现上升态势，但仍难以撼动其在北美地区的主战场。

2022年陶氏化学公司产品销售中，包装与特种塑料占比最高，达到公司总营业收入的35%，其次是聚氨酯和建筑化学品、碳氢化合物和能源，分别占比19%、17%。

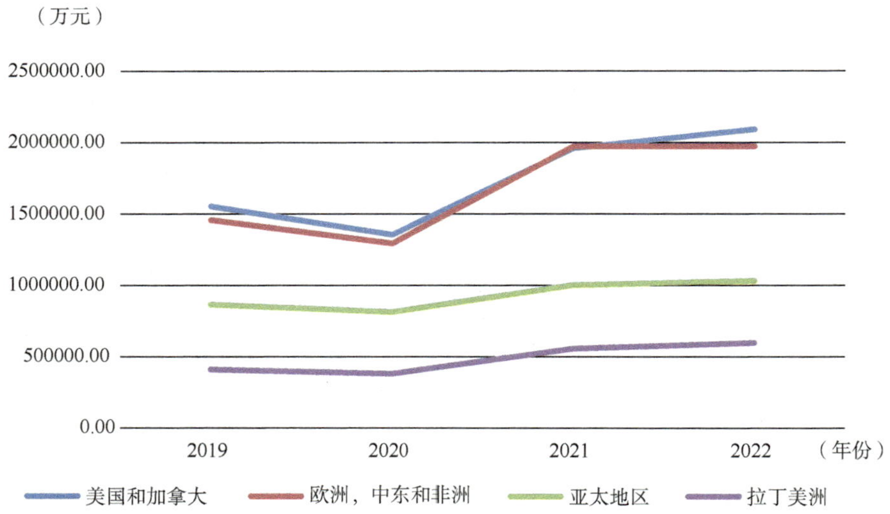

图 2-19　2019—2022 年陶氏化学分地区营业收入

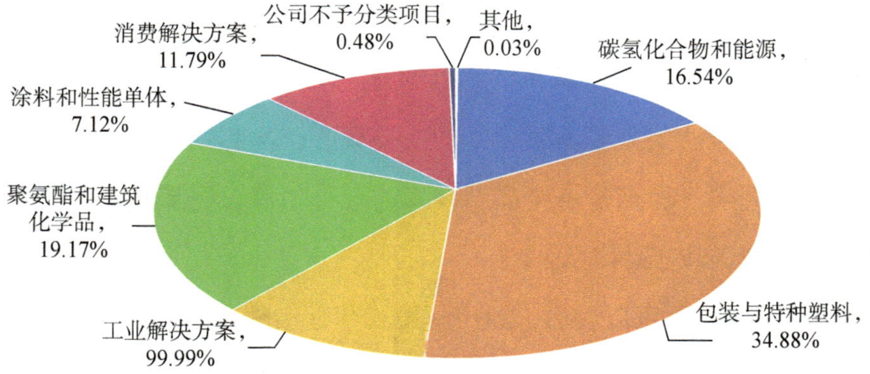

图 2-20　2022 年陶氏化学产品营业收入占比

（三）沙特基础工业公司

SABIC（沙特基础工业公司）是全球知名的多元化化工企业，

总部位于沙特利雅得。该公司旗下制造工厂遍布全球，包括美洲、欧洲、中东和亚太在内多个国家和地区，产品涵盖化学品、通用及高性能塑料、农业营养素和钢铁。

财务数据显示，2022 年 SABIC 的净利润达 165.3 亿里亚尔（合 44.1 亿美元），实现销售总额 1984.7 亿里亚尔（合 529.2 亿美元）。截至 2022 年底，该公司总资产达到 3130 亿里亚尔（合 834.6 亿美元）。2022 年，SABIC 总产量达到 6100 万吨。SABIC 的另一重身份是全球最大石油公司沙特阿美旗下的化工引擎——沙特阿美持有 SABIC 70% 的股份，其余 30% 的股份在沙特证交所公开交易。

作为提供可持续解决方案的领导者，SABIC 在 2022 年继续通过引领和深化合作，在实现碳中和道路上迎来全新里程碑。2022 年初，SABIC 推出全新产品与服务综合方案 BLUEHERO™——这一不断扩大的生态系统涵盖各种材料、解决方案、专业技术和定制项目，旨在加快全球能源向电气化转变。此外，SABIC 还与巴斯夫（BASF）和林德（Linde）合作，携手打造全球首座大型电热蒸汽裂解示范工厂。

相关数据显示该公司温室气体排放强度逐年下降，致力于在供应链运输中减少碳排放。与十年前相比，在高新化工材料产品的应用方面中国市场快速发展。在中沙全面战略伙伴关系的大背景下，SABIC 作为一家来自沙特阿拉伯的公司，准备与中国企业进一步深化协作，在可持续发展、脱碳、化工原材料等方面加强合作。

（四）埃克森美孚公司

埃克森美孚公司通过其所属各部门和子公司从事原油和天然气勘探和开采，石油产品制造，原油、天然气、石油产品运输和销售业务。该公司是石油化工商品制造商和销售商，其营运石化产品包括：石蜡、香料、聚乙烯和聚丙烯塑料产品以及各种专用产品。

根据埃克森美孚公司年报分析，总体来看公司整体发展保持上升趋势，同巴斯夫公司一样，由于受到疫情影响 2019 年、2020 年营业总收入有所降低，特别是 2020 年出现营业利润负增长。但从 2021 年开始逐步回升，2022 年公司营业收入和利润达到近 7 年新高，如图 2-21 所示。

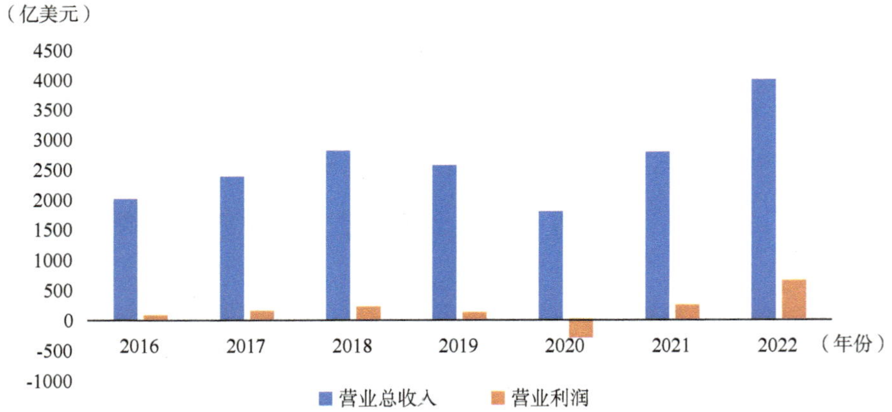

图 2-21 埃克森美孚公司 2016—2022 年主要经济指标

埃克森美孚公司业务主要由上游业务、下游业务、化学品三大领域组成，如图 2-22 所示。上游部门生产原油和天然气。下游部门生产和贸易石油产品。化工部门提供石化产品。该公司由 John D. Rockefeller 于 1882 年创立，总部位于美国得克萨斯州欧文市。2021 年埃克森美孚公司上游业务所得税后收益为 15775 百万美元，下游业务领域为 2105 百万美元，化学品领域所得税后收益为 7796 百万美元。可以看出该公司主要以上游业务为主要盈利渠道。

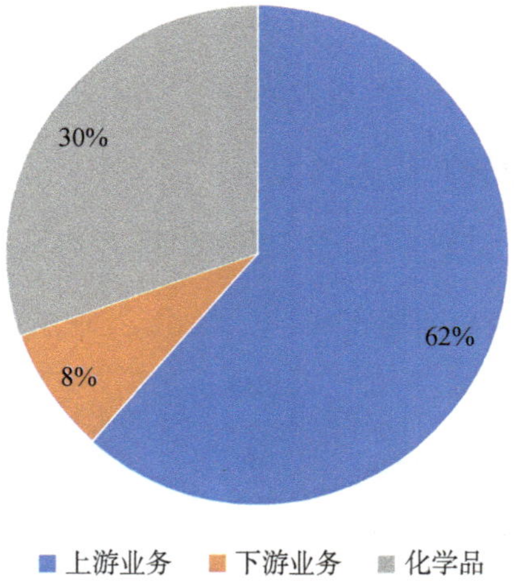

图 2-22　埃克森美孚公司主要业务

埃克森美孚公司每天生产约 400 万桶石油当量的石油和天然气，业务活跃在 40 个国家，参与全球上游价值链的各个方面，包括勘探、开发、生产和营销。上游业务分为五个价值链：深水、非常规、LNG、重油和常规。在深水、非常规二叠纪和液化天然气领域的行业领先优势、低供应成本开发，为公司不断增长的投资组合价值提供了支撑。

埃克森美孚公司是世界上最大的燃料、润滑油制造商和营销商之一，每天销售约500万桶石油产品。美孚1号合成润滑油是美国最畅销的零售机油。埃克森美孚是世界上最大的化学品生产商之一，年销售量超过2500万吨，也是80%以上的化学产品组合的第一或第二大生产商，具有运营、成本控制、产品组合，专有技术以及与下游和上游业务的行业领先整合优势。

通过图2–23可以看出，美国是该公司的主要销售国家，2022年在美国营业收入为1492.25亿美元，占总营业收入的37.43%。这与该公司的地理位置有较大的关系，大部分产品直接在本国家内部销售。英国与加拿大是除美国以外销售排名为第二、第三位的国家，2022年分别达339.88亿和329.7亿美元。

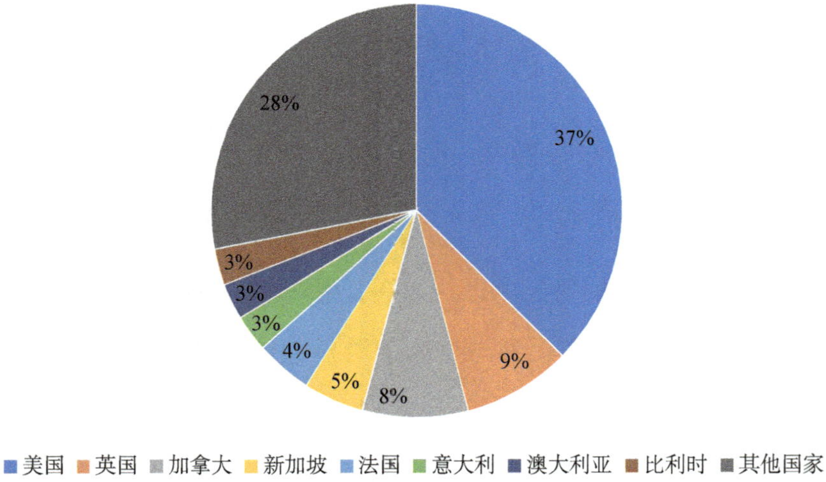

图2-23　埃克森美孚公司主要销售国家

（五）英力士（Ineos）公司

英力士公司是全球性的石化产品制造商，致力于石油化学品、特殊化学品和石油制品的生产制造，在全球 29 个国家拥有 36 个业务板块和 194 家生产基地，共计 26000 多名员工，每年营收达 610 亿美元。

英力士推出永不妥协的四驱越野车 Grenadier 和英力士 Hygienics 卫生保健业务，与核心业务相辅相成，通过一系列精英体育运动产生的影响，日益为消费者所熟知。加之对标志性英国品牌 Belstaff 的收购，英力士的业务范围更加多元化。公司通过采用可再生能源，循环使用包装运输材料，碳排放逐年下降，如图 2-24 所示。

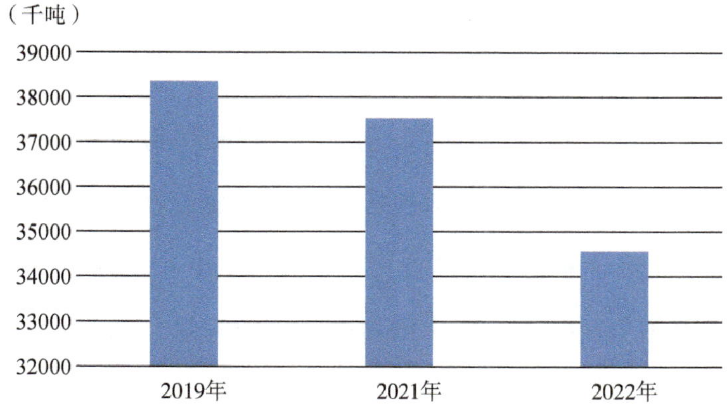

图 2-24　2019—2022 年英力士公司二氧化碳排放

中国石化行业绿色发展分析

一、中国石化行业绿色发展现状

石油和化学工业是中国制造业的重要组成部分，是国民经济的支柱性产业。经过多年建设和发展，中国已经成为世界化工第一大国、世界石油和化工第二大国。截至 2023 年 6 月，石化产业规模以上企业 30239 家，无机原料、乙烯、甲醇等重要大宗产品产量稳居世界前列，为我国能源安全和经济社会发展提供了坚实保障。“十四五”时期，相继发布的碳达峰碳中和“1+N”政策体系，对于石化产业来说存在巨大挑战和机遇。在国内“双碳”目标和国际政策机制的双重约束下，加快构建科技含量高、资源消耗低、环境污染少的绿色低碳生产体系已成为产业可持续发展的必由之路。过去几年，中国石化产业企业经营业绩再创新高，规模总量全面跨越，为产业高质量发展注入新动力，产业能源消费集中度高，流程革新、工艺提升技术和碳减排技术均取得一定进展。

（一）绿色发展现状

石油化工产业上游主要是石油开采与炼制行业，包括油气开采和运输、炼油和石油化工产品加工制造，中游为基本有机与高分子行业，下游为农业、能源、交通、机械、电子、纺织、轻工、建筑、建材等工农业行业和为人民日常生活提供配套与服务的行业。“十三五”以来，石化产业作为国民经济重要支柱产业的主要表现在以下方面。

1.“十三五”期间石化产业经营业绩情况

中国石油和化学工业联合会（以下简称中国石化联合化）数据显示，截至2022年底，石油和化工行业规模以上企业28760家，其中民营企业占比超过90%。根据国家统计局数据，2023年石化行业实现营业收入15.95万亿元，同比下降1.1%；利润总额8733.6亿元，同比下降20.7%；进出口总额9522.7亿美元，同比下降9.0%。三大板块的情况为：油气板块实现营业收入1.44万亿元，同比下降3.9%；实现利润3010.3亿元，同比下降15.5%。炼油板块实现营业收入4.96万亿元，同比增长2.1%；实现利润656亿元，同比增长192.3%。化工板块实现营业收入9.27万亿元，同比下降2.7%；实现利润4862.6亿元，同比下降31.2%。从以上数据看出，2023年度的经营业绩不甚理想，全行业营业收入、利润、进出口额同步下降。三大板块中炼油板块因2022年度基数低，其营业收入、利润双增长。而油气和化工两大板块的营业收入和利润均是双下降，这虽与2022年度油气和化工两大板块基数高有关，但其主要原因还是原油、天然气及绝大多数化工产品的价格下降幅度较大。

2. 化工产业结构调整实现高端化突破

化工新材料是指现阶段发展的具有传统化工材料不具备的优异性能或某种特殊功能的新型化工材料。与传统材料相比，化工新材料具有质量轻、性能优异、功能性强、技术含量高、附加值高等特点。2022 年，中国化工新材料产能超过 4500 万吨，产量超过 3100 万吨，产值首次超过 1 万亿元，近五年平均增速超过 20%。工业和信息化部公布的共七批制造业单项冠军示范企业中，河北诚信集团有限公司等 82 家石油和化工企业入选。同时，染料、涂料、肥料、农药等传统精细化工产业稳居世界第一，新能源材料、医用化学品、高性能纤维材料等专用化学品产能快速增长。2022 年，中国电池组件、硅片、电池片产量分别达到 289GW、357GW 和 318GW，再创历史新高；锂电池正负极材料、电解液、隔膜产量全球占比超过 70%。产业结构加快向精细化、专用化、高端化迈进。

3. 规模总量实现全面跨越

在大宗基础化学品产能产量多年稳居世界首位的基础上，中国石化产业的规模集中度、石化基地的集群化程度、行业整体技术水平和核心竞争力都实现了新的跨越。以 2022 年 10 月中石油揭阳广东石化投产为标志，中国已形成炼油总产能 9.2 亿吨 / 年，其中千万吨级以上炼厂增加到 32 家。根据国际能源署数据，中国炼油产能已超过美国成为世界第一炼油大国。据中国石化联合会烯烃专委会统计，中国乙烯产能因炼化一体化、煤制烯烃、乙烷裂解等装置齐头并进，总产能达到4675万吨/年，超过美国的4482万吨/年总产能，也是世界第一大乙烯产能国。

4. 化工产业集群化和园区化日趋加速

根据中国石化联合会园区专委会最新统计，全国共有石化基地和化工园区643家，其中经各省市认定过的有593家，产值在500亿元以上的有53家，入园企业实现收入占石化全行业总收入的50%以上。石化园区在产业集聚和产业链协同、土地集约利用、资源循环和能源互供、集中管理和公用工程共享等方面，都发挥着越来越重要的作用，智慧化工园区、绿色化工园区创建成效明显，化工园区已成为石化产业高质量发展的重要平台。目前，化工园区的规模集中度、产业链协同以及整体管理水平都明显提升，众多化工园区正在探索一条“产业集群化、管理智慧化、发展绿色化、运营一体化”的高质量发展之路。

（二）中国石化行业能耗情况

石化产业在快速发展的同时，能源消费量也在不断增长。2010年全产业能源消费总量为4.18亿吨标准煤，到2020年达到6.85亿吨标准煤，十年增长约63.9%（相关数据见表2-4）。与此同时，全产业和石化企业加快推进绿色低碳发展，由末端治理向源头控制转变，深入推进能效领跑者活动，注重绿色技术创新，不断提高资源和能源利用效率，绿色发展水平显著提升。“十四五”期间，石化产业能源消费还保持一定的增长。根据重点行业产量情况估算全行业能源消费量可知，2022年能源消费量为7.55亿吨标准煤，消费增速降到4.1%。

表2-4　2010—2022年中国石化行业能源消费表

年份	能源消费量（亿吨标煤）	能源消费量增速/%	年份	能源消费量（亿吨标煤）	能源消费量增速/%
2010	4.18	8.1	2017	5.73	0.53
2011	4.57	9.3	2018	5.87	2.4
2012	4.73	3.7	2019	6.30	7.4
2013	5.04	6.5	2020	6.85	8.8
2014	5.35	6.1	2021	7.25	5.8
2015	5.59	4.5	2022	7.55	4.1
2016	5.70	2.0			

数据来源：中国石油和化学工业联合会。

石化产业的能源消费集中度高，石油天然气开采、原油加工及石油制品制造、无机碱制造、无机盐制造、有机化学原料制造、氮肥制造、初级形态塑料及合成树脂制造以及合成纤维单体（聚合体）制造等八个子行业能耗占全产业总能耗的84%左右。八个子行业中主要耗能产品有炼油、乙烯、烧碱、纯碱、电石、甲醇、对二甲苯、经对苯二甲酸、聚氯乙烯、氮肥、磷肥等。

（三）中国石化行业碳排放情况

石化产业是中国重要碳排放行业，炼油和乙烯生产为重点环节。在炼油方面，根据炼油厂规模和加工流程的不同，炼油厂碳排放也有较大差别。燃料型炼厂炼油板块碳排放强度（加工单位原油的二氧化碳排放量）约为 0.15~0.3 吨二氧化碳 / 吨原油，炼化一体化炼厂炼油板块碳排放强度为 0.20~0.45 吨二氧化碳 / 吨原油。当前中国炼油过程单位平均能耗约为 0.1 吨标煤 / 吨原油，碳排放系数平均为 0.325 吨二氧化碳 / 吨原油。在乙烯方面，乙烯生产行业的碳排放源主要有裂解炉燃料燃烧排放、热力和电力消耗间接排放等。乙烯工艺路线和生产规模是影响乙烯单位排放强度的重要因素。百万吨以上的大型裂解装置吨烯烃排放强度约为 30 万吨级小裂解装置的 60%。石脑油裂解制乙烯的碳排放量（1.6~1.8 吨二氧化碳 / 吨乙烯）大于乙烷裂解制乙烯的碳排放量（0.8 吨二氧化碳 / 吨乙烯）。根据测算数据，2021 年中国炼油行业加工原油 7.04 亿吨，炼油过程碳排放系数平均为 0.325 吨二氧化碳 / 吨原油，二氧化碳排放量合计约为 2.29 亿吨二氧化碳。2021 年中国石油原料蒸汽裂解路线制乙烯产量约为 3752 万吨，以乙烯单位产品碳排放系数 1.6 吨二氧化碳 / 吨原油计，2021 年蒸汽裂解制乙烯碳排放总量约 6000 万吨二氧化碳当量。

（四）中国石化行业技术发展情况

从中国石化行业规模以上企业发明专利申请量来看（见表 2-5），2016—2021 年中国石化行业技术创新成效显著，五年间发明专利申请量年平均增长 5%。其中化学原料及化学制品制造业、医药制造业作为化工行业中发明专利申请量占比最高的两个部门，2016—2021 年年平均增长率分别为 3%、8%。相比而言，石油加工、炼焦及核燃料加工部门发明专利申请量较小但呈现快速增长趋势，五年间年均增长率达 11%。

表 2-5　2016—2021 年分行业规模以上企业发明专利申请量（件）

	2016 年	2017 年	2018 年	2019 年	2020 年	2021 年
石油加工、炼焦及核燃料加工	940	1198	1263	1187	1552	1593
化学原料及化学制品制造业	19193	19968	20910	19338	21695	22550
医药制造业	10483	10886	11494	11883	14633	15391
化学纤维制造业	861	759	1149	1095	1089	1244
合计	31477	32811	34816	33503	38969	40778

数据来源：国家统计局。

目前石化产业技术维度取得显著突破。在流程革新和工艺提升方面，原油直接裂解制烯烃和芳烃技术、分子炼油与分子转化平台技术、合成气制聚乙醇酸技术、乙烯电加热蒸汽裂解炉技术等进展明显。二氧化碳提高石油采收率技术、二氧化碳捕集封存技术、二氧化碳加氢制甲醇技术以及废塑料化学循环回收等碳减排技术的推广和应用同样被视为是实现碳达峰碳中和的有效策略。具体来看：

1. 流程革新和工艺提升技术

（1）原油直接裂解制烯烃、芳烃工艺

为了生产烯烃和芳烃，传统石脑油催化裂解制烯烃和芳烃工艺不得不配套大型炼油装置，导致其工艺流程长、投资大、能耗高，而且产品中的柴油、煤油、瓦斯油、高沸点残留物等占比超过 70%，而用于生产烯烃和芳烃的石脑油占比仅为 20%。原油直接裂解技术，可以跳过传统炼油的常减压蒸馏和原料精制等过程，直接将原油转化为轻质烯烃和芳烃，可大幅增加乙烯、丙烯和轻芳烃等高价值化学品产量，同时显著降低综合能耗和碳排放。

中石化自主研发出油转化技术路线。一条是原油催化裂解技术，另一条是原油蒸汽裂解技术，最终都能将原油直接转化为乙烯和丙烯等化学品。原油催化裂解技术是由中石化所属石油化工科学研究院自主研发，2021 年 4 月在扬州石化成功进行工业试验，试验结果表明，低碳烯烃和轻芳烃总产率提升 2 倍，高达 50% 以上，即采用该技术每加工 100 万吨原油可产出高价值化学品约 50 万吨，经济价值巨大，预计该技术可实现的化学品收率最高可达到 70%。轻质原油蒸汽裂解制乙烯技术由中石化组织所属北京化工研究院、工程建设有限公司完成研发及工程化，2021 年 11 月 17 日在天津石化工业试验成功，实现了原油蒸汽裂解技术的国内首次工业化应用。该技术对化解我国炼油产能过剩、化学品供应不足的矛盾，保障我国化工品供应链安全、助力企业转型升级具有重要意义。

（2）分子炼油与分子转化平台技术

我国炼油行业将由快速增长转向高质量发展，化工产品的差异化、高端化需求逐步增加。因此，炼油产品结构将向多产化工原料和高端化化学品方向发展。以“分子炼油”为理念，以“关键组分定向分离技术”为龙头，应用大数据技术进行算法优化，通过分析原油品质，根据目标产物，优化工艺和加工流程，提升每个分子的价值。《“十四五”能源领域科技创新规划》提到分子炼油技术，目标是传统炼厂多产化工料或多产航煤兼顾化工料。目前开展攻关的单位有中国石油大学（北京）和中石化石油化工科学研究院等。

（3）废锅流程气化技术

气化工段是煤化工生产系统中能耗最高的单元，煤气化的能效水平将直接决定整个生产装置的综合能耗。气流床煤气化是当今国际上主流的煤气化技术，包括水煤浆和粉煤气化两种技术路径。

水煤浆气化炉与辐射废锅结合后，既可充分发挥水煤浆气化技术的优势，又可有效提高现代煤化工等项目的能源利用效率，回收水煤气高温余热并副产高压饱和蒸汽。目前国内正在开展攻关和优化的相关技术有：多喷嘴对置式废锅－激冷流程水煤浆气化技术和水煤浆水冷壁废锅气化炉技术。山东能源集团和华东理工大学合作开发了单台日处理煤2000吨级的多喷嘴对置式废锅－激冷流程水煤浆气化技术，最高副产蒸汽达 130 t/h（9.2MPa）。该技术于 2020 年 12 月 10 日在兖州煤业榆林能化得到成功应用。由清华大学山西清洁能源研究院等单位合作开发的水煤浆水冷壁废锅气化炉技术，蒸汽产量在半热回收流程基础上能够再增加 20%~30%，进一步提高气化系统的热效率，能量利用高，节能减排效果明显。该技术于 2021 年 2 月 27 日在新疆天业汇合新材料有限公司得到成功应用。经中国石化联合会推荐，该技术方向已经列入了工业和信息化部《首台（套）重大技术装备推广应用指导目录》。目前这两个技术都处于推广阶段。

航天长征化学工程股份有限公司开发的航天粉煤加压气化技术以干煤粉为原料，顶置式烧嘴，采用激冷或废锅流程生产粗合成气，并在山东润银生物化工股份有限公司建设了示范项目。示范项目气化装置采用一台 3000 吨 / 天气化炉，装置设计能力为生产有效气（$CO+H_2$）22 万标方 /h。2017 年启动工程设计及施工，2021 年 9 月 27 日项目打通全流程，产出合格合成氨产品。该技术处于验证阶段，于 2023 年 7 月对该技术进行现场 72 小时考核。

（4）第三代甲醇制烯烃（DMTO–III）技术

中国科学院大连化物所从 20 世纪 80 年代开始，围绕甲醇制烯烃催化剂和工艺技术进行了长达三十多年的研发工作，在催化剂、反应工艺、工程化及工业化成套技术等方面取得一系列发明和创新，最终形成可采用非石油资源（如煤、天然气、生物质等）来生产低碳烯烃的 DMTO 技术。2020 年 9 月 26 日，中国石化联合会组织专家对中试装置进行了 72 小时现场连续运行考核，结果为甲醇转化率

99.06%，乙烯和丙烯的选择性 85.90wt%，吨烯烃（乙烯 + 丙烯）甲醇单耗为 2.66 吨。

与当前已经工业化的技术相比，DMTO–III 技术的经济性有显著提高，主要体现在两个方面：（1）单套装置甲醇处理能力大幅度增加，即在流化床反应器尺寸基本不变的情况下，采用 DMTO 和 DMTO–II 技术的工业装置甲醇处理量为 180 万吨 / 年，而 DMTO–III 技术则可提高到 300 万吨 / 年，烯烃产量从 60 万吨 / 年增加到 115 万吨 / 年。据测算，DMTO–III 技术工业装置的单位烯烃成本较现有的 DMTO 装置下降 10% 左右；（2）DMTO–III 技术单位烯烃产能能耗可明显下降。目前已建成 5000 吨 / 年规模的催化剂生产线并成功实现工业化生产。新一代甲醇制烯烃催化剂兼顾已有工业装置和新技术开发的需求，已在多套 DMTO 工业装置中实现应用。该技术属于长板技术，处于推广应用阶段。

（5）合成气制聚乙醇酸技术

聚乙醇酸（Polyglycolic Acido，PGA）具有优异的机械性能、阻隔性能、降解性和生物相容性。与传统的性能稳定的高分子材料不同，聚乙醇酸作为材料在使用到一定时间后会逐渐降解，并最终变成水和二氧化碳。由于 PGA 相比其他生物可降解塑料成本较高，目前主要用于生物医药领域，或是作为改性材料添加到其他塑料产品中，非医用 PGA 尚未有成熟的大规模工业化发展。

上海浦景化工技术股份有限公司自主开发了合成气制聚乙醇酸技术，该技术以煤基合成气为原料，经草酸二甲酯、乙醇酸甲酯制备可降解塑料聚乙醇酸，并于2019年在内蒙古浦景聚合材料科技公司建成1500吨/年试验装置。国家能源集团神华榆林化工有限公司正在建设5万吨/年PGA工业装置（获国家发展和改革委员会2022年先进制造业专项支持）。该技术为煤化工行业“十四五”高端化、差异化发展提供了新路径。2020年9月，中国石化联合会组织专家对该技术进行了现场考核与科技成果鉴定。

2. 碳减排技术

（1）二氧化碳捕集封存技术

国家能源集团煤直接液化项目（先期工程）开发了碳捕集与封存关键技术，并建成国内首套全流程10万吨/年CCS示范工程。项目于2010年3月10日开始建设，2010年12月31日产出合格二氧化碳，罐车运送至封存区并成功注入目标地层，标志示范项目建设完成并打通全流程试车成功，累计封存30万吨二氧化碳，首次实现了煤化工碳捕集、陆相低孔低渗咸水层封存、监测预警评价体系为一体的CCS技术集成。2014年7月6日，该技术通过中国石化联合会组织的成果鉴定。以国家能源集团CCS示范性工程为示范性基地、中试线，依托四川天一科技股份有限公司、中国五环工程有限公司、中国科学院大连化物所、北京师范大学、天津钢管集团股份有限公司、中国科学院武汉岩土力学研究所、清华大学、中国石油大学、北京大学、安东石油技术有限公司、中国石油集团钻井工程技术研究院与国家能源集团CCS项目协作组，对30万吨煤制油工程高浓度碳捕集与地质封存技术开发及示范。

（2）二氧化碳加氢制甲醇技术

目前，在世界范围内二氧化碳加氢制甲醇在冰岛实现了产业化，通过利用当地丰富的地热资源发电，通过电解水制氢将工业废气二氧化碳转化为甲醇液体燃料。西南化工研究设计院、华东理工大学、浙江大学、厦门大学、中国科学院大连化物所等单位对二氧化碳加氢合成甲醇也进行了深入研究，中国科学院大连化物所、中国科学院上海高等研究院等单位已经建成了中试装置。中国科学院大连化物所、兰州新区石化产业投资集团有限公司和华陆工程科技有限责任公司在兰州新区合作开展液态太阳燃料合成示范项目，采用中国科学院大连化物研究所自主研发的催化剂及设计理念，总投资 1.4 亿元。项目装置于 2019 年 11 月建成，2020 年 1 月打通全流程，2020 年 6 月正式投产，至今累计运行 1000 余小时，装置各单元催化剂主要指标均达到了设计要求。2020 年 10 月，该装置顺利通过中国石化联合会组织的 72 小时现场考核。2020 年 11 月，通过中国石化联合会组织的科技成果鉴定。

以南海气田富二氧化碳天然气为原料，由中国科学院上海高等研究院、海油富岛公司、中国成达工程有限公司三家单位合作开展了二氧化碳加氢制甲醇关键技术开发及中试放大研究，并于 2020 年 7 月建成 5000 吨 / 年工业试验装置；该装置已累计运行 512 小时，并于 2020 年 9 月 21—24 日通过了中国石化联合会组织的现场 72 小时考核。2020 年 9 月 25 日，中国石化联合会组织专家在海南东方召开了由中海油海洋石油富岛有限公司、中国科学院上海高等研究院和中国成达工程有限公司合作开发的“二氧化碳加氢制甲醇关键技术及工程示范”专家评估会。

（3）二氧化碳加氢制汽油技术

世界各国科学家一直在努力探索二氧化碳转化为汽油的问题，但是长期以来，大多数都是合成一些短碳链的产品（如甲烷）。中国科学院大连化物所 2017 年开发了二氧化碳加氢制汽油技术，研究成果发表在《自然》杂志，并被《自然》杂志选为研究亮点。该技术历经实验室小试、百克级单管评价试验、催化剂吨级放大制备、中试工艺包设计等过程，于 2020 年在山东邹城工业园区建设完成了千吨级中试装置。装置累计完成各项投资 4000 余万元，并陆续实现了投料试车、正式运行以及工业侧线数据优化，于 2021 年 10 月正式通过了由中国石化联合会组织的连续 72 小时现场考核。现场考核表明：汽油产品辛烷值、异构烷烃和芳烃含量达到国 VI 标准。该装置在 2020 年 3 月通过了由中国石化联合会组织的科技成果评价。

（4）固载化离子液体二氧化碳与环氧乙烷制备碳酸二甲酯联产乙二醇绿色工艺

碳酸二甲酯（Dimethyl carbonate，DMC）是一种无毒、环保、用途广泛的化工原料。随着 DMC 商业用途的大力开发，以及深加工的下游产品——聚碳酸酯、汽油添加剂、高能电池电解液等市场的迅速发展，DMC 产业发展迅速。由奥克化学与中国科学院过程工程研究所合作开发建成了 3 万吨 / 年环氧乙烷（EO）与二氧化碳反应生产 DMC 和乙二醇（EG）的中试装置，该装置于 2016 年 6 月开工奠基，正式进入项目现场开工建设阶段，2017年7月20日实现中交，2018年7月开始投料生产，运行顺利并产出合格产品。经三个月稳定运行，生产DMC产品1928吨、EG产品1285吨，累计连续运行1700余小时。该成果开拓了环氧乙烷的应用新领域，开创了二氧化碳的资源化规模利用的新途径，于2018年12月通过了中国石化联合会组织的成果鉴定。类似需要关注的技术还有：二氧化碳低温电解制合成气技术、二氧化碳合成二甲基甲酰胺DMF技术、富二氧化碳—甲烷干重整制合成气关键技术等。

（5）废塑料化学循环回收

废塑料化学回收可以处理低价值、混合的、受污染的废塑料，产物和石油基塑料质量相同，可应用于食品和医药等高价值领域。作为塑料废弃物回收再生的两条主要路径，物理回收和化学回收各有优势，物理回收适合处理高价值、品类单一、较为干净的废塑料，化学回收可以处理低价值、混合的、受污染的废塑料。物理回收的产物较难达到食品和医药等高价值应用领域要求，化学回收是在废塑料分子层面进行拆分和重组，产物与石油基塑料质量相同，可应用于食品和医药等高价值领域。塑料化学再生，对比传统的焚烧处理，可减少50%的碳排放；对比传统的石脑油路径合成塑料，每生产1吨乙烯可减少0.5MT的二氧化碳排放。

中石化在其丰富的油品热解理论研究及实践经验基础上，开发了具有灵活进料方式的废塑料热解技术，同时拥有独立知识产权的成套炼油化工专利技术，可以提供废塑料从热解到后加工生产塑料单体等一系列技术。

二、中国重点省份石化行业绿色发展现状

目前，山东、浙江、江苏和广东等化工大省和强省陆续公布“十四五”规划和石油化工行业预期目标。其中，山东省提出，力争到“十四五”末，化工产业产值达到2.65万亿元；化工园区内企业和重点监控点企业产值占行业比重提高到80%以上。浙江力争到2025年，规模以上石油和化工企业实现总产值1.8万亿元，总量规模力争进入全国前三。江苏打造“1+N”化工产业发展格局，预计到“十四五”末，化工行业总产值将达到1.4万亿以上，年均增速达到6.0%以上。广东省为石化产业的发展描绘宏伟目标：到2025年，世界级绿色石化产业集群基本形成，营业收入力争超2万亿元。

（一）山东省石化行业绿色发展现状

1. 能耗“双控”和产业“双全”理念贯穿整个清洁生产过程

化工行业是中国国民经济的重要行业，山东是全国第一化工大省。在国家大力推动“双碳”目标的背景下，山东化工行业正在通过资源挖潜增效释放降碳减排新空间，把能耗“双控”（能源消费总量和强度控制）、产业“双全”（生产全过程和产品全生命周期控制）理念贯穿整个清洁生产过程。全省化工园区按照“减量化、再利用、资源化”的原则，提高资源利用效率，构建循环型产业体系。德州、

东营、滨州、聊城等地按照“企业小循环、园区中循环、区域大循环”三个维度加速产业链条布局。

2. 积极打造石化园区和炼化一体化项目

山东省石化行业基础较好，产业门类齐全。但同时，产业发展面临着层次低、布局散、规模小、效益差等问题，安全环保能耗压力持续加大，特别是随着国内大型石化项目的布局建设，转型发展任务艰巨。面对产业发展的困局，山东省以习近平新时代中国特色社会主义思想为指导，以供给侧结构性改革为主线，把地炼行业转型升级作为高质量发展的先手棋和突破口，集中打造裕龙岛炼化一体化项目，形成产业转型的引领和高质量发展的标杆。按照“四上四压”（上大压小、上高压低、上新压旧、上整压散）的原则要求，以不低于 1.3 ∶ 1 的置换比例，整合全省 2696 万吨地炼产能，按照“国内领先、世界一流”的目标定位，投资 1493 亿元，建设 2000 万吨炼油、300 万吨乙烯、300 万吨芳烃及下游配套工程，形成“油头、化身、高化尾”的完整链条，建成投产后，预计每年可实现销售收入 1199 亿元、利税 266 亿元、利润 157 亿元，具有良好的经济社会效益，同时能够有力促进全省石化产业园区化、集群化、规模化发展，形成世界级高端石化产业基地。

3. 积极推动新旧动能转换

在项目谋划推进过程中，山东省始终坚持高点定位、高端发展，积极打造新旧动能转换的标志性工程。一是突出规划引领和政策引导。山东省印发了《鲁北高端石化产业基地发展规划》《山东省高端化工产业发展规划》《关于加快七大高耗能行业高质量发展的实施方案》，对全省地炼行业进行整体谋划，推进500万吨及以下地炼产能分批整合转移，拆除396万吨违规产能，为项目建设腾挪空间、优化环境。以“上大压小、减量置换”的方式整合分散产能，集中建设大型项目的做法为全国石化行业转型升级探索提供了宝贵经验。二是强化组织领导和部门协同。山东省政府成立推进小组，所有部门靠上紧盯，集中资源，强化保障，各项工作加力提速，项目从谋划实施到核准批复用时不到两年，创造了国内同类大型炼化项目推进的“山东速度”。三是坚持人民立场和绿色发展理念。在项目实施过程中，深入践行“以人民为中心”的发展理念，努力实现经济发展与生态保护和谐共赢。按照主要污染物两倍量替代要求，省、市、县三级均制定了替代方案，确保项目投产后周边排放总量不增加，环境质量不恶化。坚持开门搞项目，主动倾听各方声音，组织4次大型宣讲，主动解疑释惑，避免“邻避效应”，为项目实施营造良好舆论氛围。

4. 化工企业积极注重行业绿色转型

东明石化集团有限公司（以下简称“东明石化”）是山东省重点化工企业，围绕打造山东省高端化工产业集聚区，加快实现炼化一体化，依托原油催化裂解制烯烃技术，全力推进30万吨原油直接超级催化裂解制系统技术（UPC）科技示范工程建设。在绿色发展方面，东明石化研发的“鲁昌”牌汽柴油商标获国内油品类“中国驰名商标”；此外，与中国石油大学联合成功开发了UPC技术，解决了石化领域核心技术难题。

作为化工行业的领军者，万华化学集团股份有限公司（以下简称“万华化学”）一直以来致力于前沿技术的自主创新，主要包括以下方面：①新能源，创造碳减排新动力。通过开发新能源优化能源结构是实现可持续发展的重要举措。万华化学通过投资海上风电、陆地风电、农光互补、渔光互补、核电等新能源，实现清洁电力社会增量，按股权比例可获得权益电量324亿度，实现万华化学中国产业园区清洁电力全覆盖，助力企业低碳转型。②新装置，实现高效节能新突破。万华化学通过装置优化、新型催化剂应用等方式，推动园区节能减排。日前，国内最大的硝酸装置落户万华化学福建产业园区，通过氧化亚氮减排、蒸汽改电等节能设计，单套装置年减排量近百万吨。③新工艺，迈向绿色高效新境界。万华化学不断探索新工艺，以实现绿色高效生产。通过装置和工艺开发双升级，持续降低单一产品耗能升级，已取显著成效。相比于2006年MDI单吨耗能降低90%，并计划2024年在此基础之上下降50%。④新回收，资源再生新高峰。万华化学践行节能成果与相关方共享理念，将万华化学烟台工业园的生产废热进行回收再利用，与园区周边企业及城市共同实现绿色循环。通过该技术，万华化学烟台工业园每年可节约煤炭约260万吨，实现了化工装置节能技术与民用低品位热能技术的完美结合。⑤新利用，科创驱动新动力。万华化学通过技术开发及完善的催化剂研发、生产配套，搭建CCUS平台实现二氧化碳循环利用，不仅有助于减少温室气体排放，还为各行业的可持续生产提供了新的动力。⑥新循环，绿色增长新引擎。万华化学通过化学力量重新定义材料循环利用，采用醇解工艺实现化学回收可稳定生产优质再生聚醚；废旧塑料化学分解为小分子后可再次聚合，相较传统物理回收，材料性能不降级，为行业持续提供高品质再生产品。

（二）浙江省石化行业绿色发展现状

石化化工行业是浙江省重点发展的优势特色产业。近年来，随着国家政策的支持和市场需求的变化，浙江省石化化工行业得到了迅速发展。2022 年浙江省规模以上石化化工企业完成工业总产值 1.64 万亿元，总量规模居全国第三位。从产业布局来看，浙江已形成以宁波、舟山、嘉兴、绍兴为主体的杭州湾石化产业集群，形成从石油炼制到基础化工原材料、化工新材料、高端专用化学品的较为完整的产业链条。浙江紧紧围绕三个“一号工程”和“十项重大工程”，念好“稳、严、引、专”四字经，聚力做好强集群、建平台、扩投资、优环境四方面工作，夯实行业稳增长基础。

为更好地推动石化化工行业高质量发展，近年来，浙江省实施传统产业改造提升，绿色化、数字化稳步推进。同时，不断促进要素资源全球高效配置，强化产业链上下游协同和相关行业间耦合发展。

1.“稳”字当头，以集群指导服务推动壮群强链发展

一是打造世界级绿色石化产业集群。指导地方建设炼油化工、

精细化工产业集群，抓好省级“415X”先进制造业集群核心区、协同区创建，已形成从石油炼制到基础化工原料、化工新材料、高端专用化学品较完整的产业链。其中，染料涂料、电子化学材料、氟化工、高性能化纤、化学原料药等细分领域均位列全国第一，乙烯、PX、PTA、MDI 等多种石化产品规模居全国前列。二是完善集群协同创新生态。组织申报国家生物医用新材料“揭榜挂帅”，项目入围数暂居全国第一位。推进化工新材料“一条龙”应用示范，建成运维国家级特种电机材料生产应用示范平台和测试评价平台浙江区域中心，启动建设节能低碳材料国家新材料生产应用示范平台；实施一批关键核心技术攻关、首批次新材料工程化攻关，完成首批次新材料应用保险补偿兑现。三是积极拓展国际国内市场。制定《浙江省材料工业“三品”实施方案》，实施“增品种、提品质、创品牌”专项行动，培育一批质量过硬、竞争优势明显的浙江品牌。持续开展新材料公共平台服务、精细化工等“十链百场万企”系列活动，举办中国国际石油化工大会和新材料发展论坛，加快浙江省优势化工产品市场拓展。截至 2023 年 7 月，浙江省规模以上石化化工企业工业增加值同比增长 8.6%；形成 7500 万吨炼油、1000 万吨烯烃生产能力。

2.“严”字提质，以园区规范管理提升行业集聚空间

浙江省完善化工园区设立、扩区、退出、调整等全生命周期管理；加强化工园区认定管理，指导推进化工园区规范化建设；持续完善化工园区评价标准体系；有序推进城镇人口密集区危险化学品

生产企业搬迁改造。作为做大做强石化化工行业的重要载体和稀缺资源，浙江省化工园区集聚了60%以上的规模以上化工企业，贡献了80%左右的行业营业收入，承建了95%以上的新建项目。浙江省化工园区改造提升和规范管理作为石化化工行业高质量发展的重要抓手，在管理体系、数字转型、绿色安全等方面持续发力。

一是建立健全园区管理体系。实施化工园区提升发展“四个一批”专项行动，分级分类动态管理省级化工园区；完善园区评价认定管理实施细则，健全园区设立、扩园、退出、调整等全生命周期管理。目前，浙江省超千亿级的超大型化工园区4个，营收在500亿~1000亿元的中型园区3个；成功入围2022中国化工园区30强5个，数量居全国第二位。二是打造现代化智慧示范园区。加快建设化工园区智慧管理平台，制定《全省化工园区（集聚区）数字化建设工作方案》，构建“1+5+X”平台架构，建成运行全国首个省级“化工产业大脑”。目前，已打通政府部门数据8项、链接园区47个，汇聚数据超1000万条。三是推进园区绿色安全发展。协同省应急管理厅完成化工园区安全风险等级评价，协同省生态环境厅逐级构建突发水污染事件多级防控体系。持续推进城镇人口密集区危化品生产企业搬迁改造工作，守牢安全底线。截至2023年8月，浙江省实现化工园区一般安全风险等级（C级）全覆盖，其中较低安全风险等级（D级）园区数从2022年的2家增长至2023年的10家。炼油、乙烯等加工环节的综合能耗达到国际领先水平。

3.“引”字焕活，以项目招引建设蓄积行业发展后劲

浙江省积极落实扩大有效投资“千项万亿”工程要求，在项目招引、项目建设、项目管理等方面发挥实效。一是推进重大项目建设。对接甬舟炼化基地原材料与温台化工新材料应用市场，重点推进台州湾新材料产业园等重大项目建设，做大生物基可降解材料、PEKK特殊功能性树脂等化工新材料。紧盯龙头企业衍生、裂变项目，推进浙石化、镇海炼化等重大项目建设，力促项目早开工、早投产。二是优化重大项目服务。建立50亿元以上重大项目联席制度。完善项目落地的资源要素保障，做好地方新上化工项目政策合规指导服务。2023年上半年，浙江省积极推进省级化工园区合规工作，及时协调解决镇海炼化150万吨乙烯、台州湾新材料产业园等重大项目推进中的用地、用能问题，确保项目按计划推进。

4.“专”字筑基，以要素机制保障优化企业发展环境

浙江省石化化工领域大企业压舱石作用明显，浙石化、镇海炼化、大榭石化3家合计贡献行业产值接近30%。围绕激发企业活力，筑牢稳大盘基础支撑，浙江省在企业培育、助企服务、要素保障等方面狠下功夫。一是激发主体活力。深化“链长+链主+专精特新”协同机制，推动龙头企业由“单打独斗”向“集群作战”转变，培育一批根植浙江、具有生态掌控力的领航企业、链主企业和高市值上市企业。围绕化工新材料、精细化工等重点领域，培育一批单项冠军、专精特新“小巨人”企业。截至2023年7月，浙江省共有规

模以上石化化工企业5876家，其中销售收入超100亿元企业19家，合计占全行业比重的40%以上；涌现荣盛、恒逸等世界500强企业，其中荣盛石化入围2023年全球化工50强。二是优化助企服务。落实好“服务企业解难题稳预期提信心”专项活动，深化产值100亿元以上重点材料工业企业和省首批次新材料企业直通服务，指导地方建立重点产业链重点企业白名单，按月做好重点企业运行监测。三是加强要素保障。在用地、排污指标调剂等方面开展创新探索，合理拓展化工园区要素保障政策边界，扩大化工企业成长空间。

（三）江苏省石化行业绿色发展现状

随着社会经济的发展，江苏化工产业发展迅猛，但也伴随环境污染和生态破坏。在此背景下，江苏化工出台新的绿色发展计划，旨在实施绿色生产、推动可持续发展。

1. 实施绿色生产

（1）绿色化工技术应用

绿色化工技术是指在化工生产过程中，采用的减少或者完全避免对环境的危害，同时提高产品质量和效益的新技术。近年来，绿色化工技术应用越来越广泛。江苏省化工企业积极推广和应用这些新技术，以此来降低生产成本，减少环境危害，提高市场竞争力和可持续发展能力。例如，利用氧化型废气处理、臭氧氧化处理等技术有效减少废气的排放。

（2）能耗管理

在化工生产过程中，能源的消耗是不可避免的，但可以通过能耗管理来达到节能降耗的效果。江苏省化工企业积极做好能源的全面管理工作（包括节约能源、利用新能源、提高能源的产出等方面），不仅减少非必要能源消耗，还能提高生产效率和产品质量。

（3）废弃物资源化利用

废弃物绝不是“废物”，而是可以进行资源化利用的。江苏省化工企业将废弃物进行分类处理和回收利用，形成一定的环保产业链。例如，将废旧设备进行拆解分离后，回收可利用的金属材料等。

2. 推动可持续发展

（1）环境风险评估

江苏省化工企业对生产过程中潜在的环境风险进行评估，制定防范和应急措施。在生产过程中，避免产生对生态环境的影响，同时加强对环境污染物的排放、废弃物的处置和土地资源的利用和监管。

（2）制度建设

江苏省化工企业不断建立完善的环保制度，根据国家和地方环保政策和标准，采取相应措施实现环保目标。同时，积极加强环保意识教育，让员工从内心深处认识到环保的重要性，以实现企业向绿色化发展的目标。

（3）智能化生产

江苏省化工企业在产业升级和技术改造中，尽可能采用现代智能化技术手段，提高生产、管理和安全性能，促进工程建设实现优化升级，为企业的发展提供坚实支持。

（四）广东省石化行业绿色发展现状

绿色石化是广东省十大战略性支柱产业之一。为加快发展绿色石化战略性支柱产业集群，促进产业迈向全球价值链高端，广东省工信厅联合多部门印发《广东省发展绿色石化战略性支柱产业集群行动计划（2023—2025年）》。其中提到，力争到2025年基本形成世界级绿色石化产业集群，实现产业规模超2万亿元，工业增加值超4800亿元，企业利润总额超千亿元。

1. 壮大产业规模，优化产业结构

立足沿海石化产业带，优化石化园区空间布局，以延伸产业链为中心，积极挖潜、建设石化项目，进一步壮大产业规模。突出产业特色，不断优化产业结构，逐步形成粤东、粤西两翼产业链上游原材料向珠三角产业链下游精深加工企业供给，珠三角精细化工产品和化工新材料向粤东、粤西两翼先进制造业企业供给的循环体系，打造广东省“一带、两翼、五基地、多园区协同发展”特色产业布局，促进产业结构由“哑铃型”向“协调型”发展。

2. 强化应用引领，延伸产业链条

围绕广东省新一代电子信息、高端装备制造、现代轻工纺织等先进制造业和战略性新兴产业的应用，结合上中游产品特点，延伸中下游石化产业链条，促进化工产品精深加工，发展工程塑料、电

子化学品、功能性膜材料、高性能纤维等高端精细化学品和化工新材料，提升高端精细化工产品和化工新材料占比，推动全省石化产业高质量发展。

3. 完善创新体系，提升产业竞争力

完善以企业为主体、市场为导向、政产学研金介用相结合的产业技术创新体系，以项目为龙头，聚焦高端精细化学品和化工新材料，加强关键核心技术攻关，切实提升高端石化产品研发生产水平。加强石化产业知识产权保护，加大创新型人才培养和引进力度，实施质量品牌和标准提升工程，进一步提升石化产业竞争力。

4. 注重安全环保，促进绿色发展

引导石化产业绿色发展，加大先进节能环保技术、工艺、装备的研发力度，积极推进原料优化、能源梯级利用、可循环、流程再造等工艺技术，推广统一的绿色产品标准、认证和标识体系，加快绿色改造升级，努力构建高效、清洁、低碳、循环的绿色制造体系。坚持以人民为中心的发展思想，强化安全环保投入和管理，坚决避免石化项目“邻避”效应事件发生。

三、中国石化行业重点化工园区绿色发展现状

自 2017 年开始的化工园区认定工作正在进行，从 2021 年全国化工园区产值来看，超过千亿元的超大型园区 20 家，500 亿 ~1000 亿元的大型园区 33 家，100 亿 ~500 亿元的中型园区 252 家，产值小

于100亿元的小型园区338家。中小化工园区数量占到我国化工园区总数的90%以上。截至2023年8月30日，入选《绿色化工园区名录》单位数量已达到22家，《绿色化工园区（建设期）单位》数量已达到12家。“绿色化工园区适用技术”入选技术已有32项。

在国家发展和改革委员会、工业和信息化部的指导下，中国石化联合会受国家发展和改革委员会委托，依据《绿色化工园区认定管理办法（试行）》，从2019年开始启动绿色化工园区及创建工作，旨在树立一批具有示范作用的绿色化工园区标杆，引领全行业提高绿色循环低碳发展水平。《蓝皮书》以2019年首次通过评审的五大化工园区为例，分析中国化工园区绿色发展现状。

（一）上海化学工业区

上海化学工业区是以石油化工产品为主的国家级经济技术开发区，位于杭州湾北岸，建成以乙烯为龙头的循环经济产业链、以化工新材料为主导的特色产业集群，成为全国集聚知名跨国化工企业最多、主导产业能级高端、安全环保管理严格、循环经济水平领先的化工园区，被列为全国重点建设的七大石化产业基地之一。

上海化学工业区秉持“高端、绿色、创新、智慧”的发展理念。立足现有产业基础，对标世界一流，优化上游原料结构，延伸促进烯烃下游产品高端化，重点发展化工新材料和高端专用化学品两大产业集群，打造世界级绿色高端化工产业集聚区。持续推进循环经济示范基地建设，促进工业废弃物的资源化回收和综合利用；引导鼓励区内企业扩大新工艺、新材料、新装备的应用，加大节能减排和环境保护工作力度，进一步提高清洁生产和循环经济发展水平。以上海化学工业区为核心，打造上海国际化工新材料创新中心，集聚各类创新资源，完善创新配套环境，吸引国内外化工新材料高端人才创新创业，推动化工新材料科技成果产业转化，促进化工产业转型升级发展。主动对接“互联网 +”战略，按照上海智慧城市建设总体要求，着力推进智慧园区建设，以创新园区管理、服务企业发展为主线，突出信息技术手段在制造、服务和管理领域的应用体验，为园区新发展提供新动力、注入新内涵。

1. 绿色发展现状

“十三五”期间，上海化学工业区经济效益水平创历史新高（见表 2-6），生态环境质量治理历史最优，循环经济领先全国同行，多次荣获“全国化工园区 30 强”榜首，被评为“国家新型工业化示范基地（五星级）”，全面迈入“从大到强、从强到优、从优到精”的迭代升级阶段，开启了高质量发展的新征程。

表 2-6　上海化学工业区“十三五”期间经济环境发展状况

类型		指标	发展状况
发展质量	产业	战略性新兴产业产值占园区工业总产值比重	较“十二五”提高 11.7%
		精细化工品产值占园区化工品产值	较“十二五”提高 6.2%

（续表）

类型		指标	发展状况
发展质量	安全	亿元国内生产总值生产安全事故死亡率	0.12%
		园区就业人员十万人生产安全事故死亡率	30%
		园区百万工时可记录损失工时事故率	12%
		生产安全事故率	较“十二五”下降 10%
		化工企业安全生产责任保险制度覆盖率	95%
		职业病发病率	0
	环保	工业固废（含危险废物）无害化处置率	100%
		大气环境中 VOCs 年均浓度	55.2 μg/m^3
		生产废水 COD 排放浓度（从二级提至一级）	较“十二五”下降 24.6%
		重点企业清洁生产执行率	100%
		重点企业环境信息公开率	100%
发展质量	能耗	万元产值（加工）能耗	较“十二五”下降 25%
		乙烯单耗、烧碱单耗、MDI 单耗下降率	较“十二五”下降 5%

（续表）

类型		指标	发展状况
发展质量	智慧	初步建立智慧化应用体系框架，拥有3~5个国家级亮点示范	完成
		建设基础数据库和专业信息库，搭建信息资源交换平台	完成
		推进若干智能工厂建设示范	完成
	科创	高新技术企业增加5家以上，企业研发费用额提高30%	完成
		建立化工科技成果应用转化中试平台	完成
发展效益	“十三五”期间固定资产投资增加额		170.4亿元
	“十三五”末年销售收入		1080亿元
	“十三五”期间缴纳各类税收		540.5亿元
	工业用地（工业总产值）产出强度		较“十二五”提高14.3%
	工业企业人均劳动生产率		较“十二五”提高33.3%
发展共享	两镇年获得支持数额		>2000万元
	两区区级财政分享收入		124.7亿元

资料来源：上海化学工业区管理委员会关于印发《上海化学工业区发展“十四五”规划》的通知。

（1）经济效益水平创历史新高。上海化学工业区加快招商引资、推进产业迭代升级，经济发展呈现质效齐升的良好态势。“十三五”期间，工业总产值突破千亿级，年均增长4.7%。利润总额五年累计907亿元，占园区建园以来盈利总额的近80%，较“十二五”提高708.5%。上缴税金五年累计540.5亿元，较“十二五”增长112.9%，占园区建园来税收总额的近60%。完成固定资产投资170.4亿元，战略性新兴产业产值占园区工业总产值比重达42.5%，较“十二五”期末提升11.7个百分点。亩均产值、亩均税收、人均劳动生产率分别突破800万元、100万元、1000万元，名列国家级经济技术开发区前茅。

（2）安全应急防控能力显著增强。上海化学工业区进一步完善监管机制、狠抓责任落实、强化基础支撑、坚持主动预防，逐步形成了综合管理、专业管理和属地管理协调融合的大安全监管工作格局。健全“三级应急联动”工作机制，形成全天候响应、全覆盖监控、全过程演练、专职化队伍保障的应急防控体系。落实安全生产风险分级管控和隐患排查治理双重预防机制，建设全国首个危化品电子标签自动识别应用系统，园区职业病发病率0%、总体百万工时可记录损失工时事故率0.8%，达世界一流水平。

（3）生态环境质量治理历史最优。上海化学工业区持续开展环境综合整治行动，环境质量持续改善。“十三五”末，园区挥发性有机物浓度（VOCs）为55.2微克/立方米，较“十二五”末下降46.6%；污染物PM2.5、PM10、氮氧化物、硫化氢和氨气浓度分别较“十二五”末下降33.3%、35.7%、34.8%、43.8%、29.6%。建立污染源排放清单，开展重点企业指纹库建设，形成“企业报告—项目控制—独立核查—网络监控”的监管机制，重点企业环境信息公开率均达 100%。

（4）循环经济领先全国同行。上海化学工业区持续发展循环经济，被评为全国低碳工业园区试点单位、国家绿色园区、绿色化工园区、环境污染第三方治理园区，科思创、舒驰等公司获“国家绿色工厂”称号。出台化工区产业绿色发展专项扶持政策，支持企业节能减排、资源化利用等，重点企业清洁生产执行率为 100%。“十三五”末，园区万元产值能耗较“十二五”末下降 16%，能耗、耗水量、废气、废水指标领先全国同行业水平。建立“水厂—企业—污水处理厂—湿地处理系统—区内河道系统”的人工生态湿地废水处理及再利用系统，废水 COD、总氮、总磷去除率分别达到 20%~30%、65%~85%、45%~55%。建设移动式光伏发电机组，年节能量达 1.4 万吨标煤，CO_2 年减排量达 3.9 万吨。

（5）智慧化工园区示范单位创建成功。上海化学工业区加快探索智慧化创新之路，获“中国智慧化工园区试点示范单位”“上海市工业互联网创新实践基地”等称号。加强智慧园区建设顶层设计，确定“1+1+3+6+X”的总体框架。发布园区《智慧政务信息系统资源交换接口标准》《智慧政务信息资源目录体系规范》，出台智慧园区建设工作制度、专项支持实施办法、项目建设管理办法等文件。大数据智慧决策平台、云计算中心、智慧公安、智慧消防、智慧医疗、智慧海事、智慧海关、智慧管廊等一批项目建成投用。赛科、科思创、巴斯夫、华谊新材料等企业智能工厂建设全面开展。

2. 绿色发展目标

上海化学工业区立足新发展阶段，完整、准确、全面贯彻新发展理念，落实“碳达峰碳中和”等战略要求，按照“精细、绿色、高技术、高效益、高附加值”的总体要求，以推动高质量发展为主攻方向，深化改革创新，以低碳能源＋新材料为核心，打造高端化、智能化、绿色化、集聚化的绿色低碳产业，加快建设“上海化工区绿色低碳示范园”，并形成以下绿色低碳发展方向：

能源清洁化。进一步提升太阳能、风能等可再生能源以及氢能等清洁能源的比重，探索氨能等潜在替代能源。

原料低碳化。加快低碳原料替代，促进源头资源减量化和原料燃料结构优化，提高天然气、轻烃、生物质等比例。

材料功能化。发展轻质高强等功能性材料，支撑重点行业材料效率提升、生产过程能耗减少和污染物排放降低。

过程高效化。围绕工业领域极致能效目标，优化生产工艺流程，推动余热综合利用，加快高效设备替代。

资源循环化。强化资源循环型产业体系建设，提升再生资源利用水平，探索、推广以二氧化碳为原料的工艺技术。

到“十四五”期末，上海化学工业区按照最高标准、最严要求、最好水平，产业能级再上新台阶、绿色发展达到新高度、数字转型取得新突破、营商环境成为新典范、文化建设展现新标杆、联动发展形成新模式、党的建设展现新作为，打造化工园区更高质量、更高水平、更优结构的发展示范标杆，继续做好排头兵和先行者，打响“上海制造”品牌，加快建设成为具有国际竞争力的“世界级石化产业基地”和“循环经济示范基地”。

表 2-7　上海化学工业区“十四五”高质量发展指标一览

类型		指标名称	单位	属性	目标
产业标杆	更高水平	累计吸引项目投资	亿元	预期性	400
产业标杆	更高水平	“十四五”末年销售收入	亿元	预期性	1700
产业标杆	更高水平	累计上缴各种税收	亿元	预期性	700
产业标杆	更高水平	工业用地产出（工业总产值）强度	%	预期性	进一步提升
产业标杆	更高水平	战略性新兴产业产值占园区比重	%	预期性	＞ 50
产业标杆	更高水平	引入跨国公司研发中心、国家级和上海市级研发机构、创新项目数量	个	预期性	50
产业标杆	更高水平	研发投入总额与“十三五”总额比较	%	预期性	＞ 30
产业标杆	更高水平	园区产业关联度	%	预期性	进一步提升
产业标杆	更高水平	万元产值（加工）能耗	吨标煤 / 万元	预期性	进一步下降
绿色引领	更具韧性	亿元产值生产安全事故死亡率	%	约束性	0.03
绿色引领	更具韧性	百万工时可记录损失工时事故率	%	约束性	0.8
绿色引领	更具韧性	企业安全生产标准化达标率	%	约束性	100

（续表）

类型		指标名称	单位	属性	目标
绿色引领	更具韧性	PM2.5 年均浓度	微克 / 立方米	预期性	30
		环境空气质量 (AQI) 优良率	%	约束性	力争 87.5
		大气环境主要 VOCs 年均浓度	微克	约束性	＜ 70
		清洁能源使用率提升	%	预期性	5
数字先导	更为智慧	智慧园区建设标准、规章或规范	个	预期性	10
		建设智能工厂示范	个	预期性	10
		治理数据汇聚率提升	%	预期性	10
营商首选	更有磁力	美丽园区建设示范		预期性	建成
		企业对政务服务的满意率	%	预期性	＞ 80
		网格化管理案件按时办结率	%	预期性	＞ 98
		公用工程可靠性	%	预期性	100
文化样板	更显温度	区内企业参与责任关怀工作的比例	%	预期值	90
		健康企业达标率	%	预期值	80
		吸引各类人才	人	预期值	＞ 2000
融合示范	更加和谐	长三角园区合作工作示范	个	预期值	＞ 3
		金山、奉贤区累计从化工区获得的财政收入	亿元	预期值	＞ 138
		分区综合评价水平	排名	预期值	进一步提升
党建创新	更优结构	推进两新组织党的组织和工作覆盖		预期值	实现全覆盖

（二）广东惠州大亚湾石化产业园区

广东惠州大亚湾石化产业园区（又称大亚湾石化工业区）是广东省重点发展的东西两翼两个石化工业基地之一，规划总面积27.8平方公里，位于惠州市南部、大亚湾经济技术开发区的东部，毗邻深圳、香港，地处华南地区经济最发达、最具活力的珠三角经济区，南临南海大亚湾，具有优越的地理位置、海运条件以及市场优势。

大亚湾石化工业区遵循“油化”结合、上中下游一体化、公用工程一体化发展的道路，以炼油和乙烯项目为龙头，面向国内外市场，立足于引进世界先进的化工企业和生产技术，重点发展高附加值和高技术含量的石化深加工产品、高新技术材料、专用化学品和精细化工产品，建成环境保护和经济发展协调统一的世界级石油化学工业区。

大亚湾开发区打造绿色石化产业高地。2021年，大亚湾石化工业区实现产值1858.9亿元，增长38.3%。从南海之滨的大亚湾石化区到毗邻深圳的大亚湾新兴产业园，惠州两大主导产业欣欣向荣，在这个国家级开发区中“比翼齐飞”。做强万亿级石化能源新材料产业集群，做大千亿级电子信息产业平台，大亚湾开发区抢抓“双区”建设机遇，深度融深融湾，全力打造世界级绿色石化产业高地，笃定目标高质量建设国内一流开发区，以雄鹰展翅之姿翱翔粤港澳大湾区。

作为国家重点建设的七大石化产业基地之一（广东省唯一）和

第一批绿色制造体系建设示范绿色园区，大亚湾石化工业区实现炼油 2200 万吨 / 年、乙烯 220 万吨 / 年的生产能力，炼化一体化规模位居全国前列。

当前，大亚湾石化工业区化工原料就地消化率达 71%，形成了碳二、碳三、碳四、碳五、芳烃、碳九等优势产业链。2022 年上半年，园区实现产值 1236.8 亿元，增长 49.5%。

中海壳牌 PC/DPC 项目建成投产后，将形成极具竞争力的 PC 产业链，引领碳二产业链发展壮大；乐金化学三期 ABS 项目建成投产后将成为华南地区最大的 ABS 生产基地，进一步延伸碳四、芳烃产业链。

1. 以绿色低碳循环经济，走石化产业可持续发展之路

在大亚湾石化工业区，企业之间“隔墙供应”、互助互利、共享发展。当前，大亚湾石化工业区循环经济产业链关联度高达 95%，化工原料就地消化率达 71%。循环经济已经成为每家企业入驻园区的标配。政府部门通过产业链整体布局，引导石化企业共同擘画绿色低碳发展蓝图，同走可持续发展之路。

在大亚湾石化工业区，中海油惠州石化有限公司和中海壳牌石油化工有限公司比邻而居。前者拥有一座原油加工能力 2200 万吨 / 年的炼油厂，后者拥有一座加工能力 220 万吨 / 年的乙烯厂。两家企业虽有围墙之隔，但建有管道相连。惠州石化的炼油产品通过管道供应到中海壳牌，中海壳牌以此为原料进行下一步生产。秉承“炼油化工一体化”的理念，两家公司在设计之初，就围绕石脑油、液

化气、工业水、蒸气等物料互供做了大量工作，力求实现“1+1>2”的效果。如今，这些“隔墙供应”的产品从最初的石脑油、苯、液氨3种产品增加至近20种。

中海壳牌石油化工有限公司是落户大亚湾石化工业区的第一家企业，在与惠州石化携手共建“炼油化工一体化”发展模式的同时，还充分发挥大项目的带动优势，吸引了科莱恩、巴斯夫等16家优质的“隔墙客户”落户大亚湾石化区。得益于这些优质下游企业的加盟，中海壳牌一半的液体产品实现了就地转化。这种“隔墙供应”的方式，首先从经济性来讲，节省了大量的仓储和运输成本。其次通过管道输送到隔壁的供应客户，也减少了石化产品在运输中的安全风险。

当前，“隔墙供应”“循环经济”已经成为每家企业入驻大亚湾石化区的标配。这种“隔墙供应”模式不仅运用在生产物料的供应上，还推广到生产废弃物的循环利用上。

同样在中海壳牌石油化工有限公司，一根管道延伸到了惠州凯美特气体有限公司的厂房内，化工废气在这里净化、提纯，生产出食品级的二氧化碳，最终成为可乐、雪碧等饮料里的原料。每年可以减少10万吨二氧化碳的排放。

一个个“变废为宝”的故事在石化区内上演。目前，大亚湾石化工业区形成了碳二、碳三、碳四、碳五、芳烃、碳九等优势产业链，化工原料就地消化率达71%。“隔墙供应”模式，让园区内的废水、废气、废渣逐渐实现“吃干榨净”，也带动了循环经济的发展。

受益于“隔墙供应”产业链的打造，对不符合节能减排要求的项目一票否决，加之多项世界领先技术的率先应用，大亚湾石化工业区在2017年获评国家循环化改造重点支持园区和国家第一批绿色制造体系建设示范园区，实现了石化产业绿色发展。

2. 坚持绿色发展，生产、生活、生态相融共生

围绕绿色低碳循环发展，大亚湾加快发展绿色环保、新能源、新材料等战略性新兴产业，积极引入埃克森美孚、壳牌公司等碳捕集利用与封存、制氢技术等世界领先技术，生产高附加值、高差异值、高竞争力、高品质化工产品，实现减碳与石化产业发展的协同互促。

大亚湾经济技术开发区已连续13年在惠州市环保责任考核中获评优秀等次。为加强工业源治理，该区已完成VOCs（挥发性有机物）一企一策综合整治和销号式治理、29家重点企业分级评估、3家深化治理、31家活性炭更换检查、36家低效治理企业检查。在此基础上，继续推进全区第二批17家VOCs企业分级管理，8家VOCs重点企业深度治理，督促21家石化、化工行业重点企业按要求完成泄漏检测与修复等工作，7家加油站和7家储油库油气回收专项整治，全面提升VOCs整治水平。

同时，大亚湾经济技术开发区还斥资1.4亿元，在中心区打造了红树林国家城市湿地公园，面积约111万平方米。这是一个典型的生态修复型、功能复合型城市湿地公园，既为物种多样性恢复创造了良好条件，也意味着这个世界级的石化区宜居宜业。

3.“十四五”末，形成世界级知名石化产业新兴集聚区

目前，大亚湾经济技术开发区已经形成以中海油 2200 万吨 / 年炼油和中海壳牌 220 万吨 / 年乙烯为龙头，以石化深加工和精细化工高端石化产品为主线，重点发展芳烃下游系列产品、化工新材料和专用精细化学品的上中下游全面发展的石化产业格局，炼化一体化规模位居全国第一。

大亚湾石化工业区选择对标新加坡裕廊、荷兰鹿特丹、比利时安特卫普等世界一流石化区，为高质量建设世界级绿色石化产业基地找寻路径。

从面积来看，大亚湾石化工业区（31 平方公里）与安特卫普石化区（37 平方公里）、裕廊石化区（32 平方公里）相近，不到休斯敦石化区（85 平方公里）的一半。从投资强度来看，大亚湾石化工业区是 86.3 亿元 / 平方公里，高于休斯敦的 63 亿元 / 平方公里和裕廊的 46.3 亿元 / 平方公里，低于安特卫普的 108 亿元 / 平方公里。

聚集行业巨头是世界级石化园区得以发展壮大的普遍规律，这不仅能够获得大量投资，还能借助他们产生的“虹吸效应”，吸引更多中下游配套企业入驻，从而实现产业集群发展。在入驻企业数量上，大亚湾石化工业区目前仅有 66 家，落后于安特卫普（100 家）、裕廊（150 家）和休斯敦（540 家）。

和安特卫普、鹿特丹、裕廊等具有几十年甚至上百年历史的世界级石化基地相比，大亚湾石化工业区起步较晚。2001 年，因为引

进了中海壳牌南海石化项目，大亚湾石化工业区启动开发建设。但大亚湾石化工业区项目都是近十几年内建设，大多采用国际国内领先技术，因此在技术、设备上比安特卫普、鹿特丹、裕廊等老牌石化基地更加先进，能耗也更低。同时，大亚湾石化工业区规划更加合理，实现了项目集中建设和管理。

世界级石化基地一个典型的特征，是炼化一体化发展。休斯敦石化区现有炼油加工能力约 11750 万吨 / 年，占美国原油总加工能力的 13%，乙烯产能约 1200 万吨 / 年，占美国乙烯总产能的 43.7%；裕廊石化区现有炼油能力约 6900 万吨 / 年，乙烯产能约 560 万吨 / 年；安特卫普石化区现有炼油能力约 4125 万吨 / 年，乙烯产能约 246 万吨 / 年。

相比之下，大亚湾石化工业区“长短脚”现象较为明显，乙烯加工能力达到 220 万吨 / 年，已经接近世界级，而炼油能力为 2200 万吨 / 年，仍有发展空间。建设世界级绿色石化产业基地还要多久？大亚湾石化工业区制定了时间表：“十四五”末，实现炼油 3000 万吨 / 年、乙烯 540 万吨 / 年，石化产值约 4000 亿元；中远期（2026—2030 年），炼油 4000 万吨 / 年、乙烯 800 万吨 / 年，石化产值约 7000 亿元，形成世界级知名石化产业新兴集聚区。

（三）南京江北新材料科技园

南京江北新材料科技园，既是继上海化工园之后的第二家国家级石化产业基地，也是南京唯一一家以石油化工为主导产业的化工园区。重点发展石油和天然气化工、基本有机化工原料、精细化工、高分子材料、生命医药、新型化工材料等六大领域的系列产品，打造以深度加工和高附加值产品为主要特征的国家级石化产业基地。

1. 创新驱动，坚持转型发展

近年来，南京江北新材料科技园强化党建引领，凝心聚力抓发展，蹄疾步稳地向世界一流园区迈进，连续九年位列全国化工园区前四强。2022 年实现工业总产值 2618.8 亿元、税收 154.4 亿元、全社会固定资产投资 100.6 亿元。在中国石化联合会发布的“2022 高质量发展化工园区 30 强”榜单中，位列全国第二。

2021 年上半年，南京江北新材料科技园主要指标稳步增长，重大项目有序推进。实现工业总产值 1300 亿元，同比增长 19.7%，完成年度计划 54.2%；1—5 月，累计完成签约项目投资总额 136.74 亿元，实际利用外资 500 万美元，亿元以上签约项目数 7 个。

同时，强化创新引擎，推动产业升级，积极构建创新孵化链条，确定国家高新技术企业申报 135 家，完成省外高新技术企业引进 20 家；组织申报省重点研发计划项目 9 项，完成科技型中小企业评价 102 家，新增省民营科技企业 3 家；申报省院士工作站 1 家，获批市级工程技术研究中心 4 家；申报国家“启明计划”15 人、国家“火炬计划”5 人，省“双创计划”12 人；新增区级备案新型研发机构 1 家，申报市级备案 2 家；新增孵化培育企业 75 家，新增在孵企业 8 家；申报省级留创园、省侨联新侨创新创业基地各 1 家，申报最具成长潜力留学人员创业企业 1 家。

2. 打好防污攻坚战，全面向“绿”而行

为扎实推进打好污染防治攻坚战，在南京江北新材料科技园以“起步即冲刺、开局即决战”的决心和姿态，真抓实干、攻坚克难，全力冲刺各项目标任务，推动科技园生态环境质量再上新台阶。

2020年，围绕省生态环境厅提出的经济高质量发展和生态环境高水平保护等要求，南京江北新材料科技园谋划了一批环境基础设施建设项目。2021年，南京江北新材料科技园加快推进长芦地区地下水监测站和玉带片区地表水、地下水监测站和入江排口上游水站建设工作；推进省厅VOCs小微站新站点选址、建设工作；督促各相关企业严格实施LDAR（泄漏检测与修复），涉恶臭物料密封点按照“动六静三”要求实施检测，严控恶臭废气无组织排放；2023年12月底前建成园区LDAR智慧监管平台，所有检测数据实时定位、实时上传、精细分析。

从传统化工园区向绿色化工园区转型升级，安全生产是发展基础，环境保护是攻坚方向。据介绍，南京江北新材料科技园的“智慧园区”嫁接了智慧环保、大气预警、智慧能源等子系统。

智慧环保系统包括废水监控、雨排监控、河道监控、污染溯源、运维管理，结合GPRS（高速数据处理技术）、GIS（地理信息系统），实现地表水质监测的网络化和信息化，为环境保护管理提供实时、准确、全面的监测数据，含边界大气监测站6个、污水处理厂2家，可对138个企业雨排口、109个污水排放口污染物在线监测。

大气预警系统突破了传统监控预警的思路，在前期构建园区气态污染因子数据库的基础上，实现监测、预警、溯源、排查一体化，充分发挥气质联用仪的“精准定性定量”与飞行时间质谱仪的“秒级响应、全谱检测”能力，将大气环境监控速度与准度提升到世界先进水平。

智慧能源系统接入园区内66家企业的实时用电数据、82家企业的实时蒸汽数据、22家企业的实时压缩空气数据、50家企业的实时工业用水数据。利用该系统，园区在能耗总量控制的基础上，可针对每家企业的用能情况做到胸中有数。

值得一提的是，南京江北新材料科技园还在全国同类园区中率先提出并推行“企业绿色综合评价办法”。据介绍，该办法对入园企业经济、社会以及环境效益进行全面科学评估，形成有效的企业准入退出机制，通过“发展”和“绿色”双重考核，“引导”和“倒逼”双向发力，倒逼企业转型升级。南京江北新材料科技园党工委书记、管办主任陈建宁指出，2022年是科技园连续第五年开展综合评价，也是第一年将“绿色综合评价”优化升级为“高质量发展考核评价”，评价体系更加完善、指标更具代表性、含金量也更高。

对标国际一流绿色园区，南京江北新材料科技园通过一系列“组合拳”，聚力治理“三废”，打好污染防治攻坚战。目前已实现企业废水排放稳定达标；大气环境质量不断提升；危废处置按照“减量化、无害化、资源化”可管可控。

3. 坚决守护底线，全力推动安全发展

安全是一切工作的前提和基础。在南京江北新材料科技园，有超过100家的各类危化品生产、储运、危废经营企业，面对这些危险源，如何强化安全生产？园区久久为功，守好安全发展“生命线”。

在南京江北新材料科技园管理办公室一楼，占地300多平方米的智慧园区管控中心显得格外醒目。巨大的电子屏幕上，实时展示着各种监控场景；两边的操作台，十多位工作人员不停切换数据。

安全生产融合管控平台是“智慧园区”的子系统，动态监管图像上既有企业分布、重大危险源分级等数据信息，也有分布在企业生产线、仓库、储罐等地的监控影像。

园区铺设300多公里的专用光纤网络，接入58家重点企业的350个重大危险源，24小时动态获取各项数据，一旦数据异常，“最强大脑”会自动识别，实现自动报警。

“智慧园区”不仅仅服务于园区管理，还让更多的企业受益。

除了智慧化和智能化的手段，南京江北新材料科技园还从园区的管理上筑牢安全防线。近年来，园区不断完善封闭化管理系统的建设，通过设置卡口，配合车牌识别和人脸识别技术，杜绝无关车辆和人员进入园区。由于在封闭化管理上取得了显著的成效，园区已作为主要参编单位，参与了“化工园区封闭化建设管理行业标准”的制定。

园区上下紧紧围绕“强化源头治理、强化风险治理、强化依法治理、强化数字治理、强化多元治理”“五个治理”的总要求，全力以赴提升园区本质安全水平。

4. 打造高端化、链群化、智能化、绿色化的一流新材料产业集聚区

南京江北新材料科技园定位打造高端化、链群化、智能化、绿色化的一流新材料产业集聚区，“全球知名、国内一流”的绿色化工高端产业基地以及新材料产业基地，极具国际竞争力的新材料、医工医材研发创新基地；经济实力、科技实力、安全环保管理水平、综合竞争力大幅跃升，区域生态环境根本好转，本质安全水平进一步提升，数字化智慧化管理水平明显提升，建成高质量发展的世界级园区。

（1）近期目标

区域内产业发展的“排头兵”。到 2025 年，南京江北新材料科技园材料科学和生命科学产业新增投资超过千亿元；园区总产值达到 4470 亿元，形成全国首个四千亿级的新材料和医工医材产业基地，以新材料为主的新兴产业产值占比不低于 60%；单位工业增加值能耗较 2020 年下降 10%，亩均工业增加值较 2020 年提高 10%。在综合发展水平评价中确保国内居第一方阵、全省化工园区居首位。

新时代园区转型的“桥头堡”。到 2025 年，南京江北新材料科技园将现有化工生产企业压减至 100 家以内；高新技术企业突破 200 家，专精特新领军企业和细分行业单项冠军企业 10 家以上；培育一

批高水平新型研发机构，引进各类高层次创业人才 100 名以上；争取评为国内首批发展质量高、管理水平优、产业协同好的“高质量发展示范化工园区”。

长江经济带绿色安全的示范区。环保基础设施完善，污染物排放全面达标，水体稳定达到地表水Ⅴ类标准并逐年改善，边界监控点大气污染物浓度达标，危险废物全部安全利用处置，环境绩效评价位居全省同类园区前列；化工企业本质安全水平进一步提高，力争不发生重特大安全事故和重特大环境污染事件。

（2）远期目标

提高园区总量，增强园区总体实力。南京江北新材料科技园将从产值、结构两方面抓产业发展，推动园区经济持续健康发展，新材料、生命科学等主导产业主引擎作用更加突出。到 2035 年，园区工业总产值突破 6000 亿元，提高创新能力，成功实现转型升级。以科技创新为驱动，推动园区的可持续增长。到 2035 年，培育形成一批创新型龙头带动企业，高新技术企业突破 400 家，专精特新领军企业和细分行业单项冠军企业 20 家以上；建成新型研发机构 80 家以上；引进各类高层次创业人才 200 名以上。新材料产业相关领域的科技创新能力位居国内同类园区前列。

低碳安全清洁，真正实现绿色增长。南京江北新材料科技园将按照“碳达峰、碳中和”要求，推动园区能源消费结构全面优化，绿电等清洁能源替代使用比例显著提高，产业结构和循环经济产业链持续优化，企业碳减排和能效提升有效促进，碳捕获、利用与封存等先进减碳技术深入应用。生态工业园区建设成果进一步彰显，100% 的企业通过清洁生产认证，100% 的企业通过 ISO 14000 国际环境管理体系认证和环境行为等级评价。信息技术与制造技术融合发展，全面建成中国智慧化工园区试点示范园区。

体制机制创新，深入推进管理运营。南京江北新材料科技园将建成 4 个技术先进、效益显著的“化工园区高质量发展示范项目”；参与制定 10 项全国或社团级化工园区管理与建设标准。片区协同机制、共享机制更加完善，管理运行机制更加协调，人才、土地、政策、资金等要素保障机制更加完善，营商环境位列长三角先进水平。

（四）聊城化工产业园

聊城化工产业园具有煤化工、盐化工、氟硅化工、化工新材料、化工工程等多条产业链，是基础设施配套齐全、产业产品关联度强、资源循环利用率高的化工产业园。产业园采用智能化管控，“一体化、园区化、集约化、智能化”优势突出，2016 年被中国石化联合会认定为首批“智慧化工园区试点示范单位”，2017 年被工业和信息化部认定为首批“绿色园区”，连续五年被中国石化联合会评为“中国化工园区 20 强”，首批通过山东省化工园区认定。

在聊城市绿色化工产业集群发展规划（2019—2022 年）中，聊城化工产业园规划进一步加强煤化工、盐化工、石油化工和氟硅化工产业的有机结合，大力发展高端化工新材料，建设聚碳酸酯、己内酰胺·尼龙 6、有机硅、煤化工、尼龙 66、异氰酸酯（MDI、

TDI）六个百万吨级产业集群；延伸园区产品产业链，促进多元化发展，建设高端石化产品规划区、高端石化产品深加工规划区、医药农药规划区及仓储、物流及石化产品交易规划区，打造独具特色的国家级化工新材料新型工业化产业示范基地；以现有装备制造产业为基础，在北区规划建设高端装备制造与工程服务区，迅速壮大第二核心产业规模。

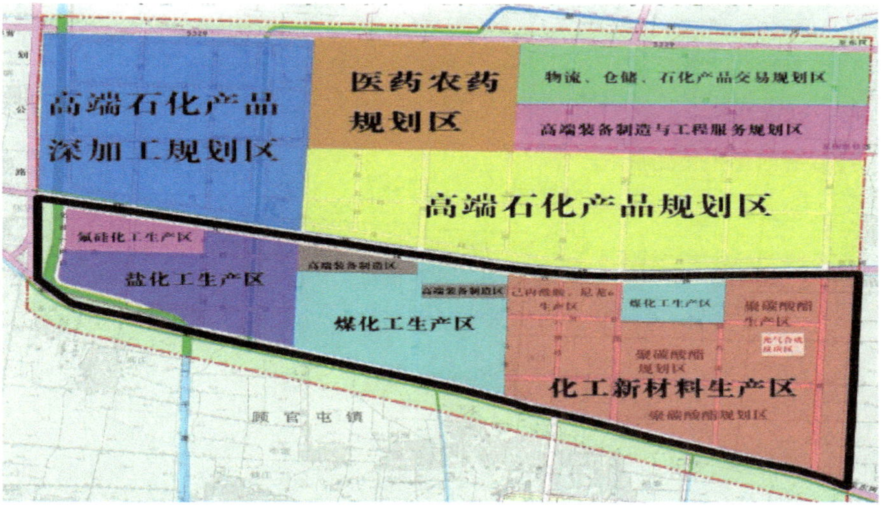

图 2-25　聊城化工产业园规划布局

2018—2022 年，聊城化工产业园实施重点化工项目 24 项，总投资 802.5 亿元，带来年均销售收入 2392.6 亿元，年均利税 481.5 亿元（见表 2–8）。其中，百万吨以上的项目有 100 万吨 / 年聚碳酸酯绿色循环一体化项目、100 万吨 / 年有机硅项目、100 万吨 / 年 MDI 项目、100 万吨 / 年煤制乙二醇项目、100 万吨 / 年合成气制乙醇项目、

100万吨/年尼龙6项目、100万吨/年双氧水项目、150万吨/年醋酸项目、120万吨/年双酚A项目。

表2-8　2018—2022年聊城化工产业园重点化工项目

单位：亿元

序号	企业名称	项目名称	总投资	经济效益	
				销售收入	利税
1	鲁西化工集团股份有限公司	100万吨/年聚碳酸酯绿色循环一体化项目	126	238	50
2	鲁西化工集团股份有限公司	100万吨/年有机硅项目	83	132	72
3	鲁西化工集团股份有限公司	高端氟材料一体化项目	32	52	27
4	鲁西化工集团股份有限公司	100万吨/年MDI项目	80	275	96
5	鲁西化工集团股份有限公司	75万吨/年TDI项目	80	254	90
6	鲁西化工集团股份有限公司	100万吨/年煤制乙二醇项目	20	52	7
7	鲁西化工集团股份有限公司	100万吨/年合成气制乙醇项目	20	50	12
8	鲁西化工集团股份有限公司	60万吨/年丙烷脱氢项目	37	48	9

（续表）

序号	企业名称	项目名称	总投资	经济效益	
				销售收入	利税
9	鲁西化工集团股份有限公司	100万吨/年尼龙6项目	25	161	24
10	鲁西化工集团股份有限公司	100万吨/年双氧水项目	5	14	3
11	鲁西化工集团股份有限公司	150万吨/年醋酸项目	22	45	10.5
12	鲁西化工集团股份有限公司	12万吨/年新戊二醇项目	6	17	2
13	鲁西化工集团股份有限公司	120万吨/年双酚A项目	78	90	14
14	鲁西化工集团股份有限公司	60万吨/年丙烯腈项目	45	92	14
15	鲁西化工集团股份有限公司	60万吨/年苯乙烯项目	30	66	11
16	鲁西化工集团股份有限公司	60万吨/年环氧乙烷项目	25	50	5
17	鲁西化工集团股份有限公司	24万吨/年丙醛项目	6	23	5
18	鲁西化工集团股份有限公司	16万吨/年丙醇项目	3	14	3

（续表）

序号	企业名称	项目名称	总投资	经济效益	
				销售收入	利税
19	鲁西化工集团股份有限公司	8万吨/年丙酸项目	2	7	3
20	鲁西化工集团股份有限公司	8万吨/年醋酸丙酯项目	2	4	1
21	鲁西化工集团股份有限公司	30万吨/年MMA项目	8	57	10
22	鲁西化工集团股份有限公司	60万吨/年苯乙烯项目	60	60	10
23	鲁西化工集团股份有限公司	氯化苄下游一体化项目	4.5	3	1
24	鲁西化工集团股份有限公司	5万吨/年对二氯苯项目	3	5	2

聊城化工产业园坚持绿色循环发展，推进废弃物综合利用、能量梯级利用、水资源循环利用，是全国率先实现废水零排放的化工园区，正在推进VOCs深度治理、打造环保绩效A级企业等系列举措，建设零废物园区。推进减污、降碳协同增效，加大节能减排改造力度，实现能耗强度和碳排放强度双下降，既是工业和信息化部认定的首批“绿色化工园区”和中国石化联合会认定的首批“绿色园区”，也是山东省首批认定的省级化工园区。

1. 建设智慧化工园区，提升园区管理水平

聊城化工产业园以鲁西集团有限公司为主体，开发建设了智慧化工园区管理平台，研发团队50人，涵盖数据库、网络通信、环保、安全、设备、能源、应急等相关专业，智慧化工园区管理平台建立了以实时数据库PI为核心的监测监控系统，包括安全检测系统、环保检测系统。监测、监控数据通过实时数据库上传智慧化工园区管理平台。设置A类安全报警2645个、环境报警507个，数据异常报警，立即短信告知相关负责人采取相应措施。

聊城化工产业园园区内建立了大气四级网格化预警系统，通过逐级监管，严格达标考核，实现减排和控制，通过生态园区绿化建设改善大气环境质量。

一级预警是对企业厂区内的环境进行监测，安装了2526部气体报警仪对企业厂区内的环境质量进行监测，一旦报警发生能够快速显现于污染地图，A类报警会自动发短信到相关人员手机上。二级预警是对园区周围和企业之间公共界区进行监测，安装186个气体报警仪探头，设置预警阈值，一旦超出阈值系统会自动报警。三级预警是对园区周界5公里范围内安装六座大气环境监测站房，并对环境监测站房虚拟实景进行建模，直观了解实体站房和监测分析仪器。对各个站房监测因子数据设定预警阈值，一旦超出阈值立即报警。四级预警安装了激光雷达，实现对整个园区的污染云团进行监测，区分污染云团的来源，并设置污染物排放信息公示栏，对外

公示污水和烟气外排信息，对社会公开、对公众负责，接受社会的监督。

聊城化工产业园园区内实行污水三级防控，从企业源头控制减少污水外排，出现外排水超标，外排口电子闸门自动关闭，该电子闸门由市环保局管控。园区执行的污水外排标准，氨氮≤ 10mg/L、COD ≤ 60mg/L。

2. 建设循环经济，实现资源综合利用

（1）副产氯化氢高值化利用生成氯磺酸新技术

氯化苄、氯化石蜡生产过程中副产的氯化氢用水吸收后副产盐酸，盐酸附加值低，销售压力大。为提高副产氯化氢的附加值，有效缓解盐酸销售压力，鲁西集团有限公司研究开发了副产氯化氢高值化利用生产氯磺酸技术，建设了 10 万吨 / 年氯磺酸产业化装置，该装置为国内单套最大生产规模。将副产氯化氢深冷、净化，与硫酸装置生产的三氧化硫反应生产氯磺酸，氯磺酸含量达到 99%；采用氢氧化钠吸收尾气中的二氧化硫副产亚硫酸钠，实现了污染物的资源化利用。

（2）高浓度有机废水粉煤气化掺烧无害化、资源化技术

鲁西集团有限公司研究开发了高浓度有机废水粉煤气化掺烧无害化、资源化技术，每小时掺烧 5t 高浓度有机废水，节约蒸汽 2t，实现了合成气生产与废水处理的有机结合，取得了较好的环保和经济效益。该技术通过了中国石化联合会组织的科技成果鉴定，专家一致认为该技术属于国内外首创，整体技术达到国际先进水平，获

得“十二五”氮肥、甲醇行业进步二等奖。

（3）硫化氢回收与综合利用新技术

传统合成氨生产过程中副产的硫化氢气体，采用栲胶法脱硫，副产硫磺，蒸汽消耗量大，影响周围环境。鲁西集团有限公司自主研究开发了烧碱吸收硫化氢生产硫化钠（硫氢化钠）技术，建设了5万吨/年硫化钠（硫氢化钠）产业化装置。一方面，根据产品市场情况，有选择性地生产硫化钠（硫氢化钠），实现效益最大化；另一方面杜绝了对周围环境的不良影响，对氮肥行业合成气净化具有较好的示范作用。

（4）四氯化碳资源综合利用集成技术

鲁西集团引进消化吸收国外公司技术，将甲烷氯化物装置副产的四氯化碳裂解生产四氯乙烯，建设了2万吨/年四氯乙烯产业化装置，生产符合国际标准的干洗剂级四氯乙烯，实现了四氯化碳的资源化利用，彻底解决了甲烷氯化物生产过程中副产四氯化碳的处理问题，经济和环保效益显著。

（5）三聚氰胺尾气资源化利用技术

以三聚氰胺尾气为原料，鲁西集团研究开发了氨氧化法生产硝酸技术，建设了25万吨/年的硝酸装置，降低了装置成本，增强了硝酸产品的市场竞争力，实现了资源的综合利用。

3. 加强监督管理，提升园区安全环保管理水平

聊城化工产业园园区强化责任主体，严抓责任追究。加大安全环保督查力度，深化杜邦安全理念，不断提高作业安全标准，进一

步强化了第一责任人的安全责任，组织签订了《安全目标责任状》调整考核形式，由原来的结果性指标考核，转变为过程指标控制、否决性指标控制和结果性指标控制，按不同节点严格进行落实和责任追究，牢固树立红线意识，“安全红线”是不可逾越的安全高压线，对触及“安全红线”的员工严肃处理。园区所有员工全部签订“安全十大禁令”，违反就被辞退。

完善管理制度，加大实施和执行力度。与七标重建体系充分结合，对安全管控活动进行梳理，形成了过程清单；建立并完善了安全相关管理办法，完善八大高危作业管理标准，利用知识竞赛、演讲、现场模拟讲解、现说现画等多种多样的培训形式进行宣传；开展“百日安全无事故”活动，采取日常督查、月度综合专项检查方式深入现场作业活动、生产装置、关键装置和重点部位查找隐患，并狠抓跟踪落实和现场验证，不断提升安全管控能力。

融合杜邦管理，利用先进技术和工具，夯实安全基础。聊城化工产业园全面收集整理工艺危害信息，完成 PID 图与现场流程核对；推行设备预检预修管理，完成设备数据系统录入，设备管理水平有了明显的提升；推广作业前危害分析（JSA 分析），通过实践和应用，员工分析和辨识风险能力有效提升；利用原因树（WhyTree）分析法，拓宽了分析广度，加大了分析深度，坚持每天评审作业活动，严格控制作业数量，促进了现场作业管控质量提升。

聊城化工产业园园区各企业均建立了《风险分级管控管理制度》《隐患排查治理管理制度》，完成两个体系实施指南的编制，园区主导企业鲁西集团有限公司被山东省安监局评为风险分级管控和隐患排查治理两个体系建设省级标杆企业。

按照《风险分级管控管理制度》要求，辨识危险源，分别选用作业条件危险性分析法（LEC）、风险矩阵分析法（LS）对作业活动、设备设施辨识的危险源潜在风险进行定性、定量评价，并确定风险分级，制定管控措施。聊城化工产业园对园区重点监管的 12 项危险化工工艺、重点监管的 18 种危险化学品、30 处重大危险源实施分级、分类管控。

聊城化工产业园根据《隐患排查治理管理制度》，按照“谁主管、谁负责”和“全员、全过程、全方位、全天候”的原则，明确责任主体，按照确定的隐患排查频次定期组织相关人员进行隐患排查；对排查出的事故隐患，按照隐患分级标准，进行评估分级，建立事故隐患信息档案。排查出的事故隐患，所在单位立即采取治理措施予以消除；短期内难以消除的事故隐患，制订治理计划并按照职责分工实施监控管理，适时治理排除。

（五）杭州湾上虞经济技术开发区

杭州湾上虞经济技术开发区（以下简称上虞经开区）是长三角南翼最具活力的现代医药、新材料的创新高地和产业基地。2013 年经国务院批复升格为国家级开发区，是中国工业示范园区、国家级循环化改造示范试点园区、长三角最强中国制造产业集聚区、浙江省先进国家级开发区。成功创建全国绿色工业园区，入选浙江省开发区第二批美丽园区示范园区，新材料产业链“链长制”列入省试点示范单位名单，“绍兴上虞先进高分子材料产业平台”被列入浙江省第三批“万亩千亿”新产业培育平台。

2022年1至11月，上虞经开区规模以上工业产值1533.3亿元，同比增长14.9%；其中高新产值1079亿元，占比达到70.4%。工业利润增速27%，占上虞全区比重92.1%。固定资产投资139.4亿元，增速30%；其中制造业投资增速40.1%，高新技术产业投资增速63.01%。

上虞经开区立足高起点，坚持“全球先进绿色智造大平台、全面融入长三角一体化发展先行区、数字化改革标杆地、‘重要窗口’建设模范生”发展定位，重点依托传统绿色化工和机电装备先发优势，加速集聚配套产业创新发展的生产性服务业，大力发展先进新材料、现代医药、高端装备制造、电子信息等主导产业集群。2020年，累计签约落户项目29个，四大主导产业引进项目23个，总投资617亿元，其中10亿元及以上项目12个，包含50亿元项目3个，百亿元项目2个，世界500强项目1个。①新材料产业：成立杭州湾上虞经开区新材料产业链“链长制”试点建设工作小组。目前上虞经开区已有20余家具有国际竞争力和品牌影响力的行业龙头企业，高新技术企业突破54家，新材料企业技术研发投入占销售收入比例达到2.64%，在高分子新材料、高端金属新材料、新型储能材料等领域的关键生产工艺、制造技术、产品质量上达到国际先进水平。②现代医药产业：上虞经开区共有各类医药企业31家，产品涵盖原料药、中间体、制剂、医疗器械、诊断试剂全链条，2020 年现代医药产业实现总产值近 100 亿元，同比增长 10%，向着千亿级产业链加速发展。③高端装备制造产业：以智能制造为发展方向，重点发展工业机器人、汽车关键零部件、输配电及控制设备、高性能仪器仪表等，加快高端装备集聚化和规模化发展。上虞经开区共有各类装备制造企业 89 家，包括卧龙电气这样的龙头企业。2020 年，总投资 101.1 亿元的哈工大机器人项目成功签约。④电子信息产业：聚焦引进以电子器件及零件制造、锂离子电池及材料制造、智能消费设备制造等为核心的电子信息产业，加快打造通信与电子产业产业高地及创新基地。上虞经开区共有各类电子信息制造企业 17 家，其中晶盛机电是国内半导体设备销售市场排名第一的企业。

2017 年以来，上虞经开区牢牢把握传统产业改造提升省级试点的重大机遇，咬定“绿色安全、循环高效、数字引领”目标，深入打好以化工为重点的传统产业改造提升“组合拳”，逐步实现了化工从“邻避产业”到“美丽经济”的蝶变。上虞经开区被中国石化联合会命名为中国智慧化工园区试点示范单位、2019 年绿色化工园区。2022 年被授予“生态文明建设示范区（生态工业园区）”称号，这是杭州湾上虞经开区继获评国家级“绿色工业园区”“绿色化工园区”后，获得的又一重量级国字号绿色名片，也是继上海化学工业区之后第二个获得该殊荣的涉化国家级开发区。

1. 绿色发展实践创新

上虞经开区聚焦“数字引领、绿色安全、循环高效”的目标和

“品质之城、创新之区”的总体定位，走出了一条以“生态优先，绿色发展”为导向的高质量发展新路子。

以产品、企业、园区多层面协同产业生态化发展为内核，优化提升传统化工产业，育强壮大化工新材料、生物医药等新兴产业，构建以产业链完整、工业共生多样和资源能源高效利用为特征的生态工业经济体系；持续推进园区地上、地下设施的结构功能布局优化，拓展产品网络，引领区域产业结构优化升级，争当化工产业绿色转型、高质量发展新模范和排头兵。上虞经开区全面推动企业标准化建设、企业清洁化生产、园区循环化改造、产业集聚化发展、污染集中化治理、制度持续化创新等“六化”改造，加快构建企业内部小循环模式、循环型产业链网、循环型产业集群，打造产业升级改造样板，努力建成全国绿色精细化工产业绿色园区。

2. 绿色发展“五个强化”

（1）强化绿色发展顶层设计

上虞经开区摸清企业层面、供应链及产业共生层面、基础设施层面这三个层面的物质能量代谢特征，引导鼓励企业运用绿色化学化工“双十二原则”及产业生态化发展系统优化方法，从产品生产、产业链接、基础设施、环境管理层面，对园区绿色发展进行系统化顶层设计。

（2）强化企业绿色技术自主创新和产业化应用

上虞经开区针对能耗物耗高的重点企业，引导企业从工艺技术和工程技术领域入手，以绿色化学化工关键共性技术开发和产业化应用为核心，突破清洁生产和循环经济关键技术，提高生产全过程的资源能源利用效率。以染料产业为例，上虞经开区通过全流程生态设计和系统优化，突破了大量关键技术，攻克了长期困扰染料行业的稀硫酸资源化及硫酸钙渣危险废物的源头削减难题，吨染料滤饼硫酸用量降低 15% 以上，减少废水 COD 产生量 83%，减排废水 90%、固废 99% 以上。相关技术入选国家《水污染防治重点工业行业清洁生产技术推行方案》和工业清洁生产示范项目。

（3）强化循环经济共生网络构建

精细化工产品生产中溶剂、酸碱等辅助原料用量大，不进入产品并伴生大量盐类副产物，提高辅助原料及副产盐的利用率，是园区绿色发展的重要制约。为此，上虞经开区引导企业运用系统工程原理，突破传统化工生产从单一产品层面技术改进、污染处理的模式，构建产品间、企业间协作的动—静脉耦合产业链接和工业共生网络，通过产业链协作技术创新和系统优化，发挥资源能源效率提升和污染减排的协同增效作用。园区构建了染料和医药两大主导产业链网，同时对反应热、精馏余热、工艺过程能量等实施回收和梯级利用，组合成能量共生网络。

（4）强化全过程安全环保监管

上虞经开区结合精细化工的特点，因地制宜地制定绿色发展政策及安全环保管理措施，全过程持续加强环境和安全管理，提高化工生产本质安全。

上虞经开区自 2005 年实施循环经济和生态化发展规划以来，先后实施了强制清洁生产审核、污水排放强制削减、排污权有偿使用、五个强制、DCS 及紧急停车系统、重污染项目强制淘汰、化工企业建设标准化等一系列安全环保提升举措。

2019 年以来，上虞经开区全力推进 2.0 版化工产业改造升级，打造产业发展样板。一是坚持高标准推进改造提升，全力打造全省乃至全国化工行业改造提升标杆。二是坚持智能化改造与推倒重建相结合。突出“互联网 + 大数据”技术应用，加快推进智慧安监、异味评价、数字车间等一系列数字化技术应用扩面。三是加大信息公开力度。在推进企业改造提升、环境整治提升的同时，逐步推行化工企业向社会开放日制度，不断接受社会监督，夯实安全环保底线。

（5）强化管理能力智能化数字化提升

上虞经开区针对化工企业多且安全风险高、环保隐患多、精细化管控复杂的特点，建设基于“信息化 + 自动化 + 大数据 + 标准化”的智慧化工园区平台体系，制定顶层规划设计方案，建立数据共享标准和集成接口标准，全面整合园区信息化资源；建立一体化指挥中心和大数据决策分析平台，建设智慧安监预警系统、智慧环保防控系统、智慧能源系统、智能安防系统、应急联动系统、公共服务系统六大系统。以安全环保能源动态监管为基线，实现“一张图”管理，对园区实现全天候、全覆盖和立体化监管与服务，帮助园区加强科学化精细化管理、服务企业提升本质安全、提升园区环境保护和风险管控水平。

3. 绿色发展“七减八增”

通过长期不懈的努力，特别是党的十八大以来以产业生态为核心的化工产业改造提升步伐加快，实现“七减八增”，成效显著。

“七减”。改造提升以来，区域化工企业家数减少近半；盘整腾退土地 3000 亩；PM2.5 平均浓度从 39ug/m^3 下降到为 29.5ug/m^3；企业融资负债等金融风险持续下降；传统手动操作低效用工减少 9000 人；化工企业安全生产事故、死亡人数实现“三连降”；因化工涉气、涉水等引发的群众信访、投诉年均下降 15%。

“八增”。2022 年 PM2.5 由 53.1ug/m^3 下降到 28.05ug/m^3，河道水质由劣Ⅴ类改善到Ⅲ类；2017—2022 年五年间，水资源产出率与能源产出率分别提升 114% 与 78%，CO_2 排放强度下降 47%；获得“工业互联网 + 危化安全生产”“减污降碳，协同增效”等 6 个省部级数字化改革试点。

以 2015 年为基准，截至 2020 年水资源产出率提高 60%；工业固体综合利用率提高 17%；水资源重复利用率提高 28%；高新技术产业产值占比超过 51%；园区空气质量优良率提升到 99%。上虞经开区资源能源效率显著提升，区域环境质量明显改善，“创新之区、品质之城”迈上新台阶。

上虞经开区交出的生态账本里，蕴含着向传统产业高端化、绿色低碳循环化、园区环境生态化、园区管理数字化不断迭代的发展路径。从连续实施化工产业改造提升 1.0 版、2.0 版，到电镀、印染行业整治，再到实施智能制造、“机器换人”、改造无人车间，无一不为传统产业高质量发展注入强劲动能。

四、中国石化行业重点企业绿色发展现状

我国石油化工行业经过七十多年的发展，已具备迈向高质量发展的基础条件。行业经济发展总量迈上了新台阶，在能源保障能力上彰显了新担当、产业结构调整上展现了新作为，为行业高质量发展注入了新动力，为建设现代产业体系呈现了新格局。截至2023年6月底石化产业规模以上企业增长至30239家，无机原料、乙烯、甲醇等重要大宗产品产量稳居世界前列，原油一次加工能力达到9.18亿吨/年，乙烯生产能力达到4675万吨/年，均首次超过美国，成为世界第一炼油大国和乙烯大国。

2022年2月28日，中央全面深化改革委员会第二十四次会议审议通过《关于加快建设世界一流企业的指导意见》，指出加快建设一批产品卓越、品牌卓著、创新领先、治理现代的世界一流化工企业，符合企业自身发展、行业转型升级、国家经济增长的共同需要。本《蓝皮书》选取中国规模前五化工重点企业为例，借此分析中国石化行业重点企业绿色发展现状。

（一）中石化

中国石油化工集团有限公司的前身是成立于1983年7月的中国

石油化工总公司。目前，该公司是中国最大的成品油和石化产品供应商、第二大油气生产商，是世界第一大炼油公司、第二大化工公司，加油站总数位居世界第二，在2022年《财富》世界500强企业中排名第5位。

2022年，中石化实现营业收入3.37万亿元、同比增长20.7%，利润总额1204.74亿元、增长3.34%，净利润952.39亿元、增长8.19%，均创历史最好水平，为宏观经济发展贡献了石化力量。2022年完成投资2466亿元（含勘探进损益费用106亿元）。其中，油气和新能源板块完成投资1171亿元，炼油和销售板块完成投资429亿元，化工和材料板块完成投资749亿元，资本和金融板块完成投资47亿元，科研信息及其他完成投资70亿元。

2022年，中石化深入学习贯彻习近平生态文明思想及习近平总书记视察胜利油田重要讲话精神，坚决落实党中央、国务院有关生态文明建设重大部署，深入推进污染防治攻坚战和臭氧污染防治专项行动，全面聚焦长江黄河流域生态环境保护工作，全力推动节能降碳行动，持续推进绿色企业行动计划，为公司高质量发展提供了强有力的支撑保障。

中石化连续12年获“中国低碳榜样”称号，下属6家企业获石油和化工行业重点耗能产品能效“领跑者”标杆企业称号、8家企业获水效“领跑者”标杆企业称号、4家企业获评“石油和化工行业绿色工厂”，1种化工产品获评“2022年度石油和化工行业绿色产品”。

1. 有序推进碳达峰行动

中石化印发碳达峰行动方案，制定实施清洁低碳能源供给能力提升行动、炼化产业结构转型升级行动、能源结构优化调整行动、节能降碳减污行动、资源循环高效利用行动、绿色低碳科技创新支撑行动、绿色低碳保障能力提升行动、绿色低碳全员行动等“碳达峰八大行动”，积极稳妥推进碳达峰碳中和。推进碳中和试点示范建设，建成江苏常州嘉泽碳中和加油站、辽宁葫芦岛连山碳中和油库、中原油田濮城采油厂 PX82 碳中和井场等 27 个示范项目。

2. 加大温室气体减排力度

中石化持续开展 CCUS 科研攻关，推动中国 CCUS 产业发展。中国最大的碳捕集利用与封存全产业链示范基地、国内首个百万吨级 CCUS 项目——齐鲁石化 - 胜利油田百万吨级 CCUS 示范项目于 2022 年 8 月全面建成投产。炼化企业加大高浓度二氧化碳回收利用力度，油田企业有序开展二氧化碳驱油，回收二氧化碳 153.4 万吨、驱油注入 65.7 万吨；油田企业持续强化密闭混输工艺运用，大力实施套管气回收，推进火炬气综合利用，加强边远零散井回收等，积极实施放空天然气回收，回收甲烷约 8.34 亿立方米，减少温室气体排放约 1250 万吨二氧化碳当量。加强碳交易集中管理，统筹控排企业配额盈缺情况，编制碳交易计划，组建专业碳交易团队，按期完成碳配额履约任务，碳交易量 271 万吨、交易额 2.2 亿元。

3. 持续提升碳排放管理水平

组建碳全产业链科技公司。2022 年 9 月，中国首个碳全产业链科技公司——中石化碳产业科技股份有限公司揭牌成立，重点开展技术研发、碳资产管理运营、项目股权投资等业务，面向国内外碳产业市场提供综合解决方案。加强碳排放制度建设和规范运行。开展碳排放管理制度适应性检查，提升制度执行力；开展中国石油化工集团有限公司年报 2022 数据质量排查，确保数据统计依法合规；严把固定资产投资项目碳排放评价审查关，从源头控制碳排放增量。积极参与行业碳排放标准制定。依托中国石化科技研发应用优势和经验，完成 39 家企业 16 种产品碳足迹研究，编制 4 个“双碳”行业标准，为行业实践转换为标准成果作出石化贡献。

4. 持续推动绿色企业提质增色

围绕国家生态文明建设新要求，按照高质量开展绿色企业行动，坚持为绿色企业提质增色的总基调，全面完善评价指标体系，统筹谋划、系统推动未评企业补齐短板，已评企业再上新台阶。截至 2022 年底，中石化所属企业基本完成绿色企业创建，102 家已评绿色企业分级考核中，49 家企业被评为 A 级绿色企业。

5. 扎实开展绿色基层建设

结合“强三基”工作部署，中石化把绿色基层建设与基层党建、“三基”工作及 HSE 管理体系在基层的落实落地等深度融合，夯实绿色基层建设基础、营造浓厚绿色文化氛围，提升全员绿色行为和绿色意识、推动绿色发展理念落地生根。截至2022年底，中石化共有1.99万个基层单位完成绿色基层创建，创建完成率达65.4%。

6.“能效提升”计划成效显著

深入实施“能效提升”计划，2022年中石化万元产值综合能耗下降1.7%。开展节能监察，核查项目节能效果，确保项目实施质量。实施“能效提升”项目483项，节能95万吨标煤。油田板块深入推进注采输一体化能效提升工程，提高系统运行效率，减少用电量。炼油板块大力实施低温余热高效利用、胺液系统优化、氢气系统优化等系统节能项目，持续开展保温、加热炉等提效治理。化工板块开展同类装置能效对标，全面实施供电标煤耗指标达标和循环水系统节电工作。油品销售板块加强储运环节电耗管理，减少用电量。设备节能方面，中石化持续加强加热炉能效检测，重点解决炉效及氧含量波动大、燃烧器负荷偏差较大、加热炉散热损失大等问题，实施空气预热器改型、加热炉火嘴适应性改造等措施，不断提升加热炉系统效率。

7. 节水减排工作取得新进步

中石化持续加强用水节水管理，编制《中国石化“十四五”节水工作指导意见》，按照“一企一方案”制定节水工作方案并督促企业落实，加快推进用水方式向节约集约转变，不断提高用水效率，建设节水型企业。加强源头节水，开展水平衡测试和管网漏失治理等工作，压减工业取水量，2022年工业取水量下降1.1%。强化末端回用，加快污水回用项目建设，提高污水处理回用装置负荷，全年污水回用率同比提升。持续推进非常规水资源代替新鲜水工作，全年非常规水资源替代新鲜水资源超过5400万立方米。

8. 加大技术研发和推广力度

中石化开展“科改示范行动”，优化完善研究方向和运行机制，发挥公司创新平台功能，集中开展节能降碳“卡脖子”技术攻关，提高自主和协同创新能力。加大对煤电节能减排重大关键技术和设备研发力度，稳步推进智能电厂技术、燃煤电厂大规模二氧化碳捕集利用与封存技术集中攻关。开发燃气烟气自驱动深度全热回收技术、高温热泵能质调配技术，提升余热深度回收能力。开展技术交流，搭建技术交流平台，推进关键技术创新集成示范。在油田企业，重点推广油田能源优化管控关键技术、采出液短流程处理技术等。在炼化企业，重点推广实施能量系统优化、加热炉提效、汽轮机通流改造、高效喷射态传质塔盘、氢资源管理与集成优化、污水回用循环水系统等节能节水成套技术。

9. 开展生物质资源化利用研究

中石化联合国家林业和草原局生态司和产业发展规划院，开展林业生物质资源化利用产业发展研究科研课题项目，调研中国林业生物质资源储量信息和林业生物质资源化产业发展现状，分析现有林业生物质资源化利用技术、产业政策、发展规划和存在问题，探索林业生物质资源化利用途径，助力国家探索林业生态产品价值实现机制。探索开展沙枣生物质能源产业化课题研究。对沙枣能源林建设以及沙枣燃料乙醇生产的全产业链的经济性进行初步分析，从林业碳汇、生产燃料乙醇、沙枣核制生物质炭以及沙枣种植全产业链的经济性等方面开展沙枣生物质能源产业化相关研究。

（二）中石油

中国石油天然气集团有限公司是国有重要骨干企业和全球主要的油气生产商和供应商之一，是集国内外油气勘探开发和新能源、炼化销售和新材料、支持和服务、资本和金融等业务于一体的综合性国际能源公司，在全球32个国家和地区开展油气投资业务。

在炼化销售上，2022年全年中石油国内加工原油16490万吨，生产成品10574万吨、乙烯742万吨。持续加大新材料生产开发力度，全年新材料产量同比增长56.3%。强化市场分析研判，牢牢抓住零售、批直、非油三个销售端，国内销售成品油10423万吨。炼化业务着力优化产品结构，推进减油增化、减油增特，增产高端高效产品，实现产业链效益最大化。2022年，中石油成品油收率64.1%，同比降低1.2个百分点。炼厂28项主要技术经济指标中有16项优于2021年。中石油积极响应国际海事组织（IMO）的限硫规定，推进低硫船用燃料研发生产，全年生产低硫船用燃料640万吨。积极增产特色产品，石蜡、石油焦产量同比分别增长5.5%和6.4%。中石油持续进行化工新产品和特色产品研发生产，减油增化成效显著。乙烯、合成树脂、化肥等产品产量稳定增长。

表 2-9　中石油 2020—2022 年国内炼油化工数据

炼油化工	2020 年	2021 年	2022 年
原油加工量（万吨）	16001.6	16673.9	16490.2
原油加工负荷率（%）	82.3	81.6	80.8
成品油产量（万吨）	10723.4	10891.7	10574.4
汽油	4628.0	4938.8	4351.4
煤油	1023.4	1128.5	858.1
柴油	5071.9	4824.5	5364.9
润滑油产量（万吨）	157.5	188.9	167.9
乙烯产量（万吨）	634.5	671.3	741.9
合成树脂产量（万吨）	1028.7	1090.3	1162
合成纤维产量（万吨）	2.5	2.2	3.3
合成橡胶产量（万吨）	100.1	104.4	104.4
尿素产量（万吨）	216.3	242.2	254.9
合成氨产量（万吨）	185.7	200.1	205.3

截至 2022 年底，中石油国内共拥有大型炼化一体化企业 8 个，千万吨规模炼厂 14 个。多个重点石化项目取得突破进展。广东石化炼化一体化、吉林石化揭阳 ABS 项目全面建成，吉林石化、广西石化两个大乙烯项目开工建设，利用自主技术建设的兰州石化特种丁腈橡胶项目顺利投产。

在新材料开发与应用上，中石油持续加大在新材料领域规划布局、科研攻关和产能建设方面的力度，全年生产新材料产品 85.5 万吨，产量同比增长 56.3%，医用聚烯烃、溶聚丁苯橡胶（SSBR）、负极焦等多个产品已形成工业产能，新材料提速工程取得显著成果。

新材料产业基地建设加快部署。吉林石化炼油化工转型升级项目通过建设 120 万吨 / 年乙烯及配套工程，增产 ABS、乙丙橡胶等高附加值化工产品和新材料产品。广西石化炼化一体化转型升级项目启动建设，推动公司 SSBR 产品升级换代。2022 年 6 月 28 日，中国石化联合会在 2022 石化产业发展大会上，评选发布了 15 个 2021 年度化工新材料创新产品，独山子石化溶聚丁苯橡胶榜上有名。

2022 年，中石油健全产销研用一体化技术服务体系和客户服务体系，拓展销售渠道，积极探索化工产品套期保值业务，发挥“中油 e 化”平台作用，推动数字营销，化工商品总量 3260 万吨、同比增长 2.6%；高端高效牌号产品销量同比增长 24.2%。

全球能源格局深刻调整，以高效、清洁、低碳、多元化为主要特征的能源转型进程加快推进。特别是在全球经济增长乏力、逆全球化趋势加剧的时期，能源企业更需要加强合作、共克时艰、发掘新机遇、谋求可持续发展。作为油气行业的主要参与者、中国最大的油气生产供应商，中石油始终致力于与政府、产业链上不同企业积极开展合作，在满足未来能源需求的同时，努力提供清洁低碳、安全高效的能源，共筑可持续的能源未来。

中石油积极践行“绿色发展、奉献能源，为客户成长增动力、为人民幸福赋新能”的价值追求，加快绿色低碳转型。

一是充分利用天然气绿色低碳能源属性，发挥天然气资源相对丰富的优势，大力实施“稳油增气”，推动天然气产量快速增长。

2022年公司天然气产量1772亿立方米，其中国内1455亿立方米，比上年增长5.6%，占全国天然气总产量的66.8%；2022年加大引进海外管道天然气、液化天然气，努力提高供应能力，向国内供应天然气2178.1亿立方米，比上年增长6%。同时加快产供储销体系建设和清洁能源综合利用项目建设，持续推动天然气在城市燃气、工业燃料、天然气发电、化工原料、车船用燃料等方面的综合利用。加快实施天然气替代燃煤改造工程，气化龙江、气化甘肃、气化云南和气化雄安等项目不断推进，让清洁能源惠及千家万户。积极推动液化天然气在船舶领域的应用，在粤港澳大湾区顺利完成国际航行船舶保税LNG加注作业，为服务国际航运绿色发展起到先行示范作用。2022年，中石油国内天然气终端销售量比上年增长6.9%。

二是利用好公司油气矿权区域及周边丰富的风光热等资源，大力实施天然气发电与风光发电业务融合发展，推动氢能产业化利用，持续加大地热资源规模开发利用，加快向“油气热电氢”综合性能源公司转型。2022年中石油新增地热供暖面积1006万平方米，累计地热供暖总面积达到2500万平方米，年替代标准煤57.5万吨。北京首个中深层地热供暖项目顺利开工。全年获取清洁电力并网指标1020万千瓦。累计建成风光装机规模超140万千瓦。玉门油田300兆瓦光伏并网发电项目建设完工。大庆油田建成公司首个自主设计建设的水面光伏发电工程，装机规模18.7兆瓦。中石油第一个风力发电项目—— 吉林15万千瓦风光发电工程实现并网。与国家电力投资集团合作获取广西90万千瓦海上风电项目。开展4个氢提纯项目前期研究，其中四川石化项目已建成投用。“点燃”冬奥历史上首支“绿氢”火炬，持续稳定为北京冬奥会和冬残奥会提供清洁氢能，累计供应 161 吨。新增高纯氢产能 1500 吨 / 年，高纯氢总产能达到 3000 吨 / 年。积极推进加氢站建设，全年新投运加氢站（综合服务站）23 座，中石油目前共有加氢站（综合服务站）35 座。在全国 31 个省（自治区、直辖市）累计建设投用充（换）电站 416 座。

三是积极推进绿色行动计划。大力实施节能减排和生产用能清洁替代，从源头上减少化石能源消耗和二氧化碳排放，实现碳减量；加快 CCS/CCUS 产业化布局，加强林业碳汇开发、二氧化碳化工利用等，努力实现碳移除，积极助力“双碳”目标实现。

研究 CCUS 超前技术。中石油开发二氧化碳高效捕集、运输、注入、封存等各环节技术和装备，超前部署新一代有机胺吸附剂、固体吸附剂等捕集技术，发展远距离大容量二氧化碳运输封存、数据模拟、空天一体监测，实现低浓度二氧化碳捕集利用与封存。参与全球直接空气碳捕获与封存（DACCS）、生物质能结合碳捕获与封存（BECCS）、海洋碳汇等研究合作。推动建立完善 CCUS 标准规范体系。

布局 CCUS 区域产业中心。中石油以提高化石能源清洁利用、工业产业链零碳升级为核心，在松辽、准噶尔、鄂尔多斯、塔里木、海南等地优先开展 CCUS 区域产业中心战略规划和建设。参与 OGCI 全球 CCUS 区域产业中心布局，探索区域 CCUS 商业化模式。

地热

- 新增地热供暖面积1006万平方米，累计地热供暖总面积达到2500万平方米，年替代标准煤57.5万吨。
- 北京首个中深层地热供暖项目顺利开工。

风光发电

- 全年获取清洁电力并网指标1020万千瓦。
- 累计建成风光装机规模超140万千瓦。
- 玉门油田300兆瓦光伏并网发电项目建设完工。
- 大庆油田建成公司首个自主设计建设的水面光伏发电工程，装机规模18.7兆瓦。
- 公司第一个风力发电项目——吉林15万千瓦风光发电工程实现并网。
- 与国家电力投资集团合作获取广西90万千瓦海上风电项目。

氢能

- 开展4个氢提纯项目前期研究，其中四川石化项目已建成投用。
- “点燃”冬奥历史上首支“绿氢”火炬，持续稳定为北京冬奥会和冬残奥会提供清洁氢能，累计供应161吨。
- 新增高纯氢产能1500吨/年，高纯氢总产能达到3000吨/年。
- 积极推进加氢站建设，全年新投运加氢站（综合服务站）23座，公司目前共有加氢站（综合服务站）35座。

充（换）电站

- 在全国31个省（自治区、直辖市）累计建设投用充（换）电站416座。

图 2-26　中石油 2022 年新能源业务进展

利用 CCUS 提高采收率，建设石油石化“近零”排放示范区。中石油发挥油田、炼化一体化业务优势，在新疆、长庆、大庆、吉林、环渤海等区域油气田和炼化企业间整合资源，应用 CCUS-EOR 技术，将炼化企业产生和捕集的二氧化碳应用于油气开采，通过二氧化碳驱油提高采收率，建设石油石化“近零”排放示范区。2022 年，中石油在吉林油田实施的 CCUS 专项工程年注入二氧化碳能力达到 80 万吨，年产油能力达到 20 万吨。目前，已累计注入二氧化碳 277 万吨，是国内最大规模的“碳”注入，原油采收率提高 25 个百分点以上，相当于发现一个同等规模产量的新油田。

（三）恒力石化

恒力石化股份有限公司成立于 1999 年 3 月，注册资本 70.4 亿元，主营业务涵盖石油炼化、石化、芳烃、烯烃、PTA、乙二醇、民用丝、工业丝、工程塑料、聚酯薄膜、可降解塑料等高端化工原料与各类化工新材料应用等生产消费需求的广泛领域。公司总部位于中国大连，横跨南北建有苏州、大连长兴岛、南通、宿迁、营口、惠州、长三角一体化示范区七大生产基地，力争成为世界全产业链化工新材料供应商。恒力石化在聚酯与化工新材料全产业链的上、中、下游都布局了以“装置大型化、产能规模化、结构一体化、工艺先进、绿色环保、配套齐备”为特点的优质高效产能结构与公用工程配套，不论是单体装置规模、合计总产能还是生产工艺，都处于行业领先水平。

近年来，恒力石化主动适应新形势、新发展、新变化，紧紧围绕国家产业战略转型部署创新链，围绕创新链布局产业链，聚焦“补链强链”和“研发创新”。在行业独具优势的“油、煤、化”深度融合的“大化工平台”基础上，依托精细化工园项目，加快打造高端精细化工产业集群，进一步扩大高端化工原材料的产业支撑和发展基础作用，不断夯实上游“大化工”的平台作用和运作效率。瞄准芳烃下游的聚酯、类聚酯新产品以及烯烃下游的精细化工、特种新材料的应用新方向和新市场，巩固传统市场优势，对标重点新材料突破性领域，重点打造 PBS/PBAT 可降解材料、功能性聚酯材料、高性能树脂材料、高端纤维材料、新能源材料等。深度锚定高技术壁垒、高附加值的高成长赛道，积极构筑“大连长兴岛”精细化工与新材料产业链生态圈，全力打造平台型化工新材料研发与制造全产业链领军企业。

2022 年，在经济下行压力和复杂多变的行情下，作为上市公司面临高运行成本与低行业需求的双重经营压力，公司盈利水平出现较大幅度下滑。恒力石化实现营业收入 2223.24 亿元，同比增加 12.30%；实现归属于上市公司股东的净利润 23.18 亿元，较上年同期

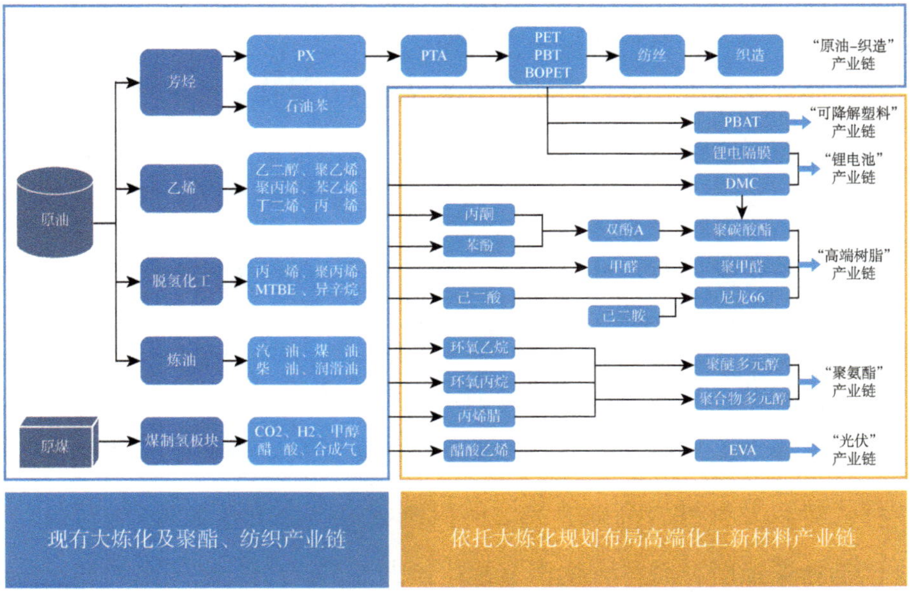

图 2-27　恒力石化现有及规划高端化工产业链

下降 85.07%。利润下降主要源于原油等主要原材料价格快速上行且高位宽幅振荡，同时行业市场端需求复苏乏力，恒力石化经营的主要产品如化工品、功能性薄膜、民用丝、工业丝等与终端消费、基建地产等相关的传统需求处于市场低谷水平，导致恒力石化盈利能力承压。恒力石化在 2022 年下半年实施了炼厂大修，影响了炼化一体化装置的整体负荷率与加工成本水平，并按照会计准则要求计提了由于国际原油价格阶段性下行导致的库存损失，也进一步影响了恒力石化年度盈利能力。

尽管 2022 年市场环境非常艰难，恒力石化积极在不确定性中寻找确定性，保持定力，稳中求进，通过统筹协调并积极排除环境因素干扰，高效快速推进重点项目建设，持续拓宽产业链、完善稀缺产能，做强发展新支撑；夯实安全环保基础，积极推进绿色低碳转型，实现高标准、绿色、环保的高效运营；强化自身风险管控、精细管理与灵活经营能力，控本增效，最大限度保障公司生产与运营的稳定与高效。

一是稳健运营、灵活经营、强化经营的精细管理水平与运行的成本优势，努力实现整体效益最大化。

2022 年，面对复杂的市场环境，恒力石化充分发挥恒力品质、恒力速度“以品质、成本、快速反应，实现利润最大化”的经营独特优势以及弹性、高效、灵活的机制特点，全力保障炼化、石化、化工和聚酯新材料各大生产基地生产装置和产业园区的高效率、协同化运行。在“大化工”平台，恒力石化充分利用炼化、乙烯和配套煤化工装置的技术工艺领先与系统耦合优势，持续优化装置运行，及时结合原料波动、市场需求的趋势变化，优化产品结构，按照效益最大化原则组织生产，做到“宜油则油、宜烯则烯、宜芳则芳、宜化则化”，实现产销平衡、经营顺畅、效益最大化。

2022 年，恒力石化持续强化精细管理，深挖提质增效潜力。根据生产需求精打细算，研判原料走势及市场形势，优化采购方案，合理控制原料库存，实现原料库存、加工装置和产品结构的最佳匹配，在防风险和增效益上双向发力。在设备管理上，精心落实设备日常维护保养，设备检修工作做到“应修必修，修必修好”，消除装置运行隐患与瓶颈，确保生产装置长期稳定运行。加强备品备件管理，在满足设备保养维修的前提下，采购备件按最经济合理的数量和批次进行申报，通用物资共享，降低库存成本。通过设备技术改造、技术创新、修旧利废、提产降耗、优化考核指标等多项举措，实现控本增效。

二是高效快速推进重点项目建设，扎实加快新材料、新能源产业布局，为推动高质量发展积蓄势能。

1. 在精细化工与化工新材料领域，依托“大化工”平台持续赋能与新材料开发多年积累，加快下游高端化工新材料产能布局，优化“大化工”平台的原料供给结构，持续拓宽产业链、完善稀缺产能。主要项目进展情况如下：

（1）160 万吨 / 年高性能树脂及新材料项目，2023 年年中逐步投产。项目主要包括 20 万吨 / 年电池级碳酸二甲酯（DMC）、30 万吨 /

年 ABS、23.18 万吨 / 年双酚 A 产能及其下游的 26 万吨 / 年聚碳酸酯（PC）等。该项目实现从原料供给到工艺技术再到消费市场的高效渗透与深度链接，将进一步夯实上市公司化工新材料业务板块的协同深度与产业厚度，优化市场覆盖范围。

（2）恒力化工新材料配套项目（30 万吨 / 年己二酸项目），于 2023 年年中逐步投产。项目投产后，进一步打通完善公司从“原油—PTA、己二酸—PBAT”的可降解新材料全产业链。同时，将低温甲醇洗装置排放的高于 95.0% 的二氧化碳尾气提纯到 99.99% 食品级，既回收工业废气二氧化碳，同时也为企业增加效益。

（3）60 万吨 / 年 BDO 及配套项目正在有序推进中，于 2023 年年中逐步投产。项目主要包括 41.16 万吨 / 年 BDO（1，4- 丁二醇），6 万吨 / 年 PTMEG，10 万吨 / 年丁二酸等高端化工品。项目建成后，恒力石化将具备从“原油—PTA、己二酸、BDO—PBAT”的可降解新材料全产业链，提升盈利能力中枢。

2. 在聚酯新材料业务领域，在巩固现有聚酯新材料产能与产业竞争力优势的基础上，依托恒力集团研发效率与上游“大化工”平台的支撑优势，进一步开发和拓展 PBS/PBAT 可降解新材料、高性能工业丝、高端聚酯薄膜、锂电隔膜、电解质、PET 铜箔和太阳能光伏背板膜等新兴市场需求与业务领域。主要项目进展情况如下：

（1）江苏康辉新材料年产 80 万吨功能性薄膜、功能性塑料项目，主要包括高端功能性聚酯薄膜 47 万吨、特种功能性薄膜 10 万吨、改性 PBT15 万吨、改性 PBAT8 万吨。本项目于 2023 年一季度逐步投产。

（2）康辉大连新材料 45 万吨 PBS/PBAT/PBT 可降解新材料项目，已于 2023 年一季度逐步达产，有效扩大了公司可降解新材料板块的产能和规模，提高了可降解塑料市场的占有率。

（3）江苏轩达（恒科三期）150 万吨 / 年绿色多功能纺织新材料项目，主要建设包括 15 万吨 / 年新型弹性纤维、15 万吨 / 年环保纤维、30 万吨 / 年阳离子 POY、30 万吨 / 年全消光 POY 和 60 万吨差别化纤维（30 万吨 / 年 POY，30 万吨 / 年 FDY）。目前已顺利完成了 15 万吨 / 年弹性纤维、15 万吨 / 年环保纤维、25 万吨 / 年全消光 POY 的投产，在聚酯差别化生产方面实现了突破。

3. 锂电隔膜项目：营口厂区年产超强湿法锂电池隔膜 4.4 亿平方米（其中 2.2 亿平方米锂电池隔膜涂布膜），第一条线 2023 年 5 月投产。南通厂区年产湿法锂电池隔膜 12 亿平方米，年产干法锂电池隔膜 6 亿平方米，项目正在有序推进中，于 2024 年一季度逐步投产。

三是创新驱动增效增益，持续推进数智化改造，打造发展强劲“引擎”。

近年来，恒力石化贯彻落实“全链双向质量管理模式”，构建起上下游一体化的技术创新体系，攻克诸多关键技术，取得了一大批国际国内核心专利，推动科技成果转化应用生产。2022 年，恒力石化研发投入为 118471.10 万元，同比增长 16.21%。截至 2022 年 12 月 31 日，公司累计获得国内外专利授权总数达 1116 项，其中 2022 年取得新获批专利 261 项。

依托于原料端优势，恒力石化不断提升聚酯新材料业务板块的研发属性、科技含量和技术比重，进一步提升下游新材料产品的附加值，实现聚酯新材料业务板块的产品结构升级，为公司开辟具有领先水平的新材料业务增长点。在聚酯纤维方面，持续向精细化、差别化、高端化、高品质方面发展。如德力化纤秉持“将一根丝做到极致”的理念，在超细纤维领域精益求精，率先在国内实现了熔体直纺 5-8D/6f 高均匀性超柔软聚酯纤维规模化生产，该纤维是国内总线密度最细的聚酯纤维，打破了技术瓶颈。2022 年，德力化纤获评“国家知识产权优势企业”，成为恒力石化下属第二家知识产权工作获国家级肯定的子公司。

在化工新材料方面，瞄准我国新消费、新能源与新制造融合发展催生的对新材料应用需求。2022 年，康辉新材自主研发的 PET 复合铜箔用 / 铝箔用基膜产品已通过下游电池工厂验证，实现批量生产；自主研发的太阳能背板基膜已经实现量产，年产能可达 24000 吨，即 6240 万平方米，产销稳定增长；LCD（液晶显示器）偏光片用离型基膜产品已经实现量产，可稳定生产常规及大宽幅基膜产品；低配向角型偏光片离型基膜取得重大突破，成功实现进口替代，成为首家通过全产业链验证的中国企业。

科技赋能，数智化改造持续发力。恒科新材料功能性聚酯纤维智能工厂配备全流程自动化设备，通过建立 DeltaV-DCS 集散控制系统、ERP、MES 等相关信息系统，采集各项生产数据，实现生产设备运行状态实时监控、故障报警和诊断分析。恒科新材料还建立起工厂级工业互联网，实现设备联网率100%。智能工厂通过智能化设备、软件级基础网络的系统集成与互联互通，达到了全流程集中管控、智能生产的目的，实现了原料、设备和人力效率的最大化。恒科新材料于2022年获评“江苏省智能工厂”。恒力炼化大力推行智能化管理工作，实施先进控制APC项目，在稳定装置生产运行的基础上，实现关键参数的卡边操作；利用Petrosim流程模拟软件，帮助装置解决生产问题，为公司效益优化提供了有力的数据支撑。

四是持续夯实安全环保基础，减污降碳、协同增效，实现高标准、绿色、环保的高效运营。

立足于高起点的设计规划、建设运营与细节管理，践行高标准的本质安全运行与绿色低碳运营，是推动恒力石化稳定、高效、可持续发展的生命线、效益线和风景线。

恒力石化坚持“安全第一、预防为主、综合治理”的方针，提升本质安全水平，筑牢安全生产防线。全面落实企业安全主体责任，层层签订责任书，把责任落实到车间、班组、个人，形成“横向到边，纵向到底”的安全生产责任体系；健全完善安全规章制度，结合更新HSE标准规范进行对标自评，研判政策导向，及时修订完善公司HSE制度；加强员工安全技能培训，切实提升员工安全行为规范；加强关键环节过程管控，作业风险管控，开展安全隐患排查与治理，事故应急演练，提升防控化解风险能力，消除各类重大较大安全风险，将固有风险、残余风险可视化，保障员工和生产装置运行安全。

恒力石化扎实践行绿色发展理念，坚定不移走高质量、低碳节能发展之路，减污降碳、协同增效，将环保优势转化为企业经济效益。将绿色发展融入到项目设计、工艺包选择、设备采购、安装、运行的各个环节，实现本质节能。强化能源和资源节约高效利用，通过优化工艺操作流程，技术改造创新等多维度入手，减少资源能源使用，提升能源使用效率，形成全产业链上下游流程联合、物料互供，能量耦合，实现生产全过程节能、可持续发展。如恒力石化（大连）利用 R2R 装置对精对苯二甲酸氧化反应过程中产生的氧化残渣进行回收处理，将其中仍有利用价值的钴、锰催化剂组分和苯甲酸进行回收，回收后的催化剂金属返回氧化装置循环利用，产生苯甲酸作为副产品进行销售。如恒力炼化更换催化剂并优化精馏塔运行，既增加了对二甲苯产能又降低了装置综合能耗。如恒力化工乙二醇装置在目前洗涤塔基础上增加一台脱碳塔，提高催化剂的性能，不仅提高了产品的产量，同时还减少了二氧化碳的产生，年减少二氧化碳排放量 39600 吨。乙烯装置通过背压式汽轮机组，利用装置富余高压蒸汽驱动，满足工艺需求同时增加发电量，全年可发电 2453 万千瓦时，减少装置能源消耗 3014 吨标煤。

日拱一卒，功不唐捐。“双碳”目标提出以来，恒力石化聚焦科技创新和技术攻关，通过设备改造和工艺升级等，持续在废水回收、固废处置、能源梯级利用、余热利用、“双碳”减排、VOCs 治理等方面狠下功夫，不断向节能降耗和降本增效要活力，取得了一定成效。恒力炼化、恒力化工、恒力石化（大连）分别在对二甲苯行业、乙烯行业、精对苯二甲酸行业，荣获由工业和信息化部、国家发展和改革委员会、市场监管总局联合发布的“2022 年度重点用能行业能效领跑者”冠军；恒力炼化在原油加工行业荣获能效“领跑者”第二名。与此同时，恒力炼化、恒力化工分别获评由工业和信息化部、水利部、国家发展和改革委员会、国家市场监督管理总局联合发布的“2022 年重点用水企业、园区水效领跑者”企业。恒力炼化和恒力化工的水效指标分别高居石油炼制行业、煤制甲醇行业和乙烯行业榜首。如在石油炼制行业中，恒力炼化单位产品取水量 0.27m³/t，水重复利用率达 98.79%；在乙烯行业，恒力化工单位产品取水量 0.43m³/t 且主要使用海水，水重复利用率高达 99.87%。

继恒力石化（大连）、恒力炼化、恒科新材料、恒力化纤后，恒力化工于 2023 年初获评为国家级“绿色工厂”称号，至此，恒力石化旗下已有五家企业获评国家级“绿色工厂”。

面向未来“碳中和”的产业发展趋势要求，恒力石化坚定绿色低碳发展方向，积极推进绿色低碳转型。大力发展绿色制造，利用特色产业助力创新，为公司发展注入强劲活力。

（四）荣盛石化

荣盛石化股份有限公司（以下简称荣盛石化）总部位于浙江省杭州市，是中国石化行业龙头企业之一。公司坚定贯彻“纵横战略”，做“百年企业”，干“万亿目标”的可持续经营方针，主要从事各类油品、化工品、聚酯产品的研发、生产和销售，涉足新能源、新材料、有机化工、合成纤维、合成树脂、合成橡胶、油品等多个领域，涵盖芳烃及其下游、烯烃及其下游、油品等几十大类产品，基本实现了“一滴油到世间万物”。在石化领域，公司旗下浙石化已在浙江舟山群岛新区布局 4000 万吨 / 年炼化一体化项目，该项目以“国际一流，绿色环保”为建设理念，已形成世界级大型、综合、现代的绿色石化基地。公司旗下中金石化于 2015 年建成 200 万吨 / 年的芳烃装置。公司还与合作伙伴先后在宁波、大连和海南部署精对苯二甲酸（PTA）产业，成为全球最大的 PTA 生产商之一。在现有完备的产业链基础上，积极布局新能源、新材料相关产品项目，相关产品占比不断提升。

2022 年度荣盛石化实现营业收入 2891 亿元，同比增长 58%；2022 年末资产总额已达 3626 亿元，较年初增长 7%。作为中国民营炼化的“领头雁”，2022 年荣盛品牌的全球影响力不断攀升，这一年荣获了“全球化工最具价值品牌榜单第 8 位”“2022 全球化工 50 强第 27 位”“世界化工企业 100 强排行榜第 21 位”“全球化工公司十亿美元俱乐部排名第 15 位”等多项大奖，致力于在国际市场上打造一张中国炼化的“金名片”。

1. 以数字化引领创新发展，推进过程管理智能化

面对严苛的环保要求，激烈的竞争环境，石油化工企业开启了智能工厂的数字化之旅。通过智能工厂的建设，打通采购、生产、销售等环节，实现基于大数据分析的精准管理，为荣盛石化带来更大的经济效益。

荣盛深耕石化行业三十余年，深知“安全、平稳、长周期、满负荷、优化运行”才是石化企业的最终目标，要想实现这一目标，就必须通过智能化工厂的建设来完成。

早在 2011 年，荣盛石化就在聚酯化纤板块一次性投资 2.5 亿元，引进了德国 4 套高端工业自动化设备。该设备具有卷绕自动落丝—输送—检测—中间立体仓储—包装等全自动一体化功能，是中国第一套应用在化纤行业的全过程智能化自动流水线系统。荣盛石化还进行了很多创新改造，比如在纺丝车间进行了智能铲板机器人安装和 FDY 8KG 丝饼自动包装改造，在假捻车间进行了 DTY 自动包装安装等。

荣盛石化通过 ERP 系统新平衡业务模块的投用，实现了过磅、检验、入库、假捻领用、补纱等各环节的信息化闭环管控。除此之外，对 ERP 系统中的设备管理模块进行升级改造，纵向建立生产环节的物料管控和掌握正常运行状态下的能耗指标，横向建立完整的设备全生命周期信息，确保装置的有效运行。

在可视化呈现方面，荣盛石化建立了一套可视化管理系统，在这套系统上，不仅可以看到产量、废丝率、优等品率关键生产指标，还可以看到代表各班组生产效率的考核项目并形成对比。当然这套系统最重要的是能有效整合分析相关数据，通过远程终端进行在线监控和生产报表的多维度显示，为管理者在工厂决策和产线能耗优化上提供精准辅助。

在聚酯工厂中，荣盛石化还将开发全流程的智慧物流体系，根据聚酯产品物流特性、因地制宜地开发大量的智能装备，全面实现从原料至装车的智慧物流系统。

在炼化板块，荣盛石化旗下浙石化通过全厂信息数字化、系统集成化、生产工艺模型化、生产决策科学化、生产自动化等建设，实现原料和产品进出厂、计量、物料平衡、公用工程等全厂的过程监控和管理，优化了生产计划和排产，优化和稳定了生产装置的运行，实现了管理决策和生产过程的有效衔接。

目前，浙石化已经建成经营管理—生产过程执行—操作控制三层架构，建成了“一个数据中心”“五个平台”“九大信息系统”，其中“数据中心”包括“服务器私有云化，数据涵盖企业数据、机器和传感器数据、其他非机构化数据”；“五大平台”包括“决策管理平台”“企业经营管理平台”“生产过程执行管理平台”“生产控制和操作平台”“信息基础建设平台”；“九大信息系统”包括“ERP 系统”“办公自动化系统”“档案管理系统”“ MES 系统”“环境监测系统”“LIMS 系统”“码头调度管理系统”“操作员仿真培训系统”“视频监控 / 一卡通系统”，为浙石化经营决策和生产运营提供有力支撑。

智能化的建设是荣盛石化实现产业升级的支撑手段，是实现高质量发展的必经之路。当前，荣盛石化正处在数字化建设应用、智能化能力提升阶段，从炼化板块到 PTA 板块再到聚酯板块，荣盛石化将不断进行数字赋能。

2. 做长做精做细，探索产品结构最优化

随着石油化工行业产业升级加速和节能环保政策趋严，企业快

速向着“一体化、园区化、规模集约化”方向发展，而荣盛石化旗下浙石化4000万吨/年炼化一体化项目就是在这方面的标志性工程。该项目打破传统炼厂模式，降低了成品油收率，提高了烯烃、芳烃等基础原料和高端化工新材料的供应。

如今，荣盛石化不仅打通“原油—芳烃—PTA、乙二醇—聚酯（瓶片，涤纶丝、薄膜）”的芳烃产业链，还具有“原油—烯烃—合成树脂”的烯烃产业链和汽柴煤油成品油。随着浙石化二期的有序投产，荣盛石化的产品覆盖了合成树脂、合成纤维、合成橡胶三大合成材料。2022年1月，浙石化4000万吨/年炼化一体化项目（二期）全面投产，浙石化新增2000万吨/年炼油能力、660万吨/年芳烃和140万吨/年乙烯生产能力，3#乙烯及其下游化工品项目的装置也在顺利投产，化工品丰富度和产品附加值进一步提高。此外，浙石化3#乙烯及下游化工品项目、高性能树脂项目、高端新材料项目、绍兴永盛科技25万吨/年聚酯薄膜扩建项目二期、盛元化纤二期等项目也在顺利推进中。

此外，荣盛石化也在积极加速新能源、再生资源产业的布局。在“双碳”目标及“构建以新能源为主体的新型电力系统”的大背景下，风光发电、储能迎来爆发式增长，清洁能源替代步伐提速。荣盛石化紧跟国家战略，目前已具有2.5万吨/年光伏背板基膜（聚酯薄膜）和20万吨/年应用于锂电池电解液的碳酸二甲酯（DMC）产品，待浙石化二期完全投产，还有30万吨/年应用于光伏产业的乙烯—醋酸乙烯酯共聚物（EVA）产品。随着“限塑令”的进一步落实，再生资源将成为未来发展的新趋势。荣盛石化的聚碳酸酯（PC）产品采用非光气法工艺技术（CO_2作原料）制备所得，目前已具备产能 26 万吨 / 年，浙石化二期还有 26 万吨 / 年 PC 正在建设中。荣盛石化旗下海南逸盛石化基地有 5 万吨 / 年的再生食品级聚对苯二甲酸乙二酯树脂（RPET）即将投产，另有 9 万吨 / 年的产能正在规划中。

3. 重视绿色文化建设，打造园区环境生态化

作为中国石化行业的龙头企业之一，荣盛石化始终坚持绿色发展理念，将环境保护视为企业可持续发展的根本，在环保合规的基础上深入探索低碳减排和资源管理举措，最大限度减少对生态环境的影响，持续践行企业环境保护责任。2022 年，荣盛石化环保总投入 8.75 亿元，污水排放达标率、噪声达标率、环保培训覆盖率 100%。此外，从碳排放管理、能源管理、清洁生产、大气污染控制等多方面不断推进全公司上下节能降耗工作的创新和实践。

（1）碳排放管理

浙石化等子公司已成立“碳达峰碳中和”工作领导小组，负责对公司碳减排、碳资产管理、碳排放交易等事宜进行统筹监管，并协调其他相关部门进行推进。浙石化、中金石化等子公司已稳步推进碳排放核查工作，对自身碳排放情况进行摸底，建立常态化的数据统计与审核机制，并引入第三方核查机构，确保数据准确性。积极推行循环经济发展模式，回收利用 EO/EG（环氧乙烷 / 乙二醇）装置产生的高浓度二氧化碳作为 DMC/PC（碳酸二甲酯 / 聚碳酸酯）装置原料，有效减少碳排放量。目前，荣盛石化将一套 80 万

吨/年乙二醇装置产生高浓度 CO_2 排放尾气回收精制用于生产聚碳酸酯原料，另有一套乙二醇装置 CO_2 回收项目正在实施中，形成了具有公司特色的 CO_2 回收、利用、制取高端 PC 树脂的环保型绿色产业链流程。

（2）能源管理

荣盛石化能源结构正加速向低碳化、清洁化方向转变。2022 年，浙石化与象山大唐新能源有限公司完成首次绿电交易，此次交易品种为光伏新能源绿色电力，交易电量为 35000MWh。2023 年，中金石化和永盛科技每月计划采购 5000MWh，全年共 120000MWh 的绿电。未来荣盛石化将不断拓展包括风电、光伏、水电在内的可再生能源电力交易，继续扩大交易对象，更大范围地推动绿色电力资源配置，制定传统电力与绿色电力相结合的新型电力交易策略，为可持续发展保驾护航。

多措并举，持续优化装置能效水平。浙石化积极开展能效对标工作并分析差距原因，通过操作优化、技改技措、改进工艺、强化节能生产管理等手段，渣油加氢、蜡油加氢裂化等装置能效达到行业领先水平。

加快推进节能技改。中金石化采用“95+”节能环保余热回收系统，对芳烃加热炉进行改造，通过净化燃料，新增预热器、鼓引风机等设施，使加热炉的效率提升至 95%，年节能量 15000 吨标准煤；浙石化优化火炬系统运行，对热值达标的火炬气及时回收，对热值不达标的火炬气进行精准伴烧，降低伴烧燃料气量，节约燃料气约

30 吨 / 小时。

（3）清洁生产

荣盛石化积极响应《中华人民共和国清洁生产促进法》，将综合整治、整体预防的环境保护战略持续应用于生产过程中（见图 2–28），提高资源利用效率，从源头控制污染物的产生，同时满足经济利益和环境效益的最大化。2022 年，EVA 等清洁技术的收入超 150 亿元人民币，占 2022 年公司总营业收入约 5%。

（4）大气污染控制

荣盛石化致力于减少生产过程对周围环境的影响，遵循《石油炼制工业污染物排放标准》，积极践行“超低排放”。按照污染物的排放形式，公司将其分为有组织排放、无组织排放和异常排放三种情况，并分别采取不同的治理措施（见图 2–29）。

通过各项工程管理和技术手段，加强重点生产过程管控，确保污染物排放全面合规受控，挥发性有机污染物（VOCs）、硫化物、氮氧化物等主要污染物指标持续改善。

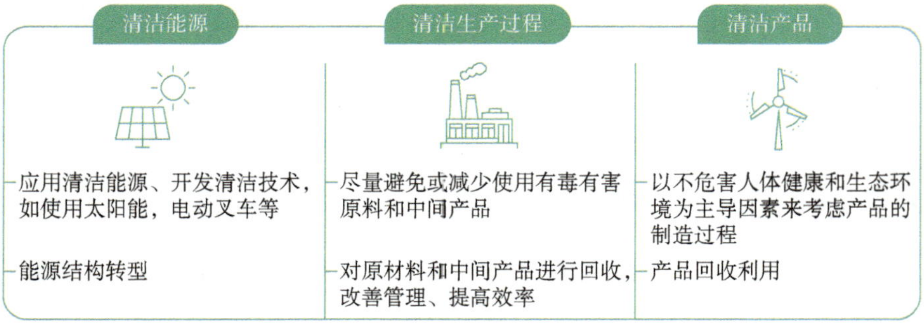

图 2-28　荣盛石化清洁生产过程

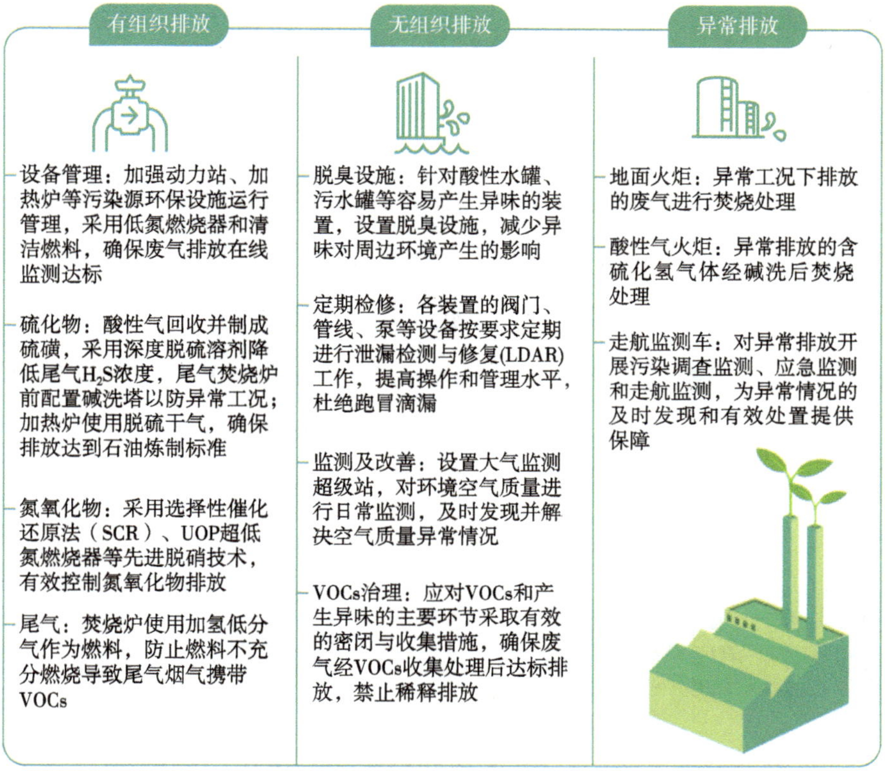

图 2-29　荣盛石化有组织排放、无组织排放和异常排放的治理措施

（五）万华化学

万华化学集团股份有限公司是一家全球化运营的化工新材料公司，依托不断创新的核心技术、产业化装置及高效的运营模式，为客户提供更具竞争力的产品及解决方案。公司始终坚持以科技创新为第一核心竞争力，持续优化产业结构，业务涵盖聚氨酯、石化、精细化学品和新兴材料四大产业集群。服务行业业务包括：生活家

居、运动休闲、汽车交通、建筑工业、电子电气、个人护理和绿色能源等。2022 年，公司总资产 2008 亿元，营业收入 1656 亿元，净资产 768 亿元，净利润 162 亿元。

以技术创新为钥匙打开绿色发展的机遇之门，是万华化学对可持续发展趋势的智识。万华化学坚持自主研发，用化学之力改进化学产业，创新化学产品，用绿色化学点亮生活之美，这就是公司长期以来始终坚持的化学之道。将可降解、可循环、可再生等环保要素作为创新因子，正是万华化学对“美好”的解读。

表 2-10　2022 年万华化学技术创新数据

研发投入	34.2 亿元	科研人员	3285 人
国内外发明专利新获授权	1058 件	发明专利通过率	99%

2020 年 9 月，中国在第 75 届联合国大会上正式提出 2030 年实现碳达峰，努力争取 2060 年前实现碳中和。时代大背景下，绿色低碳必将成为生活常态。2022 年，万华化学发布《产品碳足迹核算管理制度》《产品碳足迹核算指南》，开展产品碳足迹核算及认证项目，并初步建立万华化学产品碳足迹数据库。公司也着眼于自身创新与行业特色，制定了适合企业自身发展的可持续发展和“双碳”战略，以更好助力企业减少碳排放，降低产品碳足迹，推动行业可持续发展，为人类创造可持续发展的绿色未来。

1. 产品循环利用

通过创新，万华化学聚焦绿色回收，布局环保产业链，以强劲研发实力、持续扩大的 MDI 产能优势以及聚碳酸酯（PC）全产业链优势，进军硬泡回收、循环托盘、塑料回收领域，成功实现聚氨酯硬泡回收中试项目，再生塑料托盘与 MDI 模压托盘，推出专注 PC 回收的绿色环保品牌 Waneco®，用绿色产品赋能家电、物流、电子、汽车等多个行业相关产业链，为中国减碳事业贡献化学智慧。

（1）硬泡回收

2022 年，万华化学聚氨酯硬泡回收中试装置开车成功，再生聚醚产能为 60 吨 / 年，这是公司实施聚氨酯回收再利用的里程碑，开辟了处理废旧聚氨酯泡沫的新渠道，深入推进了循环经济的发展。

该聚氨酯硬泡回收装置使用化学回收方法，通过与相关方合作，对废旧冰箱、冷柜保温泡沫实现回收粉碎，并由特定工艺实现再生聚醚的生产，且生成的再生聚醚与标准聚醚的质量指标和性能一致，可用于冰箱保温、汽车零部件、管道保温、生活家居等领域。每回收 1 吨废旧泡沫可实现约 3 吨的碳减排，聚氨酯硬泡回收技术满足了循环经济的发展理念，实现了经济效益和生态环境效益相统一。

（2）塑料回收

作为具有全产业链优势的聚碳酸酯（PC）生产商，万华化学大力布局低碳环保产品链，于 2022 年 6 月推出绿色环保品牌 Waneco®，覆盖消费后回收、生物降解和生物基材料。通过价值链合作，第一款消费后回收再生聚碳酸酯（PCR–PC）Waneco®R1050产品正式商业化。

万华化学携手产业链上下游建立全流程协作模式，将废弃破旧的车灯级、水桶级 PC 回收，经历破碎、清洗等多道工序，重新造粒成为 Waneco®rPC 材料，可延长产品生命周期，降低 20%~50% 碳排放。同时，建立从原料—过程—成品完善的质量管理体系，保证全回收链条可追溯。目前，该材料已获得 GRS、UL2809 认证，能够满足多元行业定制化需求，为终端绿色消费再添保障。

（3）循环托盘

再生塑料共享托盘：2022 年，由万华化学和乐橘科技共同开发的基于废旧化学品包装（塑料桶、膜袋等）再生的共享托盘成功上市，这是国内首款兼具互联网场景、性能优势、低碳环保、经济成本的再生塑料托盘，也是万华化学充分凝聚价值链合力，打造塑料包装回收再生解决方案的有力实践。

该塑料托盘由 100% 的再生塑料制成，每年公司内可替代 200 万片实木托盘，相当于减少砍伐 33 万棵树木。与传统塑料相比，再生塑料可减少约 45% 的污染，降低 60%~70% 的能耗，同时可实现回收 1.3 万吨废弃包装物，相当于二氧化碳减排 5000 吨 / 年。另外，再生塑料托盘实现了对废旧塑料回收和再生过程进行溯源数据管理，用户可凭唯一 ID 编码查看托盘生产原料和来源等详细信息，通过完善的塑料包装分类、回收、处理及再生管理标准规范，形成从废旧塑料回收到再生产品生产制造的产业链闭环模式。

MDI 模压托盘：是一种以废旧木材、废弃农作物（秸秆、花生壳、竹材）等作为原材料，通过施加 MDI 胶黏剂一次性模压成型的新型托盘。该托盘的应用推广有利于节约我国宝贵的森林资源，也有助于充分利用竹木加工废弃物。得益于 MDI 胶极高的黏接强度，托盘加工过程中 MDI 胶添加量仅为传统脲醛胶添加量的 1/5，在降低化学胶黏剂使用的同时能够有效降低碳排放，而且 MDI 胶不含甲醛，在生产过程中减少了甲醛对工人的危害，保证了工人的职业健康，终端客户在储存及使用时也不用担心甲醛释放问题。值得一提的是，该模压托盘可重复回收利用，废旧的 MDI 模压托盘在破损后可打碎再压制成新托盘，助力了绿色循环进程。

MDI 模压托盘的生产与使用过程中还具有低能耗的属性：一方面，在生产 MDI 模压托盘过程中无须将竹木等原材料干燥至绝干（通常 10%~15%），大幅降低干燥能耗；在热压阶段，热压时间由传统的 300s 降低至 150s，节省了大量蒸汽与电耗。另一方面，MDI 胶的固化属于低耗能过程，且为化学放热反应，在生产过程中也可以降低部分生产能耗。另外，由于新型模压托盘的特殊结构，40 尺货柜单次可载货 1650 片，而实木托盘与塑料托盘仅可载货 450 片，可有效节约运输和储存空间，资源利用效率得以提升。

2. 绿色解决方案

万华化学立足可持续材料研发，开展技术攻关，聚焦零碳社区、无醛空间、生物基和生物降解材料等应用场景，通过技术与服务创新凝聚产业链合力，为上下游企业提供高效、稳定、负责任的绿色解决方案，帮助客户应对技术挑战，满足不断提升的环保合规要求，引领更多企业向低碳转型，实现可持续发展。

（1）“零碳”社区

万华化学和有关研究机构、施工单位合作，创造性地将聚氨酯泡沫通过打孔浇注在双层 ALC（蒸汽加压混凝土板）空腔之间，依靠聚氨酯发泡的超强黏结力，使聚氨酯与两层 ALC 板形成了完整的保温墙体，由此成功打造了新一代聚氨酯结构保温一体化构造体系。

2021 年为响应省、市鼓励发展超低能耗建筑的号召，万华化学主动承担了 9 万平方米超低能耗示范项目建设任务，将聚氨酯新型结构保温一体化体系成功应用于该项目。目前示范项目主体结构和保温工程已施工完毕，经建筑专家评审，一致认为该体系具有等效 A 级防火、高效保温、墙体轻质、弥补 ALC 板板缝多的不足、防水气密性更好、提升了 ALC 墙板的整体强度、节约保温面积等特点，并且新型保温墙体造价比常规聚氨酯喷涂保温下降 30%，也低于常规岩棉外保温体系，非常适合在各类低能耗建筑中推广应用。

该示范项目按照国家近零能耗建筑设计建造，建筑本体节能率达到 90% 以上，不仅采用了聚氨酯保温围护结构，还采用了最新型保温性好、具有耐火功能、低碳节能的复合材料节能窗，充分利用多种可再生能源，将光伏发电、地源热泵和发电玻璃、太阳能热水相结合，可满足整个社区 30% 的能源消耗。

经计算，扣除可再生能源贡献，该项目运行后预计单位面积年度总用电量可控制在 50 度以内，比常规建筑能源消耗节约 60% 以上，预计每年减少二氧化碳排放超过 1 万吨，同时真正实现室内四季恒温恒湿恒氧，居住舒适度大幅提升。

（2）无醛空间

在家居板材行业，万华化学用 15 年的时间培育中国市场，携手各相关方共同推进“无醛添加”，推动家居、办公和医疗等家具行业绿色升级，为人类健康保驾护航。

由中国林科院木材工业研究所、万华化学等多家单位和企业共同起草制定的 GB/T 39600—2021《人造板及其制品甲醛释放量分级》和 GB/T 39598—2021《基于极限甲醛量的人造板室内承载限量指南》也已正式发布，新版标准中将室内用人造板及其制品的甲醛释放量按照限量值分为 ENF（无醛添加）、E0、E1 三个等级。两项标准的颁布实施对保护消费者健康、消除室内环境污染和促进人造板产业的健康发展具有重要意义。

无醛人造板、无醛贴面、无醛封边打造的无醛家居与办公场所，关键在于使用无甲醛的 MDI 胶黏剂。其中无醛人造板以农作物秸秆碎料为主要原料，施加 MDI 胶，经高温高压制作而成。通过秸秆的回收利用，极大地减少因为秸秆焚烧产生的环境污染，同时有效减少树木砍伐。

万华化学在提供高性能无醛胶的同时，还提供与之配套的助剂及生产工艺。万华化学开发出无醛人造板快固化提效技术，实现了世界上首套连续喷涂施胶制造无醛胶合板的工业化，不仅可推动胶合板产品性能提升，还能让生产企业用工人数降低 75%，胶合板生产成本每立方降低10%以上，这极大地促进了人造板行业的转型升级。

目前万华化学可助力下游人造板厂实现每年800万方的无醛板产能，减少40万吨碳排放，在推动行业实现碳减排的同时，为超过300万个家庭提供了健康生活的新方式，以责任带动行业向创新发展和绿色发展双轮驱动方式转变。

（3）生物基材料

为解决全球气候变化，万华化学着眼于自身创新和行业发展路径，设立生物基创新研发平台，并以非食物链的玉米淀粉、生物废弃物和天然油脂为起源，衍生出生物基TPU、生物降解材料、生物基聚醚和生物基乳液等材料解决方案，共计数十支生物基产品，以更好助力企业减少碳足迹，推进行业可持续发展。

生物基TPU：基于生物基一体化平台进行深入研究，万华化学推出一款100%生物基原料制造的TPU产品，该产品原料来自由玉米秸秆制得的生物基戊二甲基二异氰酸酯（PDI），添加剂如米糠蜡也均来自非食物链玉米、篦麻等可再生资源，凭借环保可持续、原料可再生、废弃后对环境友好等特性，该产品可最大限度减少终端消费品的碳排放，还以优异的高强度、高韧性、耐油、抗黄变等性能，不断为鞋服、薄膜、消费电子、食品接触等领域的绿色转型赋能。为更好满足市场对材料的多样化需求，万华化学已开发出10%~100%生物基占比的TPU产品，致力于与更多上下游合作伙伴一起完善低碳产业链，向循环经济方向转型。

聚乳酸（PLA）：作为覆盖所有主流生物降解材料的生产商，万华化学以天然气、玉米淀粉等为循环起源，利用水电等清洁能源，配套产业链一体化布局，在保证供应及质量稳定的同时，可有效减少碳足迹。其中，Waneco® 聚乳酸（PLA）凭借堆肥条件下 100% 可降解优势和出色的力学性能，广泛适用于包装材料、日用消费、纤维纺织、医疗器具、农用地膜和 3D 打印等领域。

生物基聚醚：万华化学结合可再生蓖麻油和自身低碳产业链优势，采用独特工艺制备出生物基聚醚产品 WANOL®FB340/FB350/FB390。该系列产品生物基含量超过 50%，相较于传统产品可减少 30%~50% 碳足迹，助力下游制品通过美国 USDA 生物标签认证，可满足高端家居、汽车和鞋材等领域需求，成为环保生活的优 + 选择。

生物基乳液：为帮助消费者改善室内空气质量，万华化学立足原材料源头，研发出由植物基制成的高端内墙乳胶漆用乳液，在实现高生物基含量的同时，有效减少涂料生产中的碳足迹，满足高性能涂料的严苛需求，进一步推进涂料行业的绿色进程。

（4）生物降解材料

依托宁波高性能材料研究院，万华化学持续推进生物降解材料在一次性包装、快递物流、餐饮日用、农业园艺、医疗卫材、3D 打印等领域的应用开发，与合作伙伴携手共同拓展生物降解材料的应用边界。公司配有专业的 CMF 设计团队，赋予材料创意的颜色、纹理、质感、气味等元素，满足终端企业和消费者的美学诉求，有效促进材料的推广。

包装材料：开发出多系列生物降解材料，其中最新推出的

PBAT，凭借气泡饱满、吸震性能好、缓冲性强、长期密封性能出色、支撑性持久等优异性能，广泛应用于精密仪器、玻璃器皿、生鲜水果、酒水等产品包装中。废弃后的 PBAT 材料经堆肥处理后可完全降解，具有环境友好性。

可降解地膜：2022 年万华化学发布了地膜专用 PBAT 树脂 Waneco®T18，该产品采用独创的一步法低酸值工艺，实现性能与成本的平衡，助力生物降解地膜产业发展。万华化学还建立了生物降解地膜生态圈，协同科研机构、同业、下游企业等对花生、玉米、马铃薯、加工番茄等大田作物及棚内作物进行示范，探索农用塑料制品的生物降解替代，推动农业绿色发展。

3. 新能源材料

万华化学以全产业链为研发优势，研究减碳技术，加大对新能源电池材料以及绿色能源材料的研发投入，专注新能源产业长期战略发展，积极跨界布局上游风电、光伏等新能源及下游电池材料、光伏和风电材料等业务领域，与隆基绿能签订战略合作协议，全方位协同光伏、氢能、建筑光伏一体化、新材料等多领域的深度合作，开拓新能源应用市场。

（1）电池材料

为推进电池行业高质量发展，万华化学以化工产业思维构建行业新生态，通过循环回收模式建立产业链闭环，打造一个电池材料的“超市”，为电池产业发展提供品种最全、性价比最高的供应材料，助力我国新能源产业更好发展。

电池废水处理解决方案：作为先进的膜材料供应商，万华化学膜材料为电池废水处理提供了环保高效的解决方案。开发出WANFORITE®BW-LP反渗透膜产品，具有良好的耐酸性，且在高压环境中仍保持高脱盐率。在电池生产过程中，针对产生的废水组合使用高脱盐膜及低压膜产品，可使大部分废水回收用于生产装置，并同时回收废水中的可用资源。

新能源汽车电池包解决方案：电池作为新能源汽车的“心脏”，在一定程度上掌握着新能源汽车发展的命脉。对于新能源汽车来说，原材料的阻燃性、导热性、密封性、抗冲击性等直接关系到车辆的续航里程以及驾驶安全。万华化学通过对聚氨酯材料、改性塑料、复合材料、有机硅等多种材料进行创新升级，为新能源汽车行业带来电池包整体材料解决方案，以提升电池安全性能。未来，万华化学还将发挥化工产业集群的优势，与下游客户共同搭建循环生态产业链，助力行业可持续发展。

（2）风电材料

在风电领域，万华化学多种原材料可以应用在风电系统中叶片、机头、塔筒、线缆等多个部位，为风电系统能够在户外长期经受极端条件和随机负荷的考验提供高性能、环保材料。目前，多类材料已经在风电项目中得到成熟应用，未来公司还将继续探索新一代热塑性、可回收类型的风电材料。

风电叶片：Wanamine®IPDA反应活性高，具有较强的耐候性与刚性，在树脂浸润纤维过程中可以保持较低的黏度，同时满足大型结构件成型工艺操作时间长、后固化快的特点，成为叶片环氧树脂基体最适宜的固化剂选择。

风电涂料：脂肪族 HDI 固化剂因具有较好的耐黄变、耐候性，兼具优异的机械强度和良好的柔韧性，适用于聚氨酯重防腐涂料的生产，可赋予涂层优异的丰满度与光泽度，让风电叶片长久保持外观性能，更加耐用。

风电管路：依托一体化产业平台优势，2022 年万华化学正式推出新产品——聚酰胺 12（尼龙 12），并在多种工艺的创新耦合之下，实现从 CDON（环十二酮）、CDOL（环十二醇）、LL、尼龙 12 树脂、改性尼龙 12 和尼龙 12 弹性体等多个生产环节的一一通关，成为全球为数不多拥有尼龙 12 全产业链制造核心技术和规模化生产制造能力的企业。PA12 材料凭借着极低的密度、低温韧性、抗冲击性、耐化学性等性能特点和稳定的供应，可用于风电管路中，保证风机在恶劣环境中稳定运行。

（3）光伏材料

在光伏领域，万华化学形成了覆盖通用产品、工程塑料、特种高分子等各级别的综合材料解决方案，能够为下游提供更高性能、更具有竞争力的产品。

POE 胶膜：POE 胶膜作为光伏组件封装材料，具有体积电阻率高、水汽透过率低、耐紫外性能好，高抗 PID、玻璃化转变温度更低等优点。随着双面双玻组件的市占率提升，POE 胶膜在光伏封装材料领域的渗透率不断提高。但由于技术壁垒的限制，国内高端聚烯烃产品较依赖进口。万华化学经过多年自主技术开发，现已完全掌握相关技术，尤其是关键催化剂活性高、热稳定性好，并完成中试，聚烯烃弹性体（POE）、差异化专用料等高端聚烯烃产品产业化也指日可待。

聚氨酯边框：光伏组件材料的选择对光伏发电的大规模发展有深远影响。聚氨酯拉挤复合材料具有高强度、高模量、低密度、低导热、低膨胀、高绝缘、高耐腐蚀等优异性能，无 PID 效应，可减少发电效率损失，且与玻璃面板膨胀系数一致，为光伏系统应用尤其是海上光伏、盐碱地光伏以及沼泽地光伏等特殊场景应用提供了高性能光伏组件解决方案。优化设计全纱工艺的边框结构兼顾产品横向强度、直线度、生产稳定性，其采用全新的组装方式，可满足自动化需求，保证组装效率。相对于传统材料，聚氨酯拉挤复合材料碳排放可降低 85% 以上。

光伏连接器：2022 年万华化学特种共聚聚碳酸酯（PC）项目顺利投产，首款高硅含量（20%）硅氧烷 PC 产品正式上市。这是万华化学在特种工程塑料领域的首款工业化产品，采用自主研发的生产技术，产品性能达到国际先进水平。硅氧烷共聚 PC 产品作为特种共聚 PC 系列产品之一，由于引入了柔顺的硅氧烷链段，其具有优良的低温韧性、电气绝缘性、长期耐紫外老化和阻燃性等性能特点，在光伏连接器领域具有成熟的应用。

4. 能源结构优化

在能源结构方面，万华化学从源头加强碳足迹管理，持续进行能源结构优化，形成多轮驱动的供应体系，实现能源方面的绿色低碳变革和供应保障。万华化学在风电、太阳能、核电等清洁能源领域提前布局，通过合资、合作的方式实现清洁能源的增量，预计到2030年，万华化学合资、投资的清洁新能源项目，按照股权占比每年将获得149亿度清洁电力，减少865万吨碳排放。最终，通过合资、合作获得的清洁电力，将实现万华化学中国产业园区清洁电力全覆盖。

莱州海上光伏发电项目：联合华能集团共同打造了1300MWp莱州海上光伏发电项目，助力海洋新能源开发，协助打造“风光同场”，为绿色转型赋能。该项目预计年发电量可达17.3亿度，年减少二氧化碳排放量100余万吨，帮助节能减排、构建我国绿色能源体系。

福建海上风电项目：与国能集团共同建设了位于福建省最大岛屿的马祖列岛主岛上的310MWp海上风电项目，规划安装23台单机容量13.6MW的风电机组，实现年发电量达14.5亿度，年二氧化碳减排量80余万吨。

潍坊海上光伏发电项目：充分结合山东当地资源优势，携手国能集团、天合光能等在山东省潍坊市建设1260MWp的海上光伏发电项目。该项目预计发电量达16.8亿度，并且年二氧化碳量减排可达近98万吨，加速了能源结构调整优化和绿色低碳转型。

农光互补光伏电站项目：在山东省烟台招远市投资建设140MWp农光互补型光伏发电项目。该项目年发电总量1.7亿度，产生的电力部分并入万华化学烟台工业园，可实现年减排二氧化碳 17 万吨。

磁山总部光伏项目：2022 年（一期）顺利实现并网发电，以分布式光伏发电实现了总部办公区的绿色用电，打造了绿色低碳园区“新样本”。

5. 能源效率提升

万华化学长期致力于将无组织废气转变为有组织废气并配套建设高效回收处理设施，在实现物料回收利用的同时，减少大气污染物排放量。2022 年利用工艺改进、装置优化和产品指标优化等方式，全年实现碳减排 23 万吨。

万华化学－河海综合能源项目：万华化学与河海新能源共建的综合智慧能源项目通过多种创新技术的耦合，将万华烟台工业园的生产废热进行回收再利用，为园区生产供应高品位热能，同时为烟台市区的冬季采暖提供清洁热源。通过该技术，万华化学烟台工业园每年可节约煤炭约 260 万吨，减少二氧化碳排放 670 万吨，同时可保障烟台市 1.0 亿平方米城市供暖，实现了化工装置节能技术与民用低品位热能技术的完美结合。

超高能效电动机项目：通过升级电动机能效、变压器能效，降低耗电量。万华化学与战略合作商联合研发万华专用产品，并申报工业和信息化部超高能效节电电动机项目。以万华化学现有低压电动机保有量、变压器保有量核算，通过规模容量能效升级后年节约电量将分别达到 20.6 万 kWh、1210 万 kWh。

安全火炬：通过源头减排、末端回收等多项举措，实现烟台多个火炬在装置正常运转条件下无火焰燃烧、无异味扩散、无声光污染，废气100%无害化处理。万华化学将火炬系统与回收系统高度耦合，实现高热值火炬气的回收并通过能源回收单元进一步处理，回收废气的同时产生蒸汽供生产再利用，降低园区能耗。

电动班车：推广1台纯电动班车可实现降低二氧化碳排放量3.2吨/年，降低NO_x排放量0.187吨/年，降低PM2.5排放0.0039吨/年。截至2022年底，万华化学已配有电动班车24台，运行年限为8年。未来在福建和宁波基地等高里程运送段还会进一步增加电动班车的数量，降低碳排放。

五、中国石化行业重点化工产品绿色发展现状

甲醇、乙烯、丙烯、丁二烯和丁二醇等化工产品一直以来都是我国的重点化学品。2022年，我国甲醇累计产能达到11306万吨，有效产能10000万吨；乙烯全年产量2897.5万吨，同比增长2.5%；国内丙烯产能持续扩张，从2018年3230万吨产能上升到2022年的5627万吨，年均复合增长率为14.9%；丁二烯产能共计585万吨，占全球产能的30%左右，产量达到421万吨；丁二醇总产能已达到2519.5万吨。2021年10月18日，国家发展和改革委员会、工业和信息化部等部门共同制定《石化化工重点行业严格能效约束推动节能降碳行动方案（2021—2025年）》，旨在推动中国石化行业重点产品绿色发展。因此，本《蓝皮书》以甲醇、乙烯、丙烯、丁二烯和

丁二醇这五大重点产品为例，剖析重点化工产品的绿色发展现状。

（一）甲醇

1. 甲醇生产现状分析

（1）甲醇产能持续增加，增速放缓

2022年全球新增甲醇产能全部集中在中国，2022年我国共计甲醇新增产能554.5万吨。截至2022年底，我国总计拥有甲醇产能11306万吨，有效产能约10000万吨，同比增加5.7%。而在企业产能排行榜中100万吨/年以上规模的达到23家，产能共计超4400万吨，占比超总产能4成。

到2023年底我国计划投产甲醇产能或在400万~600万吨，届时国内甲醇总产能或在12000万吨附近。目前新增煤制甲醇装置的投产明显减少，这主要是受“双碳”政策出台以及煤化工项目高投资成本影响，后续发展还需关注“十四五”规划在新型煤化工方向的政策指导，及环保、煤炭政策的变化。预计未来5年，我国甲醇产能综合年平均增长率或在3%~5%的范围。随着产业整合和技术的迭代升级，我国甲醇企业将以百万吨以上的甲醇制烯烃一体化装置为主流，绿碳等新兴工艺作为补充。而甲醇制芳烃、甲醇制汽油，也会随着产业规模的扩大，供应逐步增加而获得新的发展机遇。

（2）甲醇装置开工率回升

2022年甲醇装置平均开工率回升3.53%~76.90%。煤制甲醇开工率上升 1.8%，天然气制甲醇装置开工率上升 1.7%，焦炉气制甲醇装置开工率下降 6.7%。西北地区煤制甲醇历年平均开工率逐年上升。

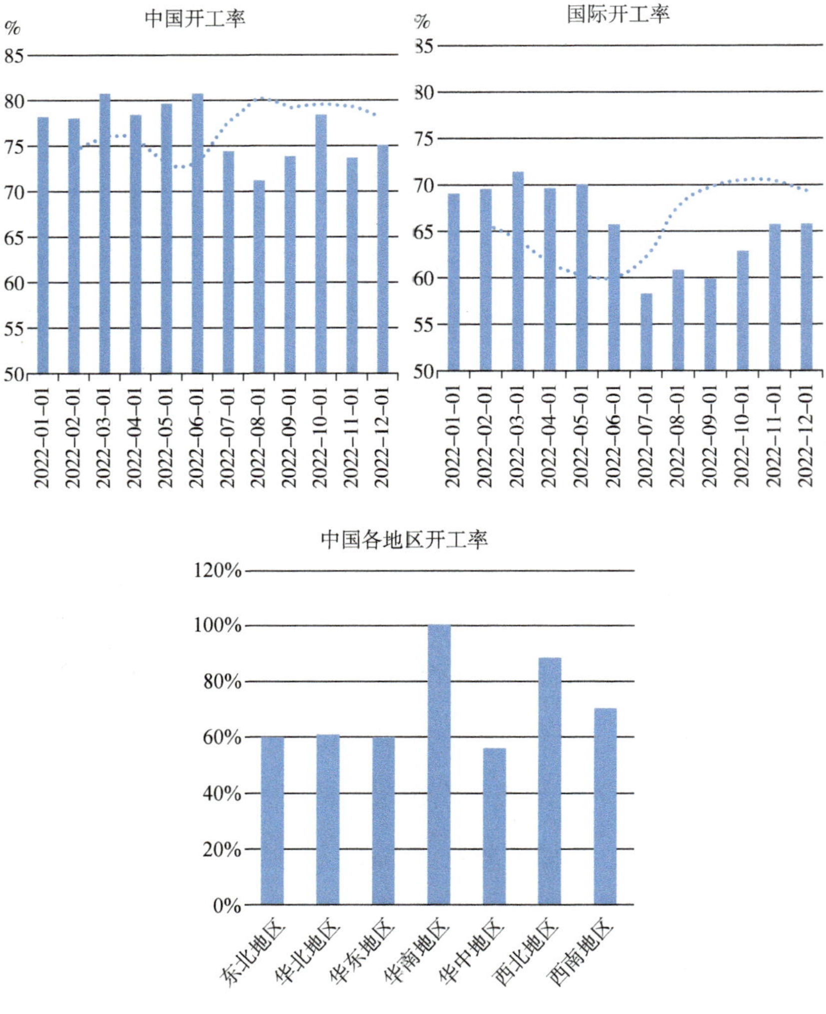

图 2-30　国内外甲醇装置开工率

2. 绿色甲醇生产路径

随着“碳达峰、碳中和”成为时代新主题，煤制甲醇的发展受到限制，传统能源领域减排迫在眉睫。而绿色甲醇作为一种清洁能源，不仅可以降低二氧化碳的排放，甚至还可以利用二氧化碳生成甲醇，为全球“碳中和”提供了新的路径。

（1）电制甲醇

利用太阳能、风能等可再生能源获得绿色电力，电解水制绿氢，再由绿氢加二氧化碳转化生产的甲醇被称为电制甲醇。电制甲醇成本主要取决于绿氢价格，即绿电价格，根据中国科学院大连化物所测算，电价每降低 0.1 元 /kWh，液态阳光甲醇成本将下降 1000 元 /t，当绿电低于 0.15 元 /kWh 时，液态阳光甲醇将初步具备竞争力。若未来再加上碳税成本，绿色甲醇的价格优势便体现出来。

该路径的限制在于二氧化碳的捕捉方面，若选择直接使用来源于化工厂或钢铁厂排放产生的二氧化碳，则会不符合欧盟的绿色标准 ISCC。

（2）生物甲醇

利用生物质原料生产的甲醇被称为生物甲醇。通过裂解或热解方式，将秸秆等原材料的生物质转化为一氧化碳和氢气，再通过高温热解水制氢，合成甲醇。

相比化石燃料合成甲醇，目前生物质合成甲醇成本较高，且原料的收储运体系建设颇有难度。

3. 绿色甲醇的低碳应用

（1）可以资源转化二氧化碳

二氧化碳加氢制绿色甲醇能够资源化转化二氧化碳，消耗工业刚性排放的二氧化碳，并可直接或间接作为燃料，缓解我国液态燃料短缺局面。

盛虹集团旗下的斯尔邦石化 10 万吨 / 年二氧化碳制甲醇项目将工业尾气中的二氧化碳进行回收，氢气来源于化工副产氢，预计可消纳吸收二氧化碳 15 万吨 / 年。该项目于 2023 年第三季度投料试车，还将产业链向下游延伸，最终可生产出光伏级 EVA 树脂，用于光伏发电，形成“二氧化碳捕集利用—绿色甲醇—新能源材料”的绿色产业链。

（2）可作为绿氢载体，解决氢能储运难题

绿色甲醇可作为氢能载体，解决氢能制备储存和运输的安全性和成本性问题。目前氢能是各大公司发力新能源的重要方向，但氢能体积能量存储密度比较低，氢气的储运一直是瓶颈。而甲醇正是很好的载体，可以长期储存，储氢密度 13%wt，安全等级等同汽油，且可以直接作为燃料、原料，转化过程的能量损失较低。

（3）可以解决可再生能源的储能和调峰难题

绿色甲醇可有效利用不稳定的风、光、水能等可再生能源，在高峰时发电驱动电解水制氢，通过二氧化碳加氢制甲醇，实现化学储能，解决间歇性能源的规模化储能和调峰问题。2020 年 1 月 17

日，国内首个二氧化碳加氢合成甲醇技术开发项目在兰州新区绿色化工园区试车成功，在全球范围内首次实现了将太阳能等可再生能源转化为甲醇液体燃料工业化生产。项目由太阳能光伏发电、电解水制氢、二氧化碳加氢合成甲醇 3 个基本单元构成，利用太阳能产生的电力，在催化剂的作用下，先后完成电解水制氢、二氧化碳加氢，最终生产出绿色甲醇。

2023 年 3 月 7 日，金风科技在呼兰浩特市规划开发的绿氢制 50 万吨绿色甲醇项目完成备案，该项目为 200 万千瓦风电制氢制甲醇项目，先期推进 100 万千瓦风电以及电解水制氢、制一氧化碳项目，这是目前全球最大的绿色甲醇项目。

（4）可降低交通运输领域燃料排放

交通领域碳排放约占全球碳排放总量的四分之一，在我国约占碳排放总量的 10%，其中城市公路交通是碳排放的重要来源。甲醇燃料是指利用工业甲醇或燃料甲醇加变性醇添加剂与现有国标汽柴油按一定体积调配制成的一种新型清洁燃料。使用甲醇燃料替代后，可以大幅降低排放。以 M15 甲醇汽油（甲醇掺入量 15%）为例，一氧化碳和碳氢化合物排放比使用 93# 汽油分别降低 23.2% 和 28.5%。

2012 年起，工业和信息化部牵头先后在山西、上海、陕西、贵州、甘肃等 5 省市组织开展甲醇汽车试点工作，试点车涵盖乘用车、厢式车、重型卡车。2019 年，工业和信息化部等 8 部门印发《关于在部分地区开展甲醇汽车应用的指导意见》，提出推动甲醇汽车及燃料技术研发与应用。2021 年印发的《“十四五”工业绿色发展规划》

提出，促进甲醇汽车等替代燃料汽车推广。

2023 年 2 月 21 日，由吉利控股集团和河南省顺成集团共同投资的全球首个十万吨级绿色低碳甲醇工厂在安阳正式投产，这是我国首套、全球规模最大的二氧化碳加氢制绿色低碳甲醇工厂。该工厂利用顺成集团 3.6 亿 Nm^3（标方）焦炉气中的副产氢气及 15 万吨从工业尾气中捕集的二氧化碳作为原料，年产 11 万吨绿色甲醇和年产 7 万吨液化天然气，可直接减排二氧化碳 16 万吨，相当于增加森林种植面积 16 万亩，实现销售收入 5.6 亿元。顺成集团同时采购了 300 台吉利远程重卡作为物流车投入使用，车辆所使用的燃料来自于安阳甲醇工厂生产的绿色低碳甲醇。预计每年减少柴油消耗 1.5 万吨，减少碳排放 4.5 万吨，单车每年可节省燃料费用 10 万元左右，每年可节省燃料费 3000 万元左右，既节约了成本，又回收了二氧化碳，实现了从能源生产到加注再到应用的绿色运力生态闭环。

（二）乙烯

乙烯是石化工业重要的有机原料，是生产各种有机化工品和三大合成材料的基础，在国民经济发展中具有重要地位。

1. 乙烯生产现状分析

（1）乙烯产能、产量稳步增长，产能利用率呈下降趋势

从时间维度来看，“十三五”期间乙烯产能从 2016 年的 2304 万吨增长至 2020 年的 3518 万吨，乙烯产能年均复合增长率近 11.2%，为同时期世界乙烯产能复合增长率（5.0%）的 2 倍左右。随着产能

的大幅扩张，我国乙烯产量也保持快速增长，从2016年的1781万吨增长至2020年的2159万吨，但是2020年中国乙烯表观消费量达2349万吨（见图2–31），缺口达189万吨。此外，由于国内部分设备老旧、运营成本高、效率低、分布不均衡等原因，乙烯产能利用率持续下滑，2020年我国产能利用率为61.4%，较2016年下降近20.6%（见图2–33）。

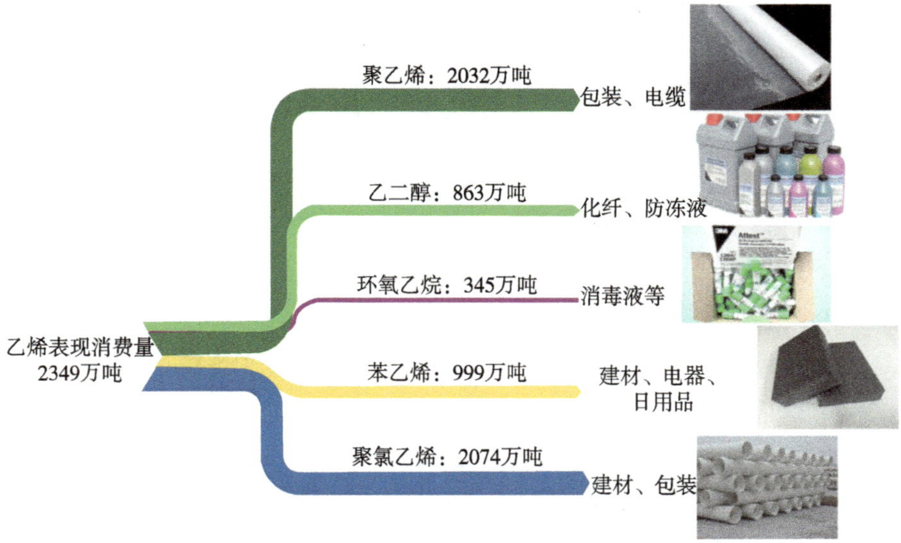

图 2-31　2020 年乙烯及下游产品产量情况

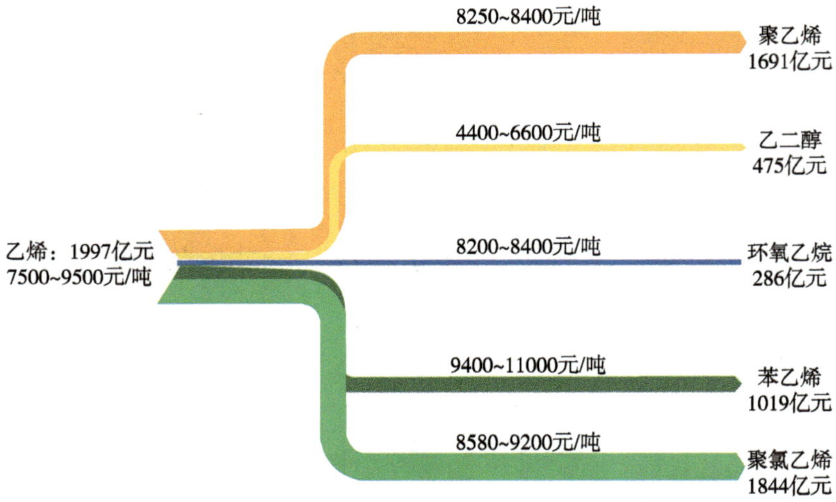

图 2-32　2020 年乙烯及下游产品价值流情况

（注：产能利用率＝产量／产能。）

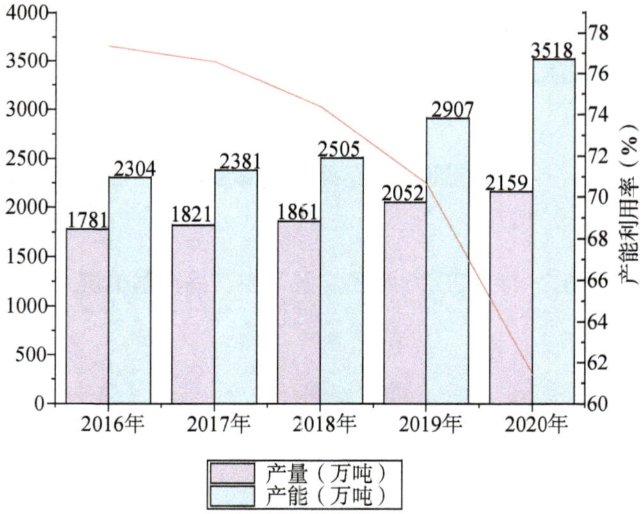

图 2-33　2016—2020 年乙烯产能、产量变化情况

（2）“炼化一体化”项目推动乙烯产能集中释放，沿海地区乙烯生产劲头强劲

从空间维度来看，根据2020年各省份乙烯生产情况，乙烯产量前五名的省份主要分布在沿海地区，分别为广东省、江苏省、上海市、浙江省、辽宁省，分别占全国乙烯生产总量的17.0%、10.2%、9.5%、7.0%、8.7%，如图2–34所示。

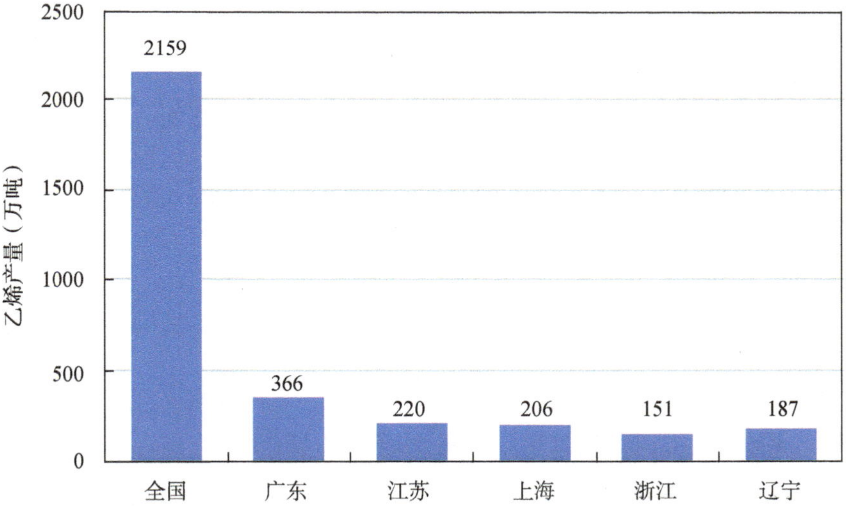

图2-34　2020年中国乙烯生产地区分布情况

此外，根据具体新增产能项目来看，2020年，万华化学、宝来石化、中化泉州、中科炼化等大型乙烯项目先后投产，使得中国乙烯产能大幅提高，其项目区域布局主要分布在福建、辽宁、山东等沿海省份，如表2–11所示。

表 2-11　中国新建乙烯项目分布情况

企业 / 项目	企业性质	原料路线	地点	投产时间	产能（万吨）
中科炼化	国企 / 中石化	石脑油裂解	广东湛江	2020 年 10 月	80
中化泉州	国企/中化	石脑油裂解	福建泉州	2020 年 10 月	100
宝来石化	中外合资	轻烃裂解	辽宁盘锦	2020 年 9 月	100
万华化学	民企	轻烃裂解	山东烟台	2020 年 10 月	100
海国龙油石化	民企	重油热裂解	黑龙江大庆	2020 年 10 月	40
中煤榆林二期	国企 / 中煤能源	煤制烯烃	陕西榆林	2020 年 9 月	30

（3）我国的乙烯原料仍以传统石油基、煤基路线为主，乙烷裂解制乙烯进展取得突破

现阶段，以石脑油为主的混合原料的裂解乙烯装置是我国现阶段发展的主流，2020 年石脑油裂解工艺占据 73.9%。以浙江石化为例：由于炼油、乙烯装置一体化后，乙烯原料一般在以石脑油为主的基础上增加了液化气、加氢尾油、轻柴油、碳五等混合裂解，原料的保障性强。从下游产品的角度看，因为石脑油为主的裂解装置下游会副产碳四、碳五等产品，更加适合发展精细化工、高附加值下游产品。

我国 CTO/MTO 的路线乙烯自 2014 年以来得到快速发展，2020

年已经占我国乙烯产能的约20.9%，如图2-35所示。其中需要关注原料来源与规格、水资源的消耗、装置能耗、催化剂消耗、产品的水处理、C4烯烃处理、二甲醚脱除等因素。CTO一般多是重资产，建在煤炭的资源地。MTO以外购甲醇为主，多是在沿海港口地区，需要考虑外购甲醇与下游烯烃经济性之间的平衡。

而对于全球迅速发展的烷烃裂解工艺，中国石油持续加大乙烯领域科技研发力度，在乙烯原料多元化、乙烯装置大型化和系列化等方面取得突破。相继建成大型乙烷制乙烯成套技术，包括两个国家示范工程——兰州石化长庆80万吨/年乙烷制乙烯项目和独山子石化塔里木60万吨/年乙烷制乙烯项目，实现了我国自主乙烷裂解制乙烯技术工业化应用"0"的突破。

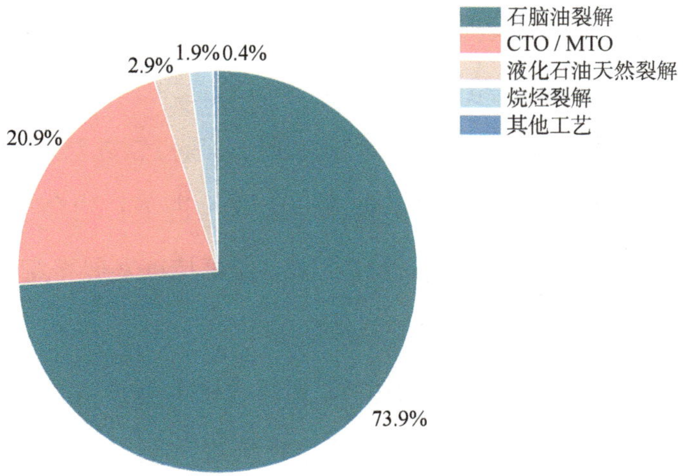

图2-35　2020年中国乙烯生产工艺分布

表 2-12　乙烯生产工艺物耗碳排放情况对比

工艺路线	石脑油裂解	煤制 / 甲醇	烷烃裂解
物料消耗（吨耗）	约 3.3 吨石脑油	约 6 吨煤炭或 3 吨乙醇	约 1.3 吨乙烷
碳排放情况（吨耗）	约 0.93 吨 CO_2	约 5.8 吨 CO_2	约 0.78 吨 CO_2

2. 乙烯行业节能减排降碳政策

为推进石油和化工行业绿色发展和转型升级，持续提升能源利用效率，充分挖掘重点耗能产品节能潜力，推动企业节能降耗工作，国务院发布了《中国制造 2025》（国发〔2015〕28 号）、国家发展和改革委员会等七部委发布了《关于印发能效“领跑者”制度实施方案的通知》（发改环资〔2014〕3001 号），工业和信息化部、国家发展和改革委员会、国家市场监督管理总局等三部委发布了《高耗能行业能效“领跑者”制度实施细则》（工信部联节〔2015〕407 号），国家发展和改革委员会等部门发布了《高耗能行业重点领域能效标杆水平和基准水平（2021 年版）》等的要求，大大推进了石油和化工行业节能降耗减排工作，为中国石油和化学工业可持续发展奠定了基础。

（1）乙烯单位产品能源消耗限额规定

根据《高耗能行业重点领域能效标杆水平和基准水平（2021 年版）》，乙烯能效标杆水平为 590 千克标准油 / 吨、基准水平为 640 千克标准油 / 吨。截至 2020 年底，我国蒸汽裂解制乙烯能效优于标杆水平的产能约占 20%，能效低于基准水平的产能约占能 30%。到

2025年，乙烯行业标杆产能比例达到30%以上，能效基准水平以下产能有序开展改造提升，行业节能降碳效果显著，绿色低碳发展能力大幅提高。

（2）制定“十四五”现代能源体系规划

2022年1月29日，国家发展和改革委员会、国家能源局印发《“十四五”现代能源体系规划》，明确要求坚决遏制高耗能高排放低水平项目盲目发展，严格控制钢铁、化工、水泥等主要用煤行业煤炭消费。加强工业领域节能和能效提升，深入实施节能监察、节能诊断，推广节能低碳工艺技术装备，推动重点行业节能改造，加快工业节能与绿色制造标准制修订，开展能效对标达标和能效“领跑者”行动，推进绿色制造。

（3）制定落实行业节能减排工作方案

2021年12月28日，国务院印发《“十四五”节能减排综合工作方案》（国发〔2021〕33号），明确规定：“以钢铁、有色金属、建材、石化化工等行业为重点，推进节能改造和污染物深度治理。推广高效精馏系统、高温高压干熄焦、富氧强化熔炼等节能技术，鼓励将高炉—转炉长流程炼钢转型为电炉短流程炼钢。推进钢铁、水泥、焦化行业及燃煤锅炉超低排放改造，到2025年，完成5.3亿吨钢铁产能超低排放改造，大气污染防治重点区域燃煤锅炉全面实现超低排放。加强行业工艺革新，实施涂装类、化工类等产业集群分类治理，开展重点行业清洁生产和工业废水资源化利用改造。推进新型基础设施能效提升，加快绿色数据中心建设。‘十四五’时期，规模以上工业单位增加值能耗下降13.5%，万元工业增加值用水量下降16%。到2025年，通过实施节能降碳行动，钢铁、电解铝、水泥、平板玻璃、炼油、乙烯、合成氨、电石等重点行业产能和数据中心达到能效标杆水平的比例超过30%。”

3. 乙烯工业绿色低碳发展主要方向及技术路径

2021年我国石化化工行业二氧化碳排放量占中国二氧化碳排放总量8%左右，其中乙烯工业占行业的8%左右。蒸汽裂解生产乙烯是我国乙烯的最主要生产路线，约占我国乙烯总产能的84%，生产过程主要包括裂解炉蒸汽裂解、裂解气压缩和精馏分离三部分。碳排放源主要有裂解炉燃料燃烧二氧化碳排放、热力和电消耗间接排放及火炬排放等，其中燃料燃烧直接排放约占60%、热力和电消耗间接排放约占30%，是最主要的两大二氧化碳排放源。因此提高裂解炉热效率、采用高效分离技术、智能化赋能以及蒸汽驱动向电力驱动转变是蒸汽裂解装置节能减排的有效路径之一。

（1）裂解炉管强化传热技术通过改变裂解炉管内部结构（形状）或材料，以及炉管内流体流动状态，增加接触面积、降低边界层厚度，强化传热，减少燃料消耗和碳排放。

（2）裂解炉管涂层技术可延长裂解炉运行周期和炉管使用寿命，大幅降低结焦速率，减少燃料气消耗。

按功能可分为屏障涂层和催化涂层，屏障涂层主要起到惰性阻隔的作用，抑制结焦；催化涂层在阻隔作用的基础上，通过蒸汽气化反应，催化去除焦炭。

（3）高效分离技术可提高裂解产物分离效率，大幅降低过程用能，是乙烯装置节能减排的重点措施之一。

除采用先进回收系统（ABS）和二元 / 三元制冷技术等不断优化传统精馏分离过程外，科学家也在积极探索新型分离材料。根据分子动力学直径不同，以及乙烯分子中的不饱和键特点，学者合成并研究了多种 MOFs 材料，如 MAF-49、PCN-250 等都被证明具有良好的乙烯 / 乙烷选择性；此外，浙江大学研究了一种新型氢键 - 有机框架材料（HOFs），因独特的非极性 / 惰性孔道表面，可与乙烷产生强作用力，实现乙烷 / 乙烯反转分离，是一种较好的乙烷类吸附剂。但目前这些材料仍处于实验室阶段，需持续研究，争取早日实现工业化应用。

（4）智能控制系统（IPC）通过数据辨识来建立输入变量与输出变量之间的关系模型，预测输出变量趋势并实现闭环控制，可提高装置运行平稳性和产品质量稳定性，降低装置能耗。

目前已有公司将人工智能（AI）技术应用于乙烯生产过程，信息化技术在未来将会更多地帮助优化传统化工生产过程，进一步实现精细绿色生产。

（5）使用绿电为裂解炉供热，有望实现高达 90% 的减排，裂解炉电气化将成为降低乙烯裂解装置碳排放的重要路径。

当前国内外的大型石油石化公司都在进行电加热裂解炉研究。这些技术研究表现在以下几个方面：长寿命和大功率电热炉设计、新型高效电热体材料技术、先进控制系统等，均需实现技术突破，并为战略性和基础性的课题研究与技术攻关，做好技术储备、提供创新引领；重视天然气高附加值利用，加强甲烷制乙烯和合成气制烯烃的研究、开发和投入，力争催化剂等核心技术的突破和解决工程技术问题，早日实现工业化应用；加快废塑料热解油净化技术、二氧化碳制乙烯技术的研发节奏，实现废物的低成本资源化利用；布局第三代生物质制乙烯技术，提升乙醇转化率与选择性。

（6）原油直接制化学品技术略过了原油常减压蒸馏等过程，通过原油直接蒸汽裂解或催化裂解，生产高附加值石化产品，可显著降低生产过程能耗和碳排放。

直接蒸汽裂解主要取决于原油品质，而催化裂解的核心是催化剂。埃克森美孚公司于 2014 年在新加坡建成了全球首套商业化原油直接蒸汽裂解制乙烯装置，采用页岩油，主要工艺改进是在裂解炉对流段和辐射段之间加了一个闪蒸罐，轻质原油经过对流段预热后与稀释蒸汽一起进入闪蒸罐，气液组分分离，其中气态组分 (质量分数为 76%) 进入辐射段进行裂解，液态组分 (质量分数为 24%) 被送至邻近的炼厂或直接销售。相对于传统蒸汽裂解装置，可节省能耗约 5~10 kg EO/ t 原料。沙特阿美的原油催化裂解直接制化学品技术通过了工业试验。原油直接进入加氢裂化装置，脱硫并将高沸点组分转化为低沸点组分；之后经过分离，轻组分进入蒸汽裂解装置，重组分进入沙特阿美自主研发的高苛刻度催化裂化装置，目前尚无相关工业化报道。

（7）在甲烷无氧一步法制乙烯方面，中国科学院大连化物所与中国石油等单位开发出了硅化物（氧化硅或碳化硅）晶格限域的单中心铁催化剂，但目前尚未见到中试试验报道。应继续加强甲烷制乙烯的研发投入，力争催化剂等核心技术的突破和解决专用反应器、分离精制工艺以及工程放大非技术问题，早日实现工业化应用。

（8）合成气是碳资源转化利用的重要平台，主要包括合成气间接制烯烃和直接转化制烯烃两种工艺，间接法是将合成气生成甲醇再制烯烃的过程，而直接法是将合成气在催化剂的作用下通过费托合成制备低碳烯烃。

目前间接法已实现工业化应用，其中较具代表性的有埃克森美孚公司的MTO工艺、UOP/Hydro公司的MTO工艺、中石化的SMTO工艺、中国科学院大连化物所DMTO工艺等。与间接法相比，直接法制低碳烯烃具有流程短、能耗较低等优势。中国科学院大连化物所、清华大学、中石化等都开展了相关研究，应加快研发进程，提高催化剂活性与选择性，力争早日实现工业化。

（9）废塑料生产乙烯是将废塑料通过化学回收的方法生成废塑料热解油，再经净化处理脱除Cl、Si等杂质，进入蒸汽裂解装置生产乙烯，进一步生产聚乙烯等下游产品，实现了塑料的闭环循环，兼具减污、减碳和节省资源的作用。

（10）以二氧化碳为原料通过还原反应生成乙烯，在降低生产排放的同时还实现了二氧化碳的资源化利用。在电化学系统中，氢离子由阳极水产生，二氧化碳在阴极被还原，碳和氢结合成乙烯。

（11）生物质原料生产乙烯可实现源头减碳。

（三）丙烯

1. 丙烯生产现状分析

2018—2022 年，国内丙烯产能持续扩张。2018 年境内产能为 3230.0 万吨，2022 年丙烯总产能达到 5627.0 万吨，年均复合增长率为 14.9%。从产能增长率来看，2018 年，新工艺扩张放缓，导致产能扩张速度下降。2019—2022 年，炼化一体化汹涌来袭，且在碳达峰的背景下，煤 / 甲醇制烯烃脚步放缓，丙烷脱氢及轻烃综合利用项目迅速扩张，特别是丙烷脱氢制丙烯（PDH）新增项目井喷式爆发。

2018—2022 年，国内丙烯产量随着产能同步扩大，而产能扩张的主要原因在于需求增长导致供应缺口持续存在。2018 年境内丙烯产量为 2710 万吨，而 2022 年产量达 4540 万吨，2018—2022 年境内丙烯产量复合增长率为 13.8%。

在开工率方面，2018—2019 年丙烯行业正值景气高峰期，产业链蓬勃发展，开工稳中走高；2019—2021 年丙烯开工率一路小幅走跌，主因近几年为投产高峰期，境内丙烯产能迅速扩张，部分工艺盈利水平转弱，拖累市场开工，加之多数产能往往集中在下半年投产，导致新产能的产量转化率不高。

2. 丙烯生产技术及排放情况

目前丙烯生产分别占我国和全球石化工业碳排放总量的 8% 和 5%。因此，国内外对绿色低碳烯烃生产技术的研发极为重视。当前丙烯的主要生产工艺如下：一种是传统的工艺，包括蒸汽裂解、炼厂催化裂化 FCC 分离、重度催化裂解 DCC 等；另一种是 On-Purpose 工艺，包括丙烷脱氢 PDH、烯烃歧化、MTP 等。

（1）裂解乙烯副产物

蒸汽热裂解乙烯的原料包括石脑油、乙烷、乙烷 / 丙烷、丙烷、混合原料、丁烷、LPG、炼厂干气、柴油等。

裂解乙烯工艺中的乙烯收率与操作参数有一定的关系，但是更主要的是与原料特性有关，从多产乙烯、丙烯的角度，烷烃 > 环烷烃 > 单环芳烃 > 多环芳烃。从乙烷到柴油，相对分子量越大，乙烯、丙烯的收率越低。

乙烷作为原料的双烯（乙烯 + 丙烯）收率在 80% 左右，丙烷为原料约为 60%，石脑油为原料约为 45%。一般情况下，以石脑油为原料的裂解乙烯生产路线，对应的乙烯收率约为 31%，丙烯 16%；而以乙烷为原料的裂解乙烯路线，对应的乙烯收率约 80%，丙烯约 3%。

一套世界级的裂解乙烯装置一般有多台裂解炉，包括循环乙烷裂解炉、轻质原料裂解炉、重质原料裂解炉等，以适应原料的多样化，因此丙烯的产量变动较大。

（2）炼油厂副产物

炼厂丙烯主要来自催化裂化（FCC）、减黏 / 热裂化和焦化等三类装置，其中 FCC 丙烯约占炼厂丙烯的 97%，是丙烯的第二大来源。

催化裂化是炼油厂生产汽油的主要装置之一，常用的催化裂化技术可以分为两类，一类是催化裂化多产汽油，降低烯烃技术如：

MIP、MIP-CGP、FDFCC、MGD 等；另一类是催化裂化多产低烯烃技术，包括 DCC、CPP、MIO、MGG、ARGG 等。

常规的催化裂化中丙烯收率约 4%，乙烯收率小于 1%，混合丁烯收率 10%，汽油收率约 58%；重度催化裂解 DCC 技术是以最大化生产丙烯为目标，丙烯收率可达 20% 以上。

（3）丙烷脱氢 PDH

丙烷脱氢是 On-purpose 的工艺，一般生产一吨丙烯需要 1.2 吨丙烷，少量副产氢气，是近年来快速发展并成为丙烯供应有效补充的工艺路线。

丙烷脱氢是强吸热反应，提高温度和降低压力有利于脱氢反应的进行以提高收率，商业化的反应温度在 500℃ ~680℃范围内，压力在负压和微正压之间。由于是高温反应，副产一些轻烃和重烃；而热分解在催化剂上容易结焦，降低反应活性，因此需要频繁的催化剂再生和复杂的反应器设计。

目前成熟的应用技术包括 UOP 的 Oleflex 工艺、Lummus 的 Catofin 工艺以及 Uhde 的 STAR 工艺等。工艺的主要区别在于催化剂、反应器设计和催化剂的再生方法。

（4）烯烃歧化

烯烃歧化是以乙烯和 2- 丁烯为原料反应生成丙烯的过程，较为成熟的技术主要有 Lummus 公司的 OCT 工艺和 IFP 公司的 Meta-4 工艺。

OCT 工艺需要对碳四原料严格要求，丁二烯、异丁烯以及极性物质如硫、醚、醇、水等含量过高，会导致催化剂活性降低。

（5）甲醇制烯烃 MTO、煤制烯烃 CTO

以甲醇为原料，或煤经过甲醇；其中乙烯/丙烯收率比可在 0.77~1.33 调节；也有以鲁奇公司为代表的 MTP 专门生产丙烯的工艺。

典型的 MTO 装置分为甲醇转化和轻烯烃回收两部分，甲醇转化包括：反应—再生单元、进料汽化和产品急冷单元；轻烃回收包括：产品气压缩及碱洗、冷分离、热分离、丙烯制冷和烯烃催化裂解（OCC）单元。

MTO 的产品气中包含一定量的碳四、碳五烯烃类，需要将此部分烃类进一步转化。

MTP 与 MTO 相比在于催化剂的选择性，由于反应的单程丙烯选择性不高，反应器出口还有大量的乙烯、碳四和碳五等，需要将这些物料返回反应单元，因而会大幅增加装置的投资和能耗。

（6）丙烷直接脱氢吸热反应与选择性燃烧放热反应的耦合工艺

丙烷直接脱氢吸热反应与选择性燃烧放热反应的耦合工艺是天津大学低碳能源化工研究团队在化工领域的重要研究成果。与传统工艺相比，该制备工艺反应温度可降低 30℃~50℃，预期能耗可降低 20%~30%，有望大幅降低二氧化碳排放。该研究率先攻克了新型丙烯低碳生产方法，为绿色低碳化工贡献了中国力量，为我国化工产业优化升级贡献了“天大”的力量。

烯烃的生产技术是一个国家化工行业科学技术水平的重要标志。该项丙烯生产新技术，有望推动烯烃生产的绿色低碳发展，对提升我国在烯烃生产领域的核心竞争力具有重要意义。该项创新技术已获多项国家专利授权，并已进入工业实验阶段，相关技术还将在全国范围内推广应用，以助力实现“双碳”目标，推动全球能源绿色低碳转型。

3. 丙烯行业未来发展趋势

从供给看，“十五五”期间，中国丙烯工业的产能将继续扩大，产业链将继续规模化发展，上下游一体化。2021—2022 年，丙烷脱氢 (PDH) 新增产能将持续密集爆发。预计“十五五”期间，丙烯新增产能将达到 2340 万吨 / 年，总产能将达到 6858 万吨 / 年。与“十三五”期间丙烯的增长方式不同，原油价格长期处于低位，而“十四五”期间国家全面推进碳排放权交易市场，因此以煤为主要原料的烯烃生产工艺面临较大压力，更有利于油制丙烯生产路线和丙烷脱氢工艺路线，特别是丙烷脱氢工艺将成为“十四五”期间丙烯行业的投资热点。预计到“十四五”末，中国丙烷脱氢产能将超过催化裂化产能。而丙烷脱氢工艺的经济性主要取决于作为原料的丙烷和丙烯的价差以及丙烷的稳定获取。

从需求来看，聚丙烯是“十二五”和“十三五”期间国内丙烯消费快速增长的主要动力，其他下游产品消费增速则相对稳定。“十四五”期间，随着国民经济全面进入高质量发展阶段，汽车、家电等传统消费领域发展速度放缓，地方政府加快限塑、禁塑政策，对丙烯下游消费增长产生负面影响。预计“十四五”期间丙烯需求增速将降至 4% 左右，到“十四五”末当量消费量将达到 5590 万吨左右。目前国内丙烯下游产品新增产能以聚丙烯为主，聚丙烯仍以大宗材料为主，产品不够高端和差异化。预计“十四五”期间，丙烯产能将大大超过当量消费，进口缺口将继续缩小，产业链竞争激烈，国内市场将出现大宗原料产能过剩、高端产品进口的局面。

（四）丁二烯

丁二烯通常指 1，3- 丁二烯，是一种无色气体，属于危险化学品。丁二烯是碳四馏分中最重要的组分，也是一种基础化工原料。

1. 丁二烯生产现状分析

据统计，截至 2022 年底，我国丁二烯产能共计 585 万吨（见图 2-36），约占全球产能的 30%。其中中石化和中石油产能占据了大约 45%；其他国企占 13%；私营企业及合资企业占 42%。

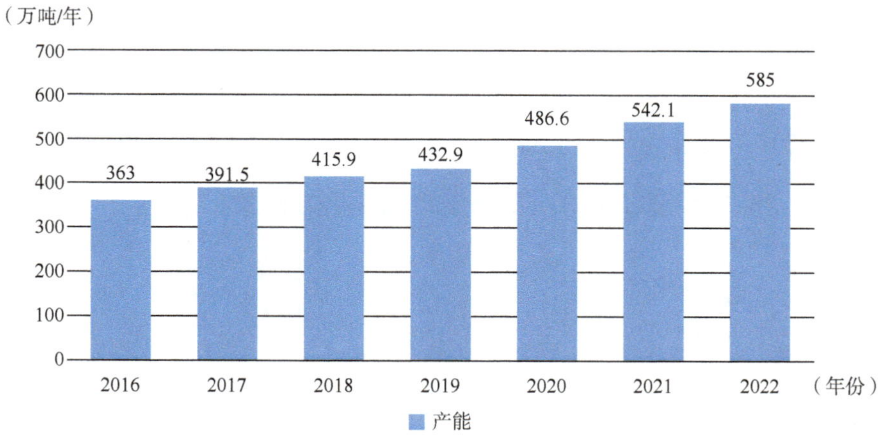

图 2-36　2016—2022 年我国丁二烯产能情况

随着国内产能的增加，丁二烯的产量亦逐年增加。2022 年，中国丁二烯产量达到 421 万吨（见图 2–37），产能利用率约 72%。

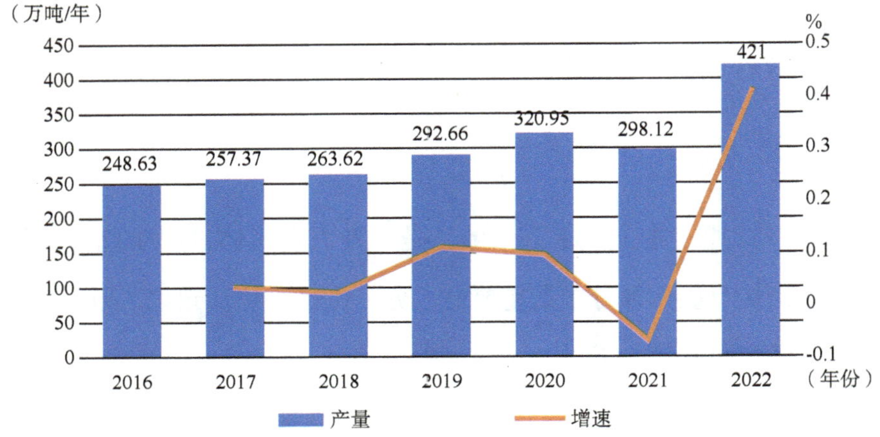

图 2-37　2016—2022 年我国丁二烯产量及增速情况

2022 年国内丁二烯行业产能前三的企业分别是浙江石化、中海壳牌和镇海炼化，产能分别达到 70、35 和 32.5 万吨 / 年，占总产能比重分别是 11.36%、5.68% 和 5.28%（见图 2–38）。丁二烯行业 CR3 超过 20%，头部企业产能优势明显，CR10 为 44.32%，前十大企业占据总产能的半壁江山，对市场供给端影响力较大。

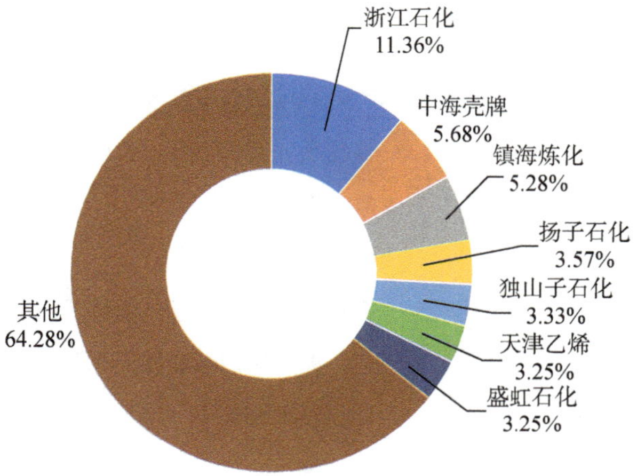

图 2-38　2022 年我国丁二烯行业集中度

2. 丁二烯生产技术创新情况

国内丁二烯工业生产方法主要是碳四抽提法，但此工艺路线主要依赖于不可再生的石油资源，来源较单一，受国际油价影响较大。因此，研究开发丁二烯新的合成方法引起人们的关注，有氧化脱氢法、乙醇法和其他方法，主要在催化剂、设备和生产方法上进行改进更新，降低生产要求难度和提高效率等（见表 2-13）。

表 2-13　国内丁二烯工艺创新改进

工艺	公司	创新
氧化脱氢法	中国石油天然气股份有限公司	催化剂为氧化铝负载铁系复合物经过金属铈改性得到
	浙江大学	设计纳米片结构的磷酸让催化剂

（续表）

工艺	公司	创新
氧化脱氧法	中国石化大连石油化工研究院	催化剂包括氧化铝、氧化铁、氧化锌和 M 的氧化物，其中 M 为 Ca、Mn、Cr、Mo、Mg 和 Si 中的至少 1 种
	中国石化上海石油化工研究院	设计新换热器，换热器在进行气液两相换热时，能够实现两相换热的均匀分布，具有较好的换热效果
乙醇法	中国科学院山西煤炭化学研究所	催化剂为酸碱双功能介孔 Cu、Zn、Zr、Mg、Si 混合金属氧化物
	中国科学院大连化学物理研究所	催化剂包括含有二氧化硅的载体和负载在所属载体上的含有二氧化锡的活性组分
	中国科学院大连化学物理研究所	催化剂为含有过渡金属的 MFI 类型分子筛
其他方法	北京华福工程有限公司	设计乙炔制备丁二烯的催化剂，该催化剂包括有机溶剂、有机离子液体、含氮的盐酸盐、活性组分和助催化剂
	中国石油化工股份有限公司	设计循环利用乙腈的丁二烯分离方法

3. 中国丁二烯前景展望

2021—2025 年，我国民营和外资新增乙烯产能预计占新增产能的 50% 以上。民营企业大举进入全面参与炼化一体化项目，石化行业格局持续转变，逐渐显现出原料来源及下游需求多元化、供需一体化及装置规模化的趋势。

随着我国炼化一体化项目的陆续投建，丁二烯装置仍将继续被动增加，整体供应面仍存增长预期。但下游行业新增产能有限，国内需求难有突破，预计丁二烯行业供大于求的局面将难以改变，行业仍将处于基本面低迷的环境中。

在国内丁二烯新增产能不断扩张的同时，下游产能亦在不断释放。随着下游消费领域的拓展，己二腈和大批 ABS 装置陆续上马，国内丁二烯的消耗量不断增加。

同时，丁二烯进口预期不断减少，出口预期持续增加。虽然需求会不断增加，但在产能依旧不断扩张的情况下，国内丁二烯供需格局依旧处于供应面相对宽松的局面。

为更好地平衡供需格局，国内丁二烯企业将会把目光转移到国际市场。国内丁二烯的出口对国际市场的影响力亦会逐步增强。对丁二烯行业来说，出口或将成为常态，并导致国内进出口格局发生转变。

（五）乙二醇

乙二醇（Ethylene Glycol）又名“甘醇”“1，2- 亚乙基二醇”，简称 EG，是一种无色有甜味的液体，作为非常重要的大宗工业品。目前中国乙二醇产量超过 1200 万吨，随着中国乙二醇产能不断扩大，产量也将继续上升。

1. 乙二醇生产现状分析

中国乙二醇行业年产能呈现逐年上升的趋势。2022 年 12 月起，中国大陆地区乙二醇总产能为 2519.5 万吨，煤制乙二醇总产能为 1045 万吨，新增陕西榆林化学剩余 120 万吨 / 年的新产能。2023 年国内乙二醇预计新投产 300 万吨产能装置，国外约投产 85 万吨产能装置。中国乙二醇产能区域分布呈现“东多西少”的格局，华东地区产能分布占比超过 50%，是乙二醇产能的主要分布区域，其次是华北地区，产能分布约为 14%，而其余地区的产能均不超过 10%（见图 2-39）。

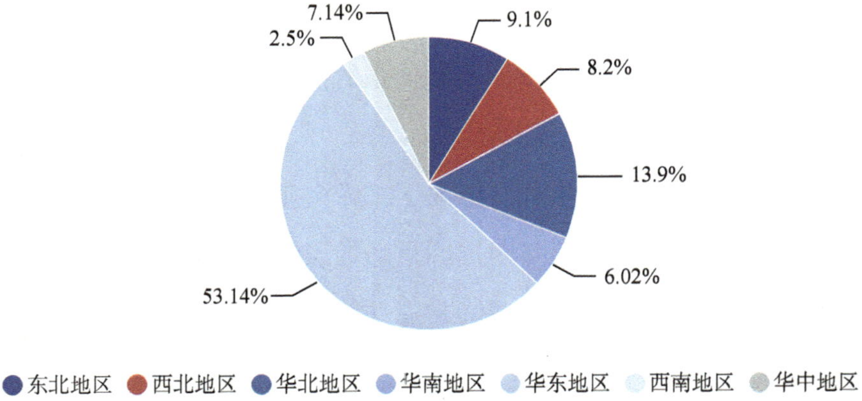

图 2-39　乙二醇行业区域产能分布情况

随着投产装置不断增多，乙二醇产量逐年提升。2022 年 1—12 月累计产量为 1327.8 万吨，同比增加 137.01 万吨，同比增长 11.51%，产量增加较为明显。2023 年 1 月份乙二醇产量为 121.68 万吨（图 2-40），环比下降 1.19%，同比增加 13.54%。全球乙二醇产量主要集中在沙比克、陶氏、中石化等几大生产企业。

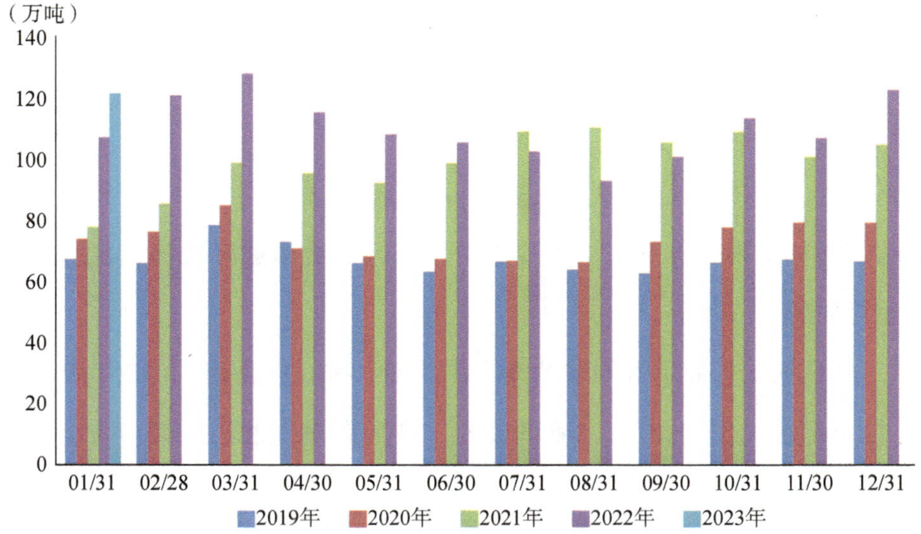

图 2-40　2019—2023 年乙二醇产量情况

2. 乙二醇绿色生产政策

2012 年,《工业节能“十二五”规划》强调组织实施好煤制乙二醇现代煤化工示范工程，并对乙二醇生产装置进行节能技术改造；到了 2016 年,《关于实施制造业升级改造重大工程包的通知》提出有序建设乙二醇现代煤化工示范工程，对煤制乙二醇产业现代化提出了发展要求；紧接着,《现代煤化工产业创新发展布局方案》提出有序开展煤制乙二醇产业化工程，完善相关技术装备及系统；到了 2020 年后，国家层面对乙二醇产业的要求从之前的“有序建设”“产业化”向着“节能降耗”“绿色低碳”进行转移。到了 2021 年，国家层面先后提出鼓励推广煤制乙二醇技术应用和节能降碳；到了 2022 年，煤制乙二醇质量提升和绿色低碳技术研发与推广是行业主要发展方向。

综合来看，煤制乙二醇技术是国家层面一直以来重点推广的主要制备乙二醇工艺路径。另外，从2012年的生产装置节能技术改造到2022年的推进乙二醇产业整体绿色低碳技术研发，从部分到整体的节能技术推广体现了国家层面对乙二醇产业节能降耗的重视程度逐年加深。

《高耗能行业重点领域节能降碳改造升级实施指南(2022年版)》(以下简称《实施指南》)在煤制乙二醇和天然气制乙二醇上提出相关发展要求和中期目标。

煤制乙二醇方面。能效标杆水平为1000千克标煤/吨，基准水平为1350千克标煤/吨。根据《高耗能行业重点领域节能降碳改造升级实施指南（2021年版）》信息，截至2020年底，煤制乙二醇行业能效优于标杆水平的产能约占20%，能效低于基准水平的产能约占40%。天然气制乙二醇方面。《实施指南》主要提及电石炉气制天然气联合乙二醇技术工艺，以及要推动电石炉气资源合理利用。

3. 乙二醇生产技术情况

从产业链角度来看，乙二醇上游主要是石油、煤炭、天然气以及甲醇等原材料。中游市场方面，根据乙二醇制备工艺的不同，主要分为油制乙二醇和煤制乙二醇，其中油制工艺又分为石脑油原料法以及乙烷原料法（天然气制），均是通过生产乙烯经环氧乙烷进而生产乙二醇；煤制工艺包括草酸酯法、甲醇合成法以及直接合成法。油制乙二醇产能最多，且应用最广，但受制于原油的价格；煤制乙二醇流程短，原料来源广泛且价格低廉，但环境负荷大，且装置前期投入金额巨大，成本较高。

截至2023年2月2日，中国大陆地区乙二醇整体开工负荷在62.40%，其中煤制乙二醇开工负荷在56.19%。对于国内煤制乙二醇装置开工率不高的原因，主要包括其项目投产过多、产品供过于求，并且还和蒸汽消耗高以及无上下游产业链正相关，或是项目建在西部，导致运输费用过高等，同时还受到国家“双碳”战略以及企业安全问题、高成本等因素影响。由于煤制乙二醇在生产过程中，副产了不同于石油路线的醛、酸、醇、酯类微量杂质，可能会对高档纺丝产品染色产生不利影响，因此下游聚酯纺丝企业更倾向于油制乙二醇，大大压缩了煤制乙二醇装置的生存空间。基于我国“煤多油少”的能源结构，我国大力推广煤制乙二醇的生产路线，油制技术和煤制技术已成为我国可以进行规模化制备乙二醇的技术，在“双碳”的大背景下，绿色、环保、节能将成为乙二醇行业的发展方向。

六、石化行业绿色发展面临的主要问题

（一）石化产业用能以化石能源为主，降碳难度较大

石化产业是我国国民经济的重要支柱产业，既具有技术密集、规模大、产值高、产业链条长、产品种类丰富、与人民生活息息相

关等特点，又是高耗能、高碳排放行业。相较于国际先进水平，我国在催化裂化、催化重整等能耗指标方面仍有较大进步空间（见表2–14）。在能耗优化和综合利用方面，与国际领先企业相比仍有较大差距。此外，碳排放源主要来自化石燃料燃烧（33.0%）、工业生产过程（33.6%）、外购电力和热力（33.0%）以及其他碳排放（0.4%），石化行业中燃料及动力的碳排放占比达到三分之二。其中，化石燃料燃烧和工业生产过程中的碳排放基本只涉及炼油、乙烯和对二甲苯，其他产品的碳排放基本来自净购入的电力和热力。化工产业虽然低碳转型有了一定进展，但是仍存在巨大发展空间。

表2–14　中国主要炼化工艺2020年水平与美国2010年行业水平对比

工艺	美国2010年能耗/（kg标准油．t^{-1}）			中国2020年能耗/（kg标准油．t^{-1}）
	平均	先进	最佳（技术进步）	
常压蒸馏	20.14	17.37	10.53	8.67（常减压综合）
减压蒸馏	16.44	14.23	9.98	8.67（常减压综合）
催化裂化	33.81	29.19	24.57	44.44
加氢裂化	29.38	25.68	19.77	23.06
催化重整	48.77	43.05	32.89	60.28
延迟焦化	27.34	24.39	15.70	34.68

（二）技术创新和技术应用面临挑战

石化企业低碳发展面临技术突破和技术应用的双重挑战。首先，高碳排放生产环节缺少显著降碳技术，虽然开展了各类CCUS和BECCUS技术示范项目，但技术经济性尚需进一步提升，规模化应用仍有差距；绿氢、绿电大规模应用技术时机仍不成熟。其次，受复杂流程工业体系制约，低碳单元技术需要在总流程优化的基础上才能体现最大低碳价值，新技术与现有流程耦合难度增大。最后，石化行业数字化进程相较于其他行业起步较晚，多能耦合的智慧低碳能源系统在石化行业尚未应用。

（三）产业格局和盈利模式面临升级

当前，我国炼油、乙烯、合成氨、电石、烧碱、甲醇等重点高载能行业产值约占全行业产值的40%，而化工新材料产值占比仅约8%，远低于欧美等发达国家水平。要建设先进高效的石化化工产业体系，就要推动传统产业转型升级。大力发展化工新材料，积极开发优质、耐用、可循环的绿色化工产品，推动非粮生物基材料的创新发展。

此外，面对全行业、全周期低碳转型的逐步深化，来自化工行业下游产业对低碳原料、产品的需求日益上升；下游产业的变化，如新能源汽车的推广，降低了对石化行业传统高碳产品的需求；监管政策对高耗能项目新增产能的控制，以及新材料技术迭代、替代产品出现等，加剧了石化行业内部竞争与淘汰，行业集中度升高。在业务和产品调整的过程中，企业面临管理、运营模式和盈利能力重塑。

（四）化工园区发展面临的挑战

1. 园区内企业分布密集，风险升高

化工园区的本质是化工产业资源的聚集，遵循园区集中、集约用地、环境保护、节能降耗的要求，通过调整、兼并、重组，提高化工企业集聚度，实现“基地化、大型化、一体化”。与此同时，过多的化工企业聚集，可能导致高危物料、高危装置、高危生产、高危储存、高危作业集聚，生产安全风险升高。

2. 各园区建制不一，安全建设水平不同步

由于各地经济条件、政策条件的不同，化工园区的整体安全建设水平也不同。经济条件好、政策支持力度大的地方，化工园区拥有较好的安全生产管理水平，反之，化工园区的安全水平就较低。同时，部分城市为谋求自身经济发展，秉持先发展后安全的思路，招商引资安全准入把关不够严格，致使入园企业本质安全化程度不高，产业链关联度较低，企业布局不甚合理，加大了后期安全监管难度。

3. 公共设施领域安全基础待加强

国际上工业区基础设施建设一般有两种模式：一是先招商建厂，根据生产的需要和扩展情况逐步解决交通、供电、供水、排污等问题；二是从整个工业区全面发展出发，按照总体建设规划的要求，先投入主要力量建成完整的基础设施，为工业区的发展打下坚实基础。

化工园区的基础设施建设若采用第一种模式，虽然有效缓解了

前期建设资金不足的难题，但同时也带来了新的问题。第一，边招商边建设边生产会造成交叉施工作业，各主体间相互影响，责任边界扩大，各利益主体相互间难以协调，加大了安全管理难度；第二，部分化工园区建设产业关联度不高，公共建设资金有限，难以满足多主体需要，公共安全领域基础设施建设滞后；第三，化工园区供水、供电、照明、蒸汽等公共基础建设标准与市政标准不同，若执行市政标准则会增加安全风险。

4. 追求经济效益下，也要重视自身监管

目前，我国有的化工园区处于“放养”状态，园区以经济效益为第一要务，缺乏对入园项目系统的审批与考评机制，对园内企业的日常监管与安全风险排查不到位，也没有处理应急事件的能力，严重拉低了化工园区的整体安全生产管理水平。

5. 园区应急管理能力须进一步提高

根据国家安全生产应急救援指挥中心统计数据可知，目前危险化学品应急救援主要依靠武警消防力量和中石化、中石油等央企的应急救援力量。一方面，部分重点化工区域尚无应急救援队布局；另一方面，化工园区建设应急救援力量较为分散，资源难以得到有效整合，未能形成集中战斗力。总体来说，应急救援力量远不能满足其要求。同时，针对化工园区装置集约化、一体化、大型化、风险积聚化给安全生产应急救援工作带来的新问题，园区管理者如何开展工作提高应急管理能力，应急救援工作的可靠性，国内学术界尚在探索阶段。

绿色发展指数篇

一、石化行业企业绿色发展指数的研究意义

近年来，全球区域性环保政策密集出台，发达国家不断提高绿色壁垒，逐步限制高排放、高环境风险产品的生产与使用，对我国石化行业企业参与国际竞争提出了更大挑战。我国石化行业企业需尽快转变传统的发展模式，将“绿色”与企业经济发展相结合，推行可持续发展，增强绿色竞争力。然而，企业要进行绿色变革，首先需要识别企业的绿色发展情况，评估自身的绿色发展能力，这就需要一套科学、合理、客观，且符合石化行业生产经营发展特点的企业绿色发展指数评价模型，从不同维度帮助石化企业识别和评估其绿色发展能力水平和发展潜力，从而为我国石化行业企业绿色发展战略的制定，提供有效的决策参考。

为此，《蓝皮书》研究团队探索提出的石化行业企业绿色发展指数模型，以及利用该指数模型开展的石化行业企业绿色发展能力评价研究工作旨在达成如下目的。

一是服务政府和监管机构。通过对石化行业企业绿色发展能力的评价，有利于相关部门对石化企业绿色表现有更加及时、充分、全面的了解，能够更全面完整地评估企业绿色发展绩效。一方面，促进社会和经济的可持续发展，使得企业发展符合宏观经济转型方向；另一方面，有助于提前做好绿色环保风险防范的准备，降低企业环保违规的发生概率。

二是引导行业和企业。通过开展石化行业企业绿色指数的比较研究，指出石化企业绿色发展切实需要改变或者有待改善的着力点，为企业绿色发展战略的制定，提供有效的决策参考。同时，促进整个石化行业的绿色发展，为石化行业实现高质量发展、增强绿色竞争力提出建议意见。

二、石化行业企业绿色发展指数模型介绍

（一）绿色发展评价模型

通过研究和总结国内外绿色可持续发展相关理论与企业绿色发展评价实践经验，结合石油和化工行业领域企业生产经营发展的特点，在遵循科学性、系统性、目标性、简明性和可操作性等基本原则下，本研究团队研究、设计并提出了一套用于评价石油和化工行业企业绿色发展能力水平的指数模型体系。

该模型体系设置绿色管理指数、绿色生产指数、绿色增长指数三个次级指数，旨在从行动、生产、业绩三方面综合评价企业的绿色发展。从次级指数开始往下依次为一级指标和二级指标，重点关注具有石油和化工行业特征的因素，如能源资源、污染物排放、设施设备等，综合选取定性与定量指标，搭建了一套全面、立体、科学的石油和化工行业企业绿色发展评价指数模型。具体指标体系如图 3-1 所示。

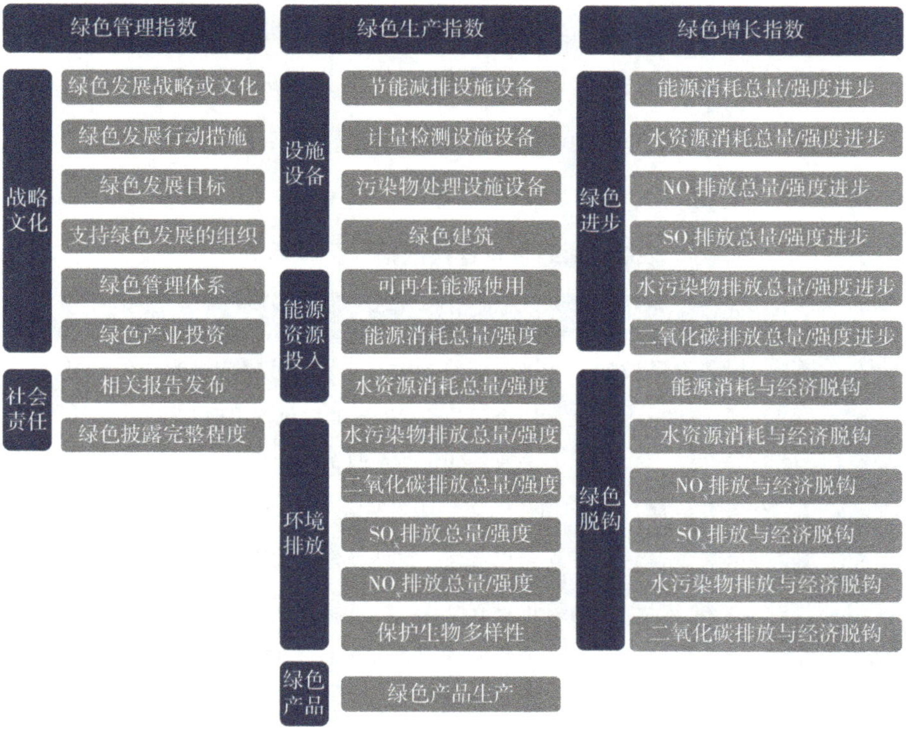

图 3-1　石化行业企业绿色发展指数评价模型指标体系

1. 绿色管理指数

绿色管理指数重点关注石油和化工行业企业的绿色发展背景及战略，考察企业所处的竞争环境及企业的发展战略，确定企业是否具有明确的绿色发展意识、理念、意向、部署和行动。在战略上，企业应该有一个明确、可行、连贯的绿色发展战略，且能真实反映其市场定位、资源效率和局限性；在目标上，企业应拥有被企业内部所有人认可的、明确的绿色发展目标；在管理上，企业应设置有效、完整的组织部门来管理绿色生产经营活动，且对相关决策有充分的控制权。

绿色管理指数包含 2 个一级指标，分别为战略文化和社会责任，向下包括 8 个二级指标，具体指标及描述如表 3-1 所示。

表 3-1　绿色管理指数指标及说明

一级指标	二级指标	说明
战略文化	绿色发展战略或文化	企业是否将绿色写入发展战略或企业文化，用以确定企业是否有明确的绿色发展理念
	绿色发展行动措施	企业是否制定符合绿色发展的企业经营行动措施，相关措施包括资源减少措施、用水效率措施、能源效率措施、可持续包装措施、绿色供应链措施、降低排放措施、员工健康与安全保障措施等
	绿色发展目标制定情况	企业设定的绿色发展目标的完整程度，相关目标包括资源减少目标、用水效率目标、能源效率目标和排放目标等
	支持绿色发展的组织	企业是否建立旨在支持绿色发展的组织机构和团队
	绿色发展管理体系	企业建立、实施满足绿色发展的管理体系的完善程度，相关管理体系包括质量管理体系、职业健康安全管理体系、环境管理体系、能源管理体系和环境风险防控体系等
战略文化	绿色产业投资	企业是否开展相关绿色产业的投资，用以衡量企业在支持绿色发展方面的投资意愿

（续表）

一级指标	二级指标	说明
社会责任	相关报告发布	企业是否单独编制并向社会公众发布相关绿色发展的报告，如社会责任报告、可持续发展报告或ESG报告等
	绿色信息披露	企业向社会公众所披露的绿色相关信息的完整程度，用以衡量企业信息披露社会责任的履行情况

2. 绿色生产指数

绿色生产指数重点关注企业在生产制造流程上的绿色表现。根据企业生产加工环节和流程，企业应对生产加工生命周期全过程进行管控。从基础设施上看，企业生产应配置符合绿色要求且支持节能减排的设施设备。从生产投入上看，企业在生产过程中应做到能源资源投入的节约化、低碳化。从产出上看，企业应在提供绿色生态产品的同时，对外界环境的污染物排放和碳排放最小化，保持对生态环境的友好。

绿色生产指数从以上几个要点出发，设置了4个一级指标，分别为设施设备、能源资源投入、环境排放和绿色产品，系统性考察企业在生产方面的基础设施支撑、生产制造系统输入和输出两端的绿色表现。一级指标向下又包括19个二级指标，具体指标及描述如表3-2所示。

表 3-2　绿色生产指数指标及说明

一级指标	二级指标	说明
设施设备	节能减排设施设备	企业是否配置旨在降低能源与资源消耗，减少污染物排放的专用和通用设施设备
设施设备	计量检测设施设备	企业是否配备、使用和管理能源、水以及其他资源的计量器具和装置
	污染物处理设施设备	企业是否投入并正常运行适宜的污染物处理设备，以确保其污染物排放达到相关法律法规及标准要求
	绿色建筑	企业是否建设并使用符合相关标准的绿色建筑
能源资源投入	可再生能源使用	企业是否在经营或生产过程中采用绿色低碳的可再生能源
	能源消耗总量	企业在经营或生产过程中所有经营活动包括办公、生产、运输等产生的综合能耗
	能源消耗强度	企业每百万美元营业收入所消耗的综合能耗
	水资源消耗总量	企业在经营或生产过程中所有经营活动包括办公、生产、运输等产生的综合水耗
	水资源消耗强度	企业每单位营收所消耗的综合水耗
环境排放	NO_x 排放总量	企业在经营或生产过程中所有经营活动包括办公、生产、运输等向外界排放的 NO_x 总量
	NO_x 排放强度	企业每百万美元营业收入所排放的 NO_x 数量
	SO_x 排放总量	企业在经营或生产过程中所有经营活动包括办公、生产、运输等向外界排放的 SO_x 总量

（续表）

一级指标	二级指标	说明
环境排放	SO_x 排放强度	企业每百万美元营业收入所排放的 SO_x 数量
	水污染物排放总量	企业在经营或生产过程中所有经营活动包括办公、生产、运输等向外界排放的水污染物总量
	水污染物排放强度	企业每百万美元营业收入所排放的水污染物数量
	二氧化碳排放总量	企业在经营或生产过程中所有经营活动包括办公、生产、运输等向外界排放的二氧化碳总量
	二氧化碳排放强度	企业每百万美元营业收入所排放的二氧化碳数量
	保护生物多样性	企业在经营或生产活动中是否存在减少生物多样性影响的行为
绿色产品	绿色产品生产	企业所生产的产品中是否有被权威机构认证的绿色生态产品

3. 绿色增长指数

绿色增长指数重点考察石油和化工行业企业在发展过程中兼顾环境生态和经营业绩的综合表现，一方面关注企业致力于提高绿色绩效表现的情况，另一方面强调业绩与环境的协调发展，注重业绩和环境双赢的社会效果。

绿色增长指数共设置了 2 个一级指标，分别为绿色进步和绿色脱钩。绿色进步重点考察企业在能源消耗、水资源消耗、污染物排放和碳排放等方面的进步情况。绿色脱钩考察以上几个维度与业绩增长的脱钩程度。绿色增长指数向下包括 18 个二级指标，具体指标及说明如表 3-3 所示。

表 3-3　绿色增长指数指标及说明

一级指标	二级指标	说明
绿色进步	能源消耗总量进步	企业当期能源消耗总量较前期能源消耗总量的变化情况
	能源消耗强度进步	企业当期能源消耗强度较前期能源消耗强度的变化情况
	水资源消耗总量进步	企业当期水资源消耗总量较前期水资源消耗总量的变化情况
	水资源消耗强度进步	企业当期水资源消耗强度较前期水资源消耗强度的变化情况
	NO_x 排放总量进步	企业当期 NO_x 排放总量较前期 NO_x 排放总量的变化情况
	NO_x 排放强度进步	企业当期 NO_x 排放强度较前期 NO_x 排放强度的变化情况
	SO_x 排放总量进步	企业当期 SO_x 排放总量较前期 SO_x 排放总量的变化情况
	SO_x 排放强度进步	企业当期 SO_x 排放强度较前期 SO_x 排放强度的变化情况
	水污染物排放总量进步	企业当期水污染物排放总量较前期水污染物排放总量的变化情况
	水污染物排放强度进步	企业当期水污染物排放强度较前期水污染物排放强度的变化情况

（续表）

一级指标	二级指标	说明
绿色进步	二氧化碳排放总量进步	企业当期二氧化碳排放总量较前期二氧化碳排放总量的变化情况
	二氧化碳排放强度进步	企业当期二氧化碳排放强度较前期二氧化碳排放强度的变化情况
绿色脱钩	能源消耗绿色脱钩	企业当期与前期能源消耗变化情况与业绩表现指标变化情况的对比程度
	水资源消耗绿色脱钩	企业当期与前期水资源消耗变化情况与业绩表现指标变化情况的对比程度
	NO_x 排放绿色脱钩	企业当期与前期 NO_x 排放变化情况与业绩表现指标变化情况的对比程度
	SO_x 排放绿色脱钩	企业当期与前期 SO_x 排放变化情况与业绩表现指标变化情况的对比程度
	水污染物排放绿色脱钩	企业当期与前期水污染物排放变化情况与业绩表现指标变化情况的对比程度
	二氧化碳排放绿色脱钩	企业当期与前期二氧化碳排放变化情况与业绩表现指标变化情况的对比程度

（二）绿色发展指数测算

1. 指标数据获取

本研究所构建的石化行业企业绿色发展指数评价指标体系包含定性指标、直接定量指标（原始数据无须计算）和间接定量指标

（利用原始数据进行计算），已充分考虑指标数据的可获取性及评价的可操作性，各项指标数据均来自企业官网、年报、社会责任报告、可持续发展报告、ESG 报告等企业公开数据。对于定性指标，通过上市公司的相关资料与报告披露进行打分赋值；对于直接定量指标，进行单位统一、数据清洗等操作确保可比性和正确性；对于间接定量指标，按照指标处理方法进行计算。此外，部分评价企业的部分指标存在无法直接获取或缺失情况，采用相关数据测算（如能耗采用用电量、用煤量等数据进行能量转换计算）、同类型相似规模企业数据赋值、平均值赋值、取上一年度数据等方式进行补齐。

考虑到评价结果的时效性，本研究指标数据的基准年份为 2022 年，即报告中所采用的相关定性及定量数据均为 2022 年度企业公开发布的数据。

2. 指标处理

本研究所构建的石化行业企业绿色发展指数评价指标体系既包含定性指标，又包含定量指标，需要将定性指标定量化、定量指标无量纲处理。同时，部分定量指标需要利用原始数据进一步计算，再进行标准化处理。具体的数据计算与处理方法如下。

（1）定性指标量化处理

定性指标的量化处理主要采用 0~1 赋值的处理方式，各指标的处理方式如表 3-4 所示。

表 3-4　定性指标的处理方法说明

指标	处理方式
绿色发展战略或文化	企业如将绿色写入发展战略或企业文化中，赋值为 1；否则为 0
绿色发展行动措施制定情况	企业资源减少措施、用水效率措施、能源效率措施、可持续包装措施、绿色供应链措施、降低排放措施、员工健康与安全保障措施等 7 个行动措施的制定情况，制定 0 个为 0，制定 7 个为 1 分，其余按制定行动措施数量在 0~1 范围内线性赋值
绿色发展目标制定情况	企业资源减少目标、用水效率目标、能源效率目标和排放目标等 4 个目标制定情况，制定 0 个为 0，制定 4 个为 1 分，其余按制定目标数量在 0~1 范围内线性赋值
支持绿色发展的组织	企业如建立旨在支持绿色发展的组织机构和团队，赋值为 1；否则为 0
绿色发展管理体系	企业质量管理体系、职业健康安全管理体系、环境管理体系、能源管理体系和环境风险防控体系等 5 个管理体系建立情况，建设 0 个为 0，建设 5 个为 1 分，其余按管理体系数量在 0~1 范围内线性赋值
绿色产业投资	企业如有开展相关绿色产业的投资，赋值为 1；否则为 0
相关报告发布	企业如有单独编制并向社会公众发布相关绿色发展的报告，赋值为 1；否则为 0
节能减排设施设备	企业如有配置旨在降低能源与资源消耗，减少污染物排放的专用和通用设施设备，赋值为 1；否则为 0

（续表）

指标	处理方式
计量检测设施设备	企业如有配备、使用和管理能源、水以及其他资源的计量器具和装置，赋值为1；否则为0
污染物处理设施设备	企业如有投入并正常运行适宜的污染物处理设备，以确保其污染物排放达到相关法律法规及标准要求，赋值为1；否则为0
绿色建筑	企业如有建设并使用符合相关标准的绿色建筑，赋值为1；否则为0
可再生能源使用	企业如在经营或生产过程中采用绿色低碳的可再生能源，赋值为1；否则为0
保护生物多样性	企业在经营或生产活动中如存在减少生物多样性影响的行为，赋值为1；否则为0
绿色产品生产	企业所生产的产品中如有为权威机构认证的绿色生态产品，赋值为1；否则为0

（2）计算指标的计算方法

本研究所构建的石化行业企业绿色发展指数指标体系中包含的计算指标，需要利用原始数据计算得到，以下为相关指标计算方法。

表3-5　计算指标的计算方法说明

指标	计算方法
能源消耗强度	统计期内能源消耗总量 / 统计期内企业营业总额，值越低越好

（续表）

指标	计算方法
水资源消耗强度	统计期内水资源消耗总量 / 统计期内企业营业总额，值越低越好
NO_x 排放强度	统计期内 NO_x 排放总量 / 统计期内企业营业总额，值越低越好
SO_x 排放强度	统计期内 SO_x 排放总量 / 统计期内企业营业总额，值越低越好
水污染物排放强度	统计期内水污染物排放总量 / 统计期内企业营业总额，值越低越好
二氧化碳排放强度	统计期内二氧化碳排放总量 / 统计期内企业营业总额，值越低越好
能源消耗总量进步	能源消耗总量增长率 = 当期能源消耗总量 / 前期能源消耗总量 −1，值越低越好
能源消耗强度进步	能源消耗强度增长率 = 当期能源消耗强度 / 前期能源消耗强度 −1，值越低越好
水资源消耗总量进步	水资源消耗总量增长率 = 当期水资源消耗总量 / 前期水资源消耗总量 −1，值越低越好
水资源消耗强度进步	水资源消耗强度增长率 = 当期水资源消耗强度 / 前期水资源消耗强度 −1，值越低越好
NO_x 排放总量进步	NO_x 排放总量增长率 = 当期 NO_x 排放总量 / 前期 NO_x 排放总量 −1，值越低越好
NO_x 排放强度进步	NO_x 排放强度增长率 = 当期 NO_x 排放强度 / 前期 NO_x 排放强度 −1，值越低越好

（续表）

指标	计算方法
SO_x 排放总量进步	SO_x 排放总量增长率 = 当期 SO_x 排放总量 / 前期 SO_x 排放总量 −1，值越低越好
SO_x 排放强度进步	SO_x 排放强度增长率 = 当期 SO_x 排放强度 / 前期 SO_x 排放强度 −1，值越低越好
水污染物排放总量进步	水污染物排放总量增长率 = 当期水污染物排放总量 / 前期水污染物排放总量 −1，值越低越好
水污染物排放强度进步	水污染物排放强度增长率 = 当期水污染物排放强度 / 前期水污染物排放强度 −1，值越低越好
二氧化碳排放总量进步	二氧化碳排放总量增长率 = 当期二氧化碳排放总量 / 前期二氧化碳排放总量 −1，值越低越好
二氧化碳排放强度进步	二氧化碳排放强度增长率 = 当期二氧化碳排放强度 / 前期二氧化碳排放强度 −1，值越低越好
能源消耗绿色脱钩	能源消耗总量增长率 / 营业总额增长率
水资源消耗绿色脱钩	水资源消耗总量增长率 / 营业总额增长率
NO_x 排放绿色脱钩	NO_x 排放总量增长率 / 营业总额增长率
SO_x 排放绿色脱钩	SO_x 排放总量增长率 / 营业总额增长率
水污染物排放绿色脱钩	水污染物排放总量增长率 / 营业总额增长率
二氧化碳排放绿色脱钩	二氧化碳排放总量增长率 / 营业总额增长率

针对绿色脱钩指标，引入 Tapio 脱钩指数理论方法，分子为绿色表现变化指标 ΔE，分母为经济表现变化指标 ΔY，两者的比值即为脱钩指数 e，可为正数也可为负数，每种计算结果均有两种情况，需要分开讨论，具体如表 3–6 所示。

表 3-6　绿色脱钩指标解释

指标解释	数值含义
$\Delta E<0$，$\Delta Y>0$，$e<0$	绝对脱钩
$\Delta E>0$，$\Delta Y>0$，$0 \leqslant e<0.8$	相对脱钩
$\Delta E>0$，$\Delta Y>0$，$0.8 \leqslant e<1.2$	增长连结
$\Delta E>0$，$\Delta Y>0$，$e \geqslant 1.2$	扩长负脱钩
$\Delta E<0$，$\Delta Y<0$，$e \geqslant 1.2$	衰退脱钩
$\Delta E<0$，$\Delta Y<0$，$0.8 \leqslant e<1.2$	衰退连结
$\Delta E<0$，$\Delta Y<0$，$0 \leqslant e<0.8$	弱负脱钩
$\Delta E>0$，$\Delta Y<0$，$e<0$	强负脱钩

（3）指标数据标的准化

标准化结果需符合逻辑性、客观性原则。本研究针对定性指标，直接采用打分赋值的方法进行无量纲处理，对于定量指标则主要采用离差标准化的方式进行无量纲处理，所采取的离差标准化为 0–1 标准化，将原始数据进行线性变换，使结果落到 [0，1] 区间，分数越高表示表现越好。转换函数如下：

$$x^{*}=1-\left|\frac{x-x_{适宜值}}{\max-\min}\right|$$

其中，x^* 为将 x 进行标准化后的值，$x_{适宜值}$为对应表现最好的指标值，max 为样本数据的最大值，min 为样本数据的最小值。对定量指标进行标准化的关键在于找到 $x_{适宜值}$。在样本范围内，数值与适宜值越近，得分越高。

3. 指标赋权

指标权重指每个评价指标在指数体系中所占的比重，体现其在整个指标体系中的重要程度。如上文所述，本研究中指标模型的一级指标实际仅为二级指标的归纳，因此，为了保证评价的客观性，暂不对各一级指标的重要程度进行评价判断，而是直接采用平均赋权法，对三个次级指数直接进行平均赋权处理，然后再向下对二级指标进行平均赋权处理，以生成具体指标的权重，如表 3-7 所示。

表 3-7　绿色发展指数指标体系权重

次级指数	一级指标	二级指标	权重
绿色管理指数（权重 0.333）	战略文化	绿色发展战略或文化	0.0417
		绿色发展行动措施制定情况	0.0417
		绿色发展目标制定情况	0.0417
		支持绿色发展的组织	0.0417
		绿色发展管理体系	0.0417
		绿色产业投资	0.0417
	社会责任	相关报告发布	0.0417
		绿色信息披露	0.0417
绿色生产指数（权重 0.333）	设施设备	节能减排设施设备	0.0175
		计量检测设施设备	0.0175
		污染物处理设施设备	0.0175
		绿色建筑	0.0175

（续表）

次级指数	一级指标	二级指标	权重
绿色生产指数（权重 0.333）	能源资源投入	可再生能源使用	0.0175
		能源消耗总量	0.0175
		能源消耗强度	0.0175
		水资源消耗总量	0.0175
		水资源消耗强度	0.0175
	环境排放	NO_x 排放总量	0.0175
		NO_x 排放强度	0.0175
		SO_x 排放总量	0.0175
		SO_x 排放强度	0.0175
		水污染物排放总量	0.0175
		水污染物排放强度	0.0175
		二氧化碳排放总量	0.0175
		二氧化碳排放强度	0.0175
		保护生物多样性	0.0175
	绿色产品	绿色产品生产	0.0175
绿色增长指数（权重 0.333）	绿色进步	能源消耗总量进步	0.0185
		能源消耗强度进步	0.0185
		水资源消耗总量进步	0.0185
		水资源消耗强度进步	0.0185
		NO_x 排放总量进步	0.0185
		NO_x 排放强度进步	0.0185

（续表）

次级指数	一级指标	二级指标	权重
绿色增长指数（权重 0.333）	绿色进步	SO_x 排放总量进步	0.0185
		SO_x 排放强度进步	0.0185
		水污染物排放总量进步	0.0185
		水污染物排放强度进步	0.0185
		二氧化碳排放总量进步	0.0185
		二氧化碳排放强度进步	0.0185
	绿色脱钩	能源消耗绿色脱钩	0.0185
		水资源消耗绿色脱钩	0.0185
		NO_x 排放绿色脱钩	0.0185
		SO_x 排放绿色脱钩	0.0185
		水污染物排放绿色脱钩	0.0185
		二氧化碳排放绿色脱钩	0.0185

4. 评价企业选取

综合考虑评估数据的可获得性、完整性和代表性，本研究选取了 49 家环境及生产数据披露相对完善的石油和化工行业上市企业，作为绿色发展指数的评价对象。对比上一年度共选取 25 家企业，本年度所选取企业数量增加了 24 家，主要因数据披露相对完善的石化上市企业较上一年度而言有所增加。本年度增加选取企业已在下表标注。

本报告针对石化行业企业绿色发展指数的评价计算，仅围绕上市公司主体，不涉及相关集团公司层面。

表 3-8　49 家石化行业上市公司清单

序号	股票代码	企业名称	2022 年营业收入（亿美元）	所属领域	是否为本年度新增
1	600028.SH	中国石油化工股份有限公司	4810.89	炼油化工	
2	601857.SH	中国石油天然气股份有限公司	4696.35	炼油化工	
3	600938.SH	中国海洋石油集团有限公司	612.18	油气开采	
4	601088.SH	中国神华能源股份有限公司	499.53	煤炭开采	是
5	002493.SZ	荣盛石化股份有限公司	419.15	炼油化工	
6	600346.SH	恒力石化股份有限公司	322.41	炼油化工	
7	601898.SH	中国中煤能源股份有限公司	319.81	煤炭开采	是
8	600309.SH	万华化学集团股份有限公司	240.05	化学制品	
9	000703.SZ	恒逸石化股份有限公司	220.45	炼油化工	是
10	600500.SH	中化国际（控股）股份有限公司	126.79	化学制品	
11	600688.SH	中国石化上海石油化工股份有限公司	119.64	炼油化工	

（续表）

序号	股票代码	企业名称	2022 年营业收入（亿美元）	所属领域	是否为本年度新增
12	600096.SH	云南云天化股份有限公司	109.19	农化制品	
13	000301.SZ	江苏东方盛虹股份有限公司	92.53	化学制品	是
14	601233.SH	桐昆集团股份有限公司	89.88	化学制品	
15	600968.SH	中海油能源发展股份有限公司	69.28	油服工程	是
16	600196.SH	上海复星医药（集团）股份有限公司	63.72	化学制药	
17	002460.SZ	江西赣锋锂业股份有限公司	60.64	电池化学品	
18	600623.SH	上海华谊集团股份有限公司	56.45	化学原料	是
19	000553.SZ	安道麦股份有限公司	54.20	农化制品	
20	002648.SZ	卫星化学股份有限公司	53.71	化学制品	是
21	002600.SZ	广东领益智造股份有限公司	50.00	消费电子	是
22	002271.SZ	北京东方雨虹防水技术股份有限公司	45.26	防水材料	
23	600426.SH	山东华鲁恒升化工股份有限公司	43.85	化学原料	

（续表）

序号	股票代码	企业名称	2022年营业收入（亿美元）	所属领域	是否为本年度新增
24	002340.SZ	格林美股份有限公司	42.61	电池化学品	
25	600583.SH	海洋石油工程股份有限公司	42.57	油服工程	是
26	600989.SH	宁夏宝丰能源集团股份有限公司	41.22	化学原料	
27	000723.SZ	山西美锦能源股份有限公司	35.67	煤炭焦炭	是
28	002601.SZ	龙佰集团股份有限公司	35.02	化学原料	
29	603260.SH	合盛硅业股份有限公司	34.30	化学制品	是
30	00297.HK	中化化肥控股有限公司	33.35	农化制品	是
31	002709.SZ	广州天赐高新材料股份有限公司	32.36	电力设备	是
32	002080.SZ	中材科技股份有限公司	32.05	玻璃玻纤	是
33	600160.SH	浙江巨化股份有限公司	31.16	化学制品	
34	600352.SH	浙江龙盛集团股份有限公司	30.77	化学制品	
35	000999.SZ	华润三九医药股份有限公司	26.21	医药生物	是
36	601966.SH	山东玲珑轮胎股份有限公司	24.66	汽车零件	是

（续表）

序号	股票代码	企业名称	2022年营业收入（亿美元）	所属领域	是否为本年度新增
37	600299.SH	蓝星安迪苏股份有限公司	21.07	化学制品	
38	002497.SZ	四川雅化实业集团股份有限公司	20.96	能源金属	是
39	03983.HK	中海石油化学股份有限公司	20.70	化学制品	是
40	002812.SZ	云南恩捷新材料段份有限公司	18.26	电池化学品	
41	601568.SH	陕西北元化工集团股份有限公司	18.25	化学原料	是
42	002407.SZ	多氟多新材料股份有限公司	17.92	化学制品	是
43	603737.SH	三棵树涂料股份有限公司	16.44	涂料	
44	600378.SH	昊华化工科技集团股份有限公司	13.15	化学制品	是
45	300677.SZ	英科医疗科技股份有限公司	9.59	医疗器械	是
46	300285.SZ	山东国瓷功能材料股份有限公司	4.59	电子化学品	是
47	603867.SH	浙江新化化工股份有限公司	3.89	化学制品	
48	688065.SH	上海凯赛生物技术股份有限公司	3.54	化学制品	

（续表）

序号	股票代码	企业名称	2022 年营业收入（亿美元）	所属领域	是否为本年度新增
49	688690.SH	苏州纳微科技股份有限公司	1.02	化学制药	是

5. 指数计算与评价

各项评价指标及数据经标准化和赋权处理后，通过对单项指标得分进行加权计算，得出各企业三个次级指数的得分，以及绿色发展指数总得分。在此基础上，再采用星级评定的方式对各石化行业企业绿色发展的能力水平进行等级评定，具体的星级评定方法如下表 3–9 所示。

表 3-9　企业绿色发展星级评定方法

绿色发展指数得分	绿色发展星级评定	绿色发展表现
80 ＜得分≤ 100	★★★★★	优秀
75 ＜得分≤ 80	★★★★	良好
70 ＜得分≤ 75	★★★	较好
65 ＜得分≤ 70	★★	一般
得分≤ 65	★	有待提升

按照本研究所述石化行业企业绿色发展指数评价模型的总体思路和指数评价的实施流程，对所选取的 49 家中国石化行业上市公司

的绿色发展指数进行计算，并根据企业绿色发展指数得分情况，对企业的绿色发展表现做星级评定，得出表 3-10 结果。

表 3-10　石化行业企业绿色发展各指数评价结果

排名	企业名称	绿色管理指数	绿色生产指数	绿色增长指数	绿色发展指数
1	格林美股份有限公司	98.75	96.59	40.78	78.71
2	中国海洋石油集团有限公司	98.75	95.48	40.94	78.39
3	上海复星医药(集团)股份有限公司	98.75	93.63	40.39	77.59
4	中化国际(控股)股份有限公司	84.38	98.96	48.62	77.32
5	荣盛石化股份有限公司	83.25	87.11	59.95	76.77
6	中海油能源发展股份有限公司	94.38	91.99	40.16	75.51
7	江西赣锋锂业股份有限公司	93.25	91.15	41.61	75.34
8	中国石化上海石油化工股份有限公司	95.63	89.08	41.20	75.30
9	上海凯赛生物技术股份有限公司	88.25	90.01	45.70	74.65
10	蓝星安迪苏股份有限公司	100.00	82.34	40.75	74.36
11	三棵树涂料股份有限公司	89.38	92.03	40.85	74.08
12	中国石油化工股份有限公司	92.63	80.91	45.45	72.99
13	广东领益智造股份有限公司	83.25	94.52	40.97	72.91
14	山东玲珑轮胎股份有限公司	83.25	93.74	40.63	72.54
15	华润三九医药股份有限公司	85.00	94.38	37.48	72.29
16	四川雅化实业集团股份有限公司	88.13	86.54	41.25	71.97
17	江苏东方盛虹股份有限公司	82.00	91.83	40.80	71.54

（续表）

排名	企业名称	绿色管理指数	绿色生产指数	绿色增长指数	绿色发展指数
18	昊华化工科技集团股份有限公司	87.50	81.15	45.44	71.36
19	卫星化学股份有限公司	78.88	95.47	39.64	71.33
20	中化化肥控股有限公司	97.50	74.92	40.75	71.06
21	云南恩捷新材料股份有限公司	78.88	93.07	41.06	71.00
22	北京东方雨虹防水技术股份有限公司	77.63	91.89	42.92	70.81
23	恒力石化股份有限公司	80.13	91.42	38.27	69.94
24	中国中煤能源股份有限公司	82.50	85.93	40.70	69.71
25	山西美锦能源股份有限公司	80.75	80.12	47.71	69.53
26	恒逸石化股份有限公司	82.50	82.57	41.29	68.79
27	山东国瓷功能材料股份有限公司	78.88	85.76	41.33	68.65
28	万华化学集团股份有限公司	97.50	80.22	27.97	68.56
29	桐昆集团股份有限公司	76.38	81.94	46.56	68.29
30	安道麦股份有限公司	80.13	82.92	41.36	68.14
31	中材科技股份有限公司	72.50	90.02	41.69	68.07
32	龙佰集团股份有限公司	80.13	82.93	40.59	67.88
33	中海石油化学股份有限公司	90.00	69.58	43.26	67.61
34	云南云天化股份有限公司	67.63	92.73	41.57	67.31
35	浙江巨化股份有限公司	77.63	85.15	38.75	67.17
36	中国石油天然气股份有限公司	85.00	72.24	43.97	67.07
37	山东华鲁恒升化工股份有限公司	83.75	76.21	40.14	66.70

（续表）

排名	企业名称	绿色管理指数	绿色生产指数	绿色增长指数	绿色发展指数
38	苏州纳微科技股份有限公司	77.63	78.77	40.79	65.73
39	陕西北元化工集团股份有限公司	82.50	73.91	40.06	65.49
40	宁夏宝丰能源集团股份有限公司	88.13	73.46	32.38	64.65
41	英科医疗科技股份有限公司	73.75	81.45	37.26	64.15
42	上海华谊集团股份有限公司	68.75	82.60	40.59	63.98
43	多氟多新材料股份有限公司	72.50	69.49	45.80	62.60
44	海洋石油工程股份有限公司	60.63	84.02	40.72	61.79
45	浙江新化化工股份有限公司	60.13	83.21	40.67	61.33
46	广州天赐高新材料股份有限公司	66.38	77.73	39.71	61.27
47	中国神华能源股份有限公司	100.00	54.59	28.23	60.94
48	浙江龙盛集团股份有限公司	62.63	79.79	39.90	60.77
49	合盛硅业股份有限公司	63.88	65.28	52.17	60.44

注：指数得分根据上市公司披露数据计算，并不代表上市公司未披露的但影响指数得分的情况。

表 3-11　石化行业企业绿色发展各指数排名及评级结果

企业名称	绿色管理指数排名	绿色生产指数排名	绿色生产指数排名	绿色发展星级
格林美股份有限公司	3	2	27	★★★★
中国海洋石油集团有限公司	3	3	23	★★★★

（续表）

企业名称	绿色管理指数排名	绿色生产指数排名	绿色生产指数排名	绿色发展星级
上海复星医药（集团）股份有限公司	3	8	36	★★★★
中化国际（控股）股份有限公司	20	1	3	★★★★
荣盛石化股份有限公司	22	20	1	★★★★
中海油能源发展股份有限公司	9	12	37	★★★★
江西赣锋锂业股份有限公司	10	16	14	★★★★
中国石化上海石油化工股份有限公司	8	19	20	★★★★
上海凯赛生物技术股份有限公司	14	18	7	★★★
蓝星安迪苏股份有限公司	1	31	29	★★★
三棵树涂料股份有限公司	13	11	24	★★★
中国石油化工股份有限公司	11	35	8	★★★
广东领益智造股份有限公司	22	5	22	★★★
山东玲珑轮胎股份有限公司	22	7	33	★★★
华润三九医药股份有限公司	18	6	45	★★★
四川雅化实业集团股份有限公司	15	21	19	★★★
江苏东方盛虹股份有限公司	28	14	25	★★★
昊华化工科技集团股份有限公司	17	34	9	★★★
卫星化学股份有限公司	33	4	42	★★★
中化化肥控股有限公司	6	42	28	★★★
云南恩捷新材料股份有限公司	33	9	21	★★★

（续表）

企业名称	绿色管理指数排名	绿色生产指数排名	绿色生产指数排名	绿色发展星级
北京东方雨虹防水技术股份有限公司	36	13	12	★★★
恒力石化股份有限公司	30	15	44	★★
中国中煤能源股份有限公司	25	22	31	★★
山西美锦能源股份有限公司	29	37	4	★★
恒逸石化股份有限公司	25	30	18	★★
山东国瓷功能材料股份有限公司	33	23	17	★★
万华化学集团股份有限公司	6	36	49	★★
桐昆集团股份有限公司	39	32	5	★★
安道麦股份有限公司	30	28	16	★★
中材科技股份有限公司	41	17	13	★★
龙佰集团股份有限公司	30	27	34	★★
中海石油化学股份有限公司	12	46	11	★★
云南云天化股份有限公司	44	10	15	★★
浙江巨化股份有限公司	36	24	43	★★
中国石油天然气股份有限公司	18	45	10	★★
山东华鲁恒升化工股份有限公司	21	41	38	★★
苏州纳微科技股份有限公司	36	39	26	★★
陕西北元化工集团股份有限公司	25	43	39	★★
宁夏宝丰能源集团股份有限公司	15	44	47	★
英科医疗科技股份有限公司	40	33	46	★
上海华谊集团股份有限公司	43	29	35	★

（续表）

企业名称	绿色管理指数排名	绿色生产指数排名	绿色生产指数排名	绿色发展星级
多氟多新材料股份有限公司	41	47	6	★
海洋石油工程股份有限公司	48	25	30	★
浙江新化化工股份有限公司	49	26	32	★
广州天赐高新材料股份有限公司	45	40	41	★
中国神华能源股份有限公司	1	49	48	★
浙江龙盛集团股份有限公司	47	38	40	★
合盛硅业股份有限公司	46	48	2	★

三、石化行业企业绿色发展指数分析

（一）绿色发展指数整体分析

随着我国在推动石油和化工行业绿色转型发展方面的投资规模不断扩大，监管体系和评级体系的逐渐完善，我国石油和化工行业企业对 ESG 报告、可持续发展报告等信息的披露也日渐活跃，对环境排放相关指标的披露程度也在不断提升。本年度能够满足绿色发展指数模型评价标准的石油和化工行业上市企业的数量，较上一年度报告[①]有显著的提升，新增 24 家，达到了 49 家。

① 《中国石油和化工行业绿色发展蓝皮书（2021-2022）》，经济日报出版社，2022 年 10 月第 1 版。

从绿色发展指数整体评价数据表现上看，本年度的平均得分为69.48分，较上一年度报告数据增长1.97分，最高得分为78.71分，最低为60.44分。从各次级指数评价数据表现看，绿色管理指数平均得分较上一年度报告数据增长了1.7分；绿色生产指数平均得分增长最多，较上一年度报告数据提升了3.95分；绿色增长指数平均得分较上一年度报告数据增长了0.24分。由此可以说明，2022年我国石化行业整体的绿色发展表现较上一年度有一定程度的提升，但从三个次级指数的得分分布看，绿色管理指数与绿色生产指数的得分波动性较大，可以反映我国石化行业企业的绿色发展程度还存在较大的差异。

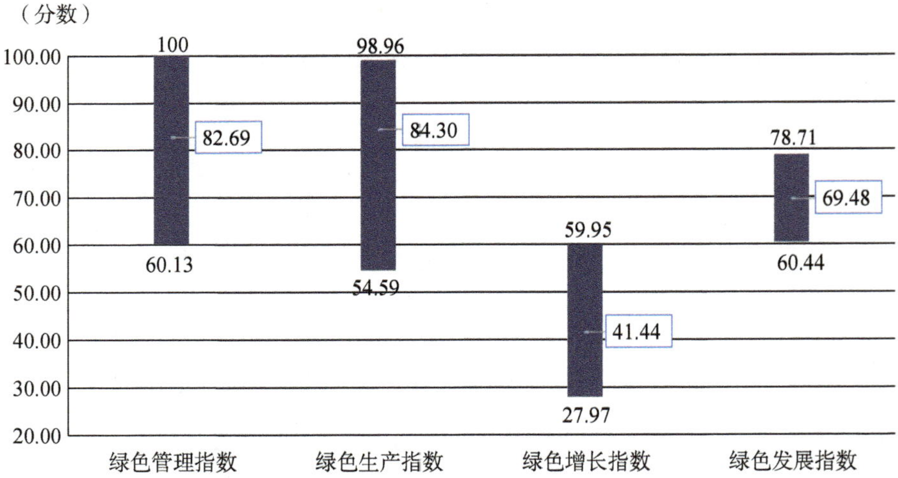

注：柱状图中白色标记为指数平均得分，柱状图上方为最高得分，下方为最低得分。

图3-2　2022年石化行业企业绿色发展指数得分情况

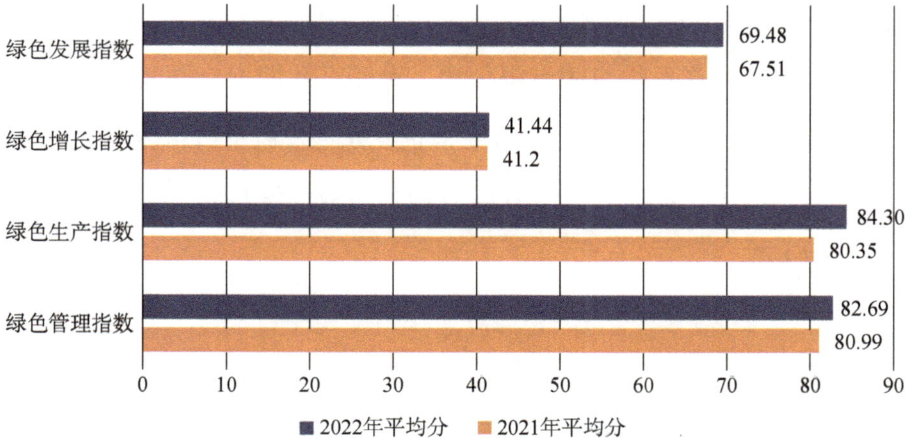

图 3-3　2022 年及 2021 年石化行业企业绿色发展指数得分对比

在企业绿色发展表现星级评定方面，包括格林美股份、中国海洋石油集团有限公司在内的 8 家企业，在本年度的绿色发展评价中表现相对优秀，被评定为四星。包括宁夏宝丰等在内的 10 家企业绿色发展表现被评定为一星，绿色发展表现有待提升。总体上看，本年度绿色发展评价表现较好及以上的石化行业企业共计 22 家，约占评价样本企业数量的 45%；绿色发展表现一般或有待提升的企业共有 27 家，约占评价样本企业数量的 55%。

为了进一步分析并揭示我国石化行业企业绿色发展趋势，本年度也重点对上一年度报告所选取的 25 家企业的绿色发展表现进行了比较分析，见表 3–12。通过数据表现可以看出，有 20 家企业绿色发展指数得分较上一年度报告有所提升[①]，其中，三棵树涂料股份有限公司、中国海洋石油集团有限公司、荣盛石化股份有限公司绿色发展指数增长超过10分，但也有5家企业绿色发展指数得分较上一年度报告有所下滑，主要表现在绿色增长指数和绿色管理指数有一定程度的下降。

表3-12 本年度较上一年度报告企业绿色发展指数得分变化情况

企业名称	绿色管理指数变化	绿色生产指数变化	绿色增长指数变化	绿色发展指数变化
三棵树涂料股份有限公司	30.63	3.48	3.35	12.49
中国海洋石油有限公司	21.88	12.46	1.54	11.96
荣盛石化股份有限公司	4. 38	11.89	15.93	10.73
上海凯赛生物技术股份有限公司	11. 25	14.91	2.64	9.60
中国石油化工股份有限公司	–6.13	18.27	15.93	9.36
格林美股份有限公司	5.63	14.20	1.57	7.13
桐昆集团股份有限公司	12.50	–2.79	8.70	6.14
龙佰集团股份有限公司	–1.25	11.27	7.59	5.87
安道麦股份有限公司	5.63	4.59	6.36	5.53
蓝星安迪苏股份有限公司	12.50	5.49	–2.49	5.17
恒力石化股份有限公司	2. 50	18.15	–6.09	4.85

① 企业的绿色发展指数得分计算，会受企业样本数量影响，因此，得分变化幅度仅反映企业相关指数（指标）数据较上一年度报告的正负向表现，不代表实际变化程度。

（续表）

企业名称	绿色管理指数变化	绿色生产指数变化	绿色增长指数变化	绿色发展指数变化
中化国际（控股）股份有限公司	−6.25	5.41	14.70	4.62
上海复星医药（集团）股份有限公司	12.50	1.16	−1.12	4.18
北京东方雨虹防水技术股份有限公司	0.00	−0.86	11.34	3.49
万华化学集团股份有限公司	11. 25	2. 26	4.39	3.04
江西赣锋锂业股份有限公司	−1.06	3.30	2.37	1.54
山东华鲁恒升化工股份有限公司	0.00	3.00	0.93	1.31
云南云天化股份有限公司	−2.38	12. 23	−6.35	1.17
中国石化上海石油化工股份有限公司	7.50	−5.18	−0.88	0.48
浙江巨化股份有限公司	0.00	4.14	−2.78	0.45
浙江新化化工股份有限公司	−1. 25	4.29	−4.87	−0.61
浙江龙盛集团股份有限公司	−4.88	1.20	−0.64	−1.44
云南恩捷新材料股份有限公司	−18.00	10.69	−4.14	−3.82
宁夏宝丰能源集团股份有限公司	0.00	2.09	−14.59	−4.17
中国石油天然气股份有限公司	−3.13	−0.05	−32.14	−11.77

注：表内蓝色方块表明该指标较上一年得分增加，红色方块则表明降低，方块大小显示增加或降低的幅度。

对25家企业的绿色发展评价模型中三个次级指数的一级指标数据进行分析，可以看出，在战略文化方面，大部分企业分数有所提升，说明有较多的企业强化了在绿色发展方面的战略规划；在社会责任方面，大部分企业较上一年度报告持平，极小部分企业存在企业社会责任披露程度降低的情况；在设施设备方面，有3家企业得分较上一年度报告上升明显，但有2家企业得分表现出现了下降；在能源资源投入方面，多数企业得分有所提高，表明这些企业提升了在能源资源方面的利用效率；在环境排放方面，大部分企业得分上升，其中中国石油化工股份有限公司得分增长幅度较大，上升17.45分；在绿色产品方面，企业整体上得分与上一年度报告持平；在绿色进步方面，大部分企业得分上升较明显，表明石化企业整体上加大了绿色治理力度；在绿色脱钩方面，多数企业有得分下降的情况，尤其是在SO_X和水污染排放上，各有13家企业处于扩张型负脱钩，其污染物排放的增速高于营收增长，如表3-13所示。

表3-13　本年度较上一年度报告企业绿色发展指数得分变化情况

（一级指标）

企业名称	战略文化	社会责任	设施设备	能源资源投入	环境排放	绿色产品	绿色进步	绿色脱钩
三棵树涂料股份有限公司	30.63	0.00	0.00	0.00	3.49	0.00	9.27	−5.92

（续表）

企业名称	战略文化	社会责任	设施设备	能源资源投入	环境排放	绿色产品	绿色进步	绿色脱钩
中国海洋石油有限公司	21.88	0.00	5.26	5.32	−0.75	2.63	9.77	−8.23
荣盛石化股份有限公司	4.38	0.00	0.00	3.78	8.11	0.00	23.24	−7.31
上海凯赛生物技术股份有限公司	11.25	0.00	5.26	0.00	9.65	0.00	5.52	−2.88
中国石油化工股份有限公司	0.00	−6.13	0.00	0.81	17.45	0.00	15.28	0.65
格林美股份有限公司	5.63	0.00	0.00	6.40	7.80	0.00	9.66	−8.09
桐昆集团股份有限公司	12.50	0.00	0.00	−0.01	−2.77	0.00	3.92	4.78
龙佰集团股份有限公司	−1.25	0.00	0.00	5.23	6.04	0.00	9.87	−2.27
安道麦股份有限公司	5. 63	0.00	0.00	0.04	4.56	0.00	12.48	−6.12
蓝星安迪苏股份有限公司	12.50	0.00	0.00	0.11	5.39	0.00	8.56	−11.05
恒力石化股份有限公司	2.50	0.00	5.26	8.56	1.70	2.63	5.36	−11.45

（续表）

企业名称	战略文化	社会责任	设施设备	能源资源投入	环境排放	绿色产品	绿色进步	绿色脱钩
中化国际（控股）股份有限公司	0.00	－6.25	0.00	5.28	0.13	0.00	11.27	3.43
上海复星医药（集团）股份有限公司	12.50	0.00	0.00	0.04	1.12	0.00	8.70	－9.83
北京东方雨虹防水技术股份有限公司	0.00	0.00	0.00	－0.03	1.80	－2.63	10.38	0.96
万华化学集团股份有限公司	11.25	0.00	0.00	0.78	－1.15	2.63	3.73	－8.12
江西赣锋锂业股份有限公司	0.00	－1.06	0.00	0.11	3.18	0.00	8.50	－6.13
山东华鲁恒升化工股份有限公司	0.00	0.00	0.00	0.07	2.93	0.00	8.30	－7.37
云南云天化股份有限公司	3.75	－6.13	0.00	0.00	9.59	2.63	3.97	－10.32
中国石化上海石油化工股份有限公司	7.50	0.00	－5.26	0.30	－0.22	0.00	9.38	－10.26
浙江巨化股份有限公司	0.00	0.00	－5.26	5.45	3.95	0.00	7.16	－9.94

（续表）

企业名称	战略文化	社会责任	设施设备	能源资源投入	环境排放	绿色产品	绿色进步	绿色脱钩
浙江新化化工股份有限公司	-1.25	0.00	0.00	5.44	1.49	-2.63	7.85	-12.73
浙江龙盛集团股份有限公司	1.25	-6.13	0.00	-0.24	1.44	0.00	8.88	-9.52
云南恩捷新材料股份有限公司	-11.88	-6.13	0.00	5.31	5.37	0.00	3.00	-7.14
宁夏宝丰能源集团股份有限公司	0.00	0.00	0.00	0.29	-0.83	2.63	-1.34	-13.25
中国石油天然气股份有限公司	-3.13	0.00	0.00	1.49	-1.54	0.00	-21.79	-10.36

注：部分企业一级指标得分变化在上表中显示为0.00，多数为极小幅度的增长或降低，总体上可忽略不计其变化幅度，可主要关注于增长或下降较明显的企业。

（二）绿色管理指数分析

如图3-4所示，从绿色管理指数整体得分情况看，49家被评价企业绿色管理指数的平均得分为82.69分，最高得分为100分，最低得分为60.13分，标准差为10.56，各企业绿色管理指数得分的离散程度较高。从绿色管理指数得分的分布情况看，超过80分的有32家，其中有11家高于90分；得分小于70分的有7家。此外，与平均水平比较，共有 25 家被评价企业的绿色管理得分低于平均得分，有 24 家企业得分高于平均得分。

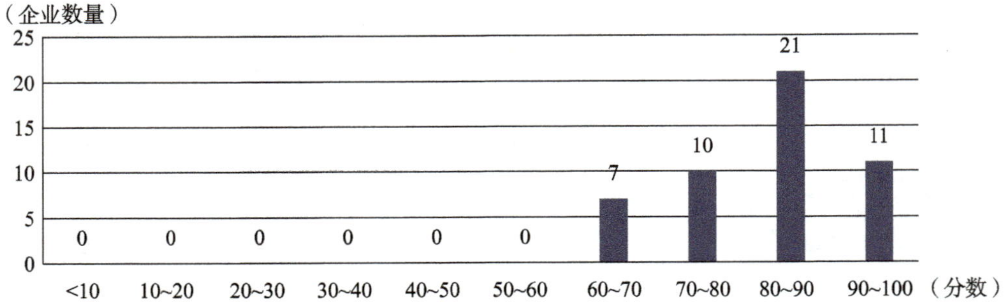

图 3-4　绿色管理指数得分分布情况

从构成绿色管理指数的二级主题看，在战略文化方面，平均分为 80.87（按百分制换算），有 53.06% 的被评价对象企业的得分超过平均分；在社会责任方面，平均分为 88.14，有 51.02% 的被评价对象企业的得分超过平均分。在战略文化方面，所选取的被评价企业总体在战略文化、绿色发展管理体系、绿色产业投资等绿色理念践行方面表现较好；在社会责任方面，被评价企业在绿色信息披露程度上有待进一步提升，见图 3–5。

本研究选取了营业额与市值两个经济指标来衡量被评价对象企业的企业规模，并探寻企业规模与绿色发展指数表现的关联性。图 3–6 显示了不同营业额、不同市值规模下，被评价企业绿色管理指数的得分差异。结果显示，一般来说企业规模（包括营业额和市值规模）越大，绿色管理指数的表现相对越好。这主要得益于更大规模的企业具备更加完善的管理制度和组织机构，承担的绿色发展责任相对较大。

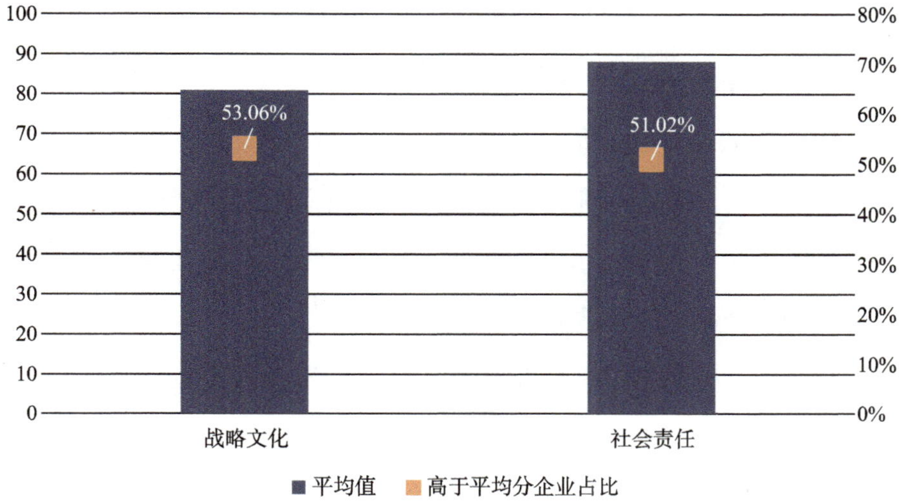

图 3-5　绿色管理指数分主题表现情况（按百分制换算）

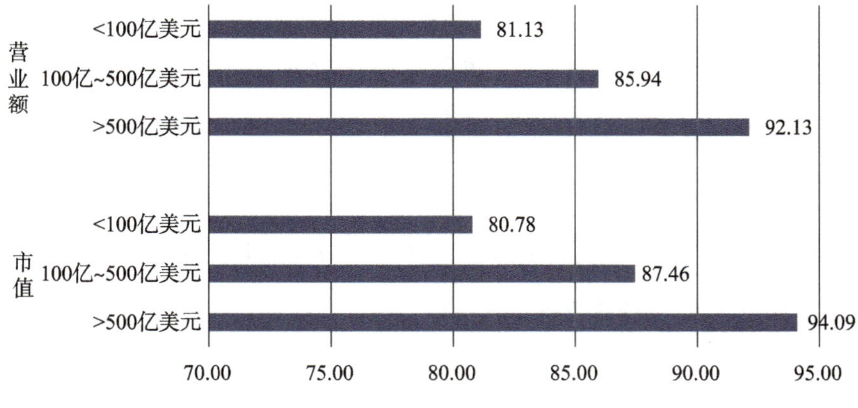

图 3-6　不同规模企业绿色管理指数表现情况

（三）绿色生产指数分析

从绿色生产指数整体得分情况看，49 家被评价企业绿色生产指数的平均得分为 84.3 分，最高得分为 98.96 分，最低得分为 54.59 分，标准差为 9，各企业绿色生产指数得分的离散程度相对较低。从绿色生产指数得分的分布情况看，超过 80 分的有 37 家，其中有 18 家高于 90 分，50~80 分的企业有 12 家，不存在企业得分低于 50 分的（见图 3–7）。与平均水平相比较，共 25 家被评价企业的绿色生产得分低于该分数，24 家企业得分高于该分数。

从绿色生产指数的一级指标看，能源资源投入方面，平均分为 90.15 分（按百分制换算），有 61.22% 的被评价企业的得分超过该平均分；环境排放方面，平均分为 85.70 分，有 63.27% 的被评价企业的得分超过该平均分，表明总体上所选企业在该年度对环境排放的努力尚可；设施设备方面，平均得分为 82.65 分，有 30.61% 的被评价企业得分超过该平均分，说明所选企业在设施设备方面还有较大提升空间；此外，在所有被评价企业中，有 38 家企业所生产的产品包含绿色生态产品（见图 3–8）。总体来看，对于所选范围内上市石化企业来说，在能源资源利用、绿色设备设施的投入、环境排放、绿色产品等方面表现存在一定差异。

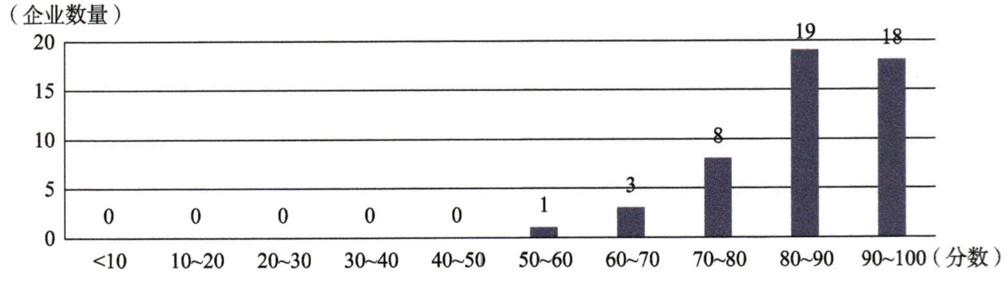

图 3-7　绿色生产指数得分分布情况

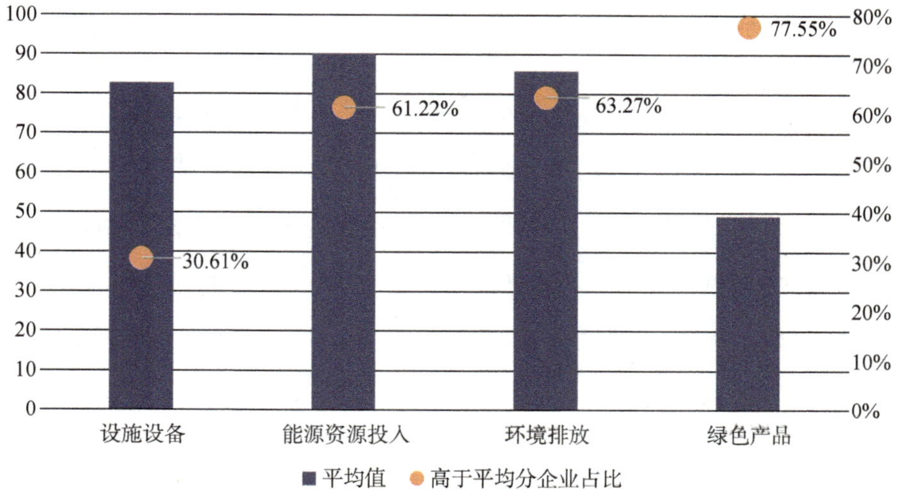

图 3-8 绿色生产指数分主题表现情况（按百分制换算）

图 3–9 显示了不同营业额、不同市值规模下，被评价企业绿色生产指数的得分差异。结果显示，总体来说规模小的企业绿色生产指数的表现相对越好。生产规模更大的企业，能源资源消耗量、污染物及碳排放总量更大，对环境的影响更大。

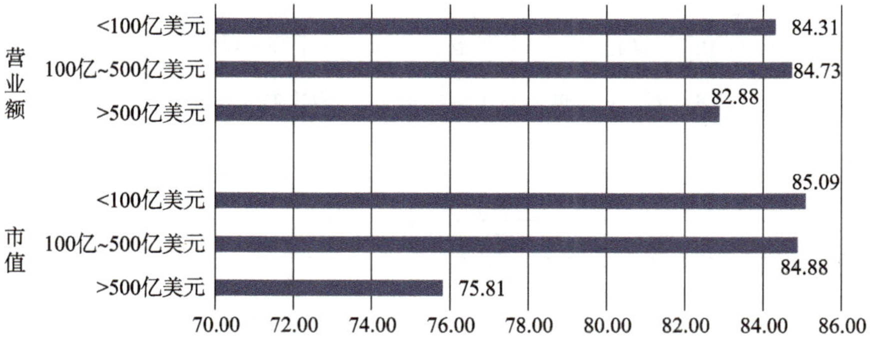

图 3-9 不同规模企业绿色生产指数表现情况

（四）绿色增长指数分析

从绿色增长指数整体得分情况看，49 家被评价企业绿色生产指数的平均得分为 41.44 分，最高得分为 59.95 分，最低得分为 27.97 分，标准差为 4.88，各企业绿色增长指数得分的离散程度相较其他指数表现最低。从图 3-10 绿色增长指数得分的分布情况看，有 37 家被评价对象企业的得分集中在 40~50 得分段；仅有 2 家被评价对象企业的得分集中在 50~60 得分段；另有 2 家被评价对象企业得分在 20~30 得分段。与平均水平比较，共有 15 家被评价企业的绿色增长得分超过平均得分，另有 34 家企业得分低于平均得分。

从绿色增长指数的二级主题图 3-11 来看，在绿色进步方面，平均得分为 36.63 分（按百分制计算），有 28.57% 的被评价企业的得分超过该平均分，这表明绿色进步总体表现尚需提高，大部分企业在行业中的表现处于平均水平以下。在绿色脱钩方面，平均得分为 51.09 分，有 22.45% 的被评价对象企业的得分超过该平均分。总体来看，被评价企业在实现绿色增长方面表现并不理想，企业在实现经济增长与减少生态环境影响同步推进上的表现仍待提高。

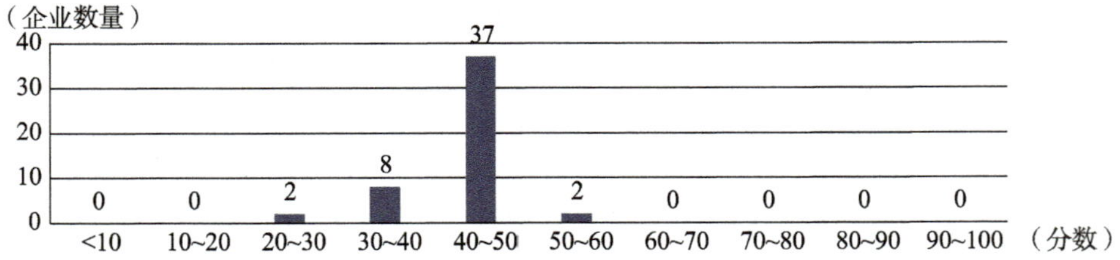

图 3-10　绿色增长指数得分的分布情况

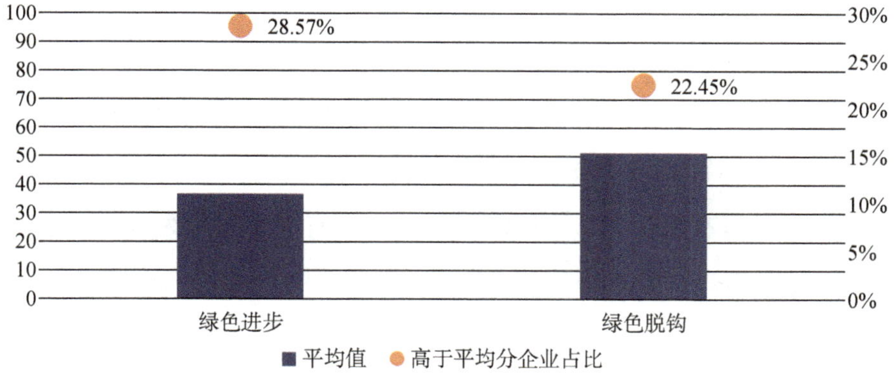

图 3-11　绿色增长指数分主题表现情况（按百分制换算）

图 3–12 显示了不同营业额、不同市值规模下，被评价对象企业绿色增长指数的得分差异。结果显示，总体而言，市值规模越小，绿色增长指数的表现相对越好。

从营业额来看，营业额规模 >500 亿美元的企业，其绿色增长指数表现更好。

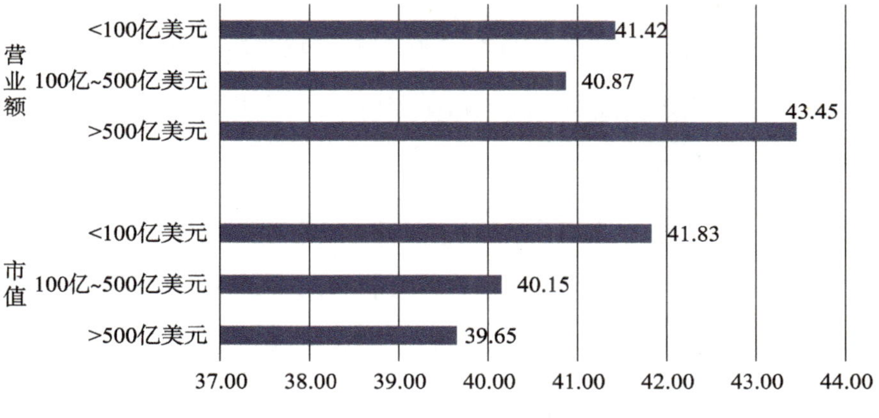

图 3-12　不同规模企业绿色增长指数表现情况

（五）典型企业绿色发展指数综合分析

为了进一步揭示企业在绿色发展方面的表现，本研究基于评价结果，选定相较上一年绿色发展指数提升幅度较高的两家企业：三棵树涂料股份有限公司、中国海洋石油集团有限公司作为典型企业，并对两家企业绿色发展指数的具体表现做进一步的分析。

1. 三棵树涂料股份有限公司

三棵树涂料股份有限公司于 2016 年登陆上海证券交易所在 A 股主板上市，2022 年位居全球涂料上市公司市值 25 强排行榜第 9 位。其主要业务板块包括建筑涂料（墙面涂料）、防水材料、地坪材料、木器涂料、保温材料及保温一体化板、基辅材等产品的研发、生产和销售。

（1）总体表现

三棵树涂料股份有限公司绿色发展指数得分为 74.08 分，在 49 家被评价对象企业中位列第 11 位，在绿色表现星级评定方面被评为三星。具体从次级指数图 3–13 看，三棵树涂料股份有限公司在绿色管理指数、绿色生产指数、绿色增长指数三个次级指数方面的得分分别为 89.38 分、92.03 分和 40.85 分。该企业三个次级指数表现中，绿色管理指数和绿色生产指数表现较好，在所有被评价对象企业中，绿色管理指数位列第 13 位，绿色生产指数位列第 11 位；绿色增长指数方面，三棵树涂料股份有限公司位列第 24 位，位于中游水平。2022 年，路孚特 ESG 评级中三棵树涂料股份有限公司的环境支柱评级由2021年A-提升至A。总体上看，三棵树2022年绿色发展指数较2021年表现向好，分数由61.60升至74.08，提升较明显。

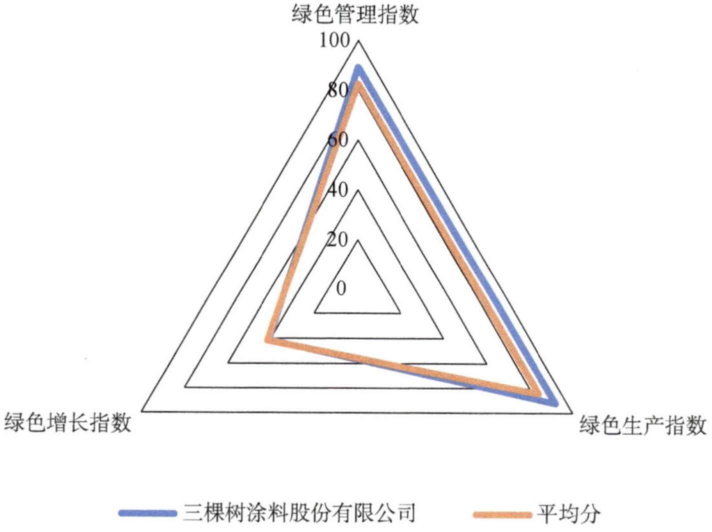

图3-13　三棵树涂料股份有限公司绿色发展指数总体表现情况

从表3-14上看，三棵树涂料股份有限公司2022年在绿色管理指数上提升幅度较大，在绿色生产指数和绿色增长指数上有小幅提升。2022年，三棵树涂料股份有限公司持续提升ESG管理能力，根据MSCI ESG评级报告，在通用化学品行业获得BBB评级，并入选2022年《上市公司ESG优秀实践案例》。三棵树涂料股份有限公司建立了减碳战略管理体系，设定"十四五"期间、"十五五"期间碳排放减排目标和计划2030年碳排放强度比2020年下降50%的愿景。在环境方面，三棵树涂料股份有限公司不断升级涂料系统环保性能、提高设施可持续性，并创建零碳工厂，推进化学涂料行业绿色低碳发展。

表 3-14　三棵树涂料股份有限公司绿色发展指数两年对比情况

年份	总排名	绿色管理指数	绿色生产指数	绿色增长指数	绿色发展指数
2021	25/25	58.75	88.54	37.49	61.60
2022	11/49	89.38	92.03	40.85	74.08

（2）具体指标表现

从各个次级指数的一级指标层面图 3-14 上看，三棵树涂料股份有限公司在绿色增长指数下的绿色进步、绿色脱钩一级指标评价的表现上略低于平均水平，其他一级指标的评价表现均高于平均水平。

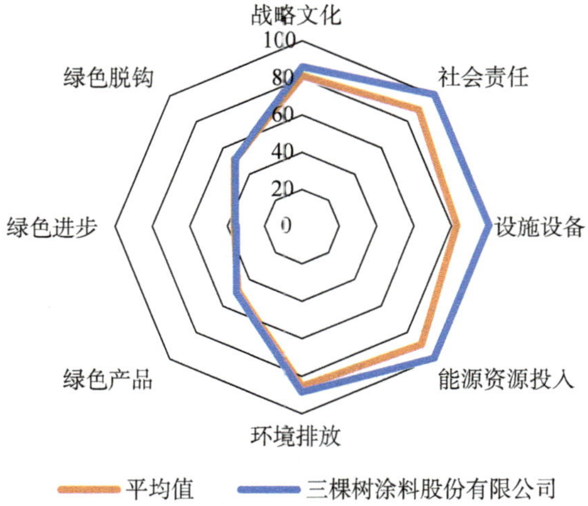

图 3-14　三棵树涂料股份有限公司绿色发展指数一级指标表现情况

具体来看：

在绿色管理指数方面，三棵树涂料股份有限公司总体表现较好，其战略文化主题的整体表现较上一年评价表现而言有较大幅度提升，具体体现为绿色发展政策制定方面所获评价提升，支持绿色发展组织、绿色产业投资表现较上一年有明显提升。2022 年，三棵树涂料股份有限公司促进公司产品和绿色环保与无害化，聚焦产品在全生命周期流程中能够减少排放物和废弃物的设计环节，如原材料、包装物等，并加以改造。例如，将原材料空桶改为可中转回用的专用原材料包装桶。此外，三棵树涂料股份有限公司设立环境安全部，设立专职环安管理岗，负责安全、环保、职业健康等管理，及各项目建设管理。

在绿色生产指数方面，三棵树涂料股份有限公司总体表现较好，尤其在环境排放方面，该公司各工厂自主开展碳盘查工作，核算生产运营过程中各环节的温室气体排放，各工厂碳排放强度呈逐年下降趋势；为进一步加强对排放物的管理，确保达标排放，该公司从改造设备设施、提高监测水平等方面采取措施提升排放物管控水平。

在绿色增长指数方面，三棵树涂料股份有限公司得分较去年相比有小幅提升，主要体现在绿色进步一级指标表现提升较明显。该公司在降低能源消耗方面表现较好，建立了能源与水资源管理机制，加强对节约资源的管理，尤其是绿色办公措施的落实和监督，促进建立资源节约和环境友好型企业。

2. 中国海洋石油集团有限公司

中国海洋石油集团有限公司是中国最大的海上油气生产运营商。其主要业务板块包括油气勘探开发、专业技术服务、炼化与销售、天然气及发电、金融服务等，并积极发展海上风电等新能源业务。

（1）总体表现

中国海洋石油集团有限公司绿色发展指数得分为78.39分，在49家被评价对象企业中位列第2位，在绿色表现星级评定方面被评为四星。具体从次级指数图3–15看，中国海洋石油集团有限公司在绿色管理指数、绿色生产指数和绿色增长指数三个次级指数方面的得分分别为98.75分、95.48分和40.94分。该企业三个次级指数表现中，绿色管理指数和绿色生产指数较上一年所得分数提升较明显；在绿色增长指数方面较上一年有小幅提升。2022年，路孚特ESG评级中中国海洋石油集团有限公司的环境支柱评级为A，显著高于2021年的C。

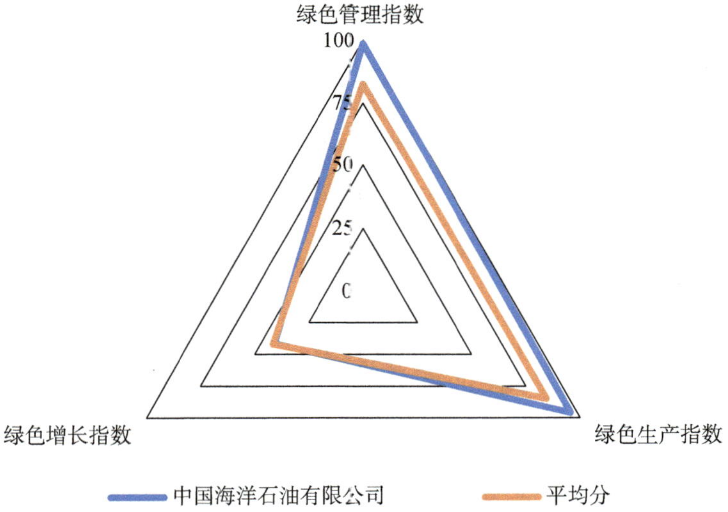

图3-15　中国海洋石油集团有限公司绿色发展指数总体表现情况

从变化上来看（见表3–15），中国海洋石油集团有限公司2022

年在绿色管理和绿色生产指数表现较好。中国海洋石油集团有限公司于2022年成立战略与可持续发展委员会，不断强化ESG管理力度。中国海洋石油集团有限公司是沪港两地上市企业，按照两地上市规则充分将ESG理念融入了企业管理。中国海洋石油集团有限公司将减碳量、新能源产量等ESG指标纳入了高管考核机制，保障了执行层面的落地。其风控合规委员会将ESG风险管理融入常态化风险管理之中，将气候变化、排放及废弃物、可再生能源、供应链、隐私与数据安全、有争议的开发等至少6类ESG风险纳入公司重大风险的风险源，定期评估并持续跟踪应对。此外，中国海洋石油集团有限公司2022年节能减排程度相较其他大部分企业优异，且较2021年表现更优。根据其2022年年度报告，2022年该公司攻关绿色技术，完成我国首个海上百万吨级二氧化碳封存示范工程项目，能够规模化向海底地层注入伴随海上石油开采产生的二氧化碳。

表3-15　中国海洋石油集团有限公司绿色发展指数两年对比情况

年份	总排名	绿色管理指数	绿色生产指数	绿色增长指数	绿色发展指数
2021	12/25	76.88	83.02	39.40	66.43
2022	2/49	98.75	95.48	40.94	78.39

（2）具体指标表现

从各个次级指数的一级指标层面图3-16上看，中国海洋石油集团有限公司在绿色增长指数下的绿色进步一级指标评价表现略低于平均水平，其他一级指标的评价表现均高于平均水平。

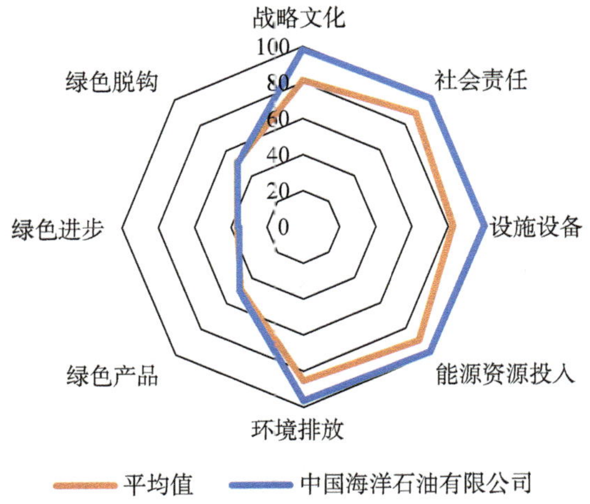

图 3-16　中国海洋石油集团有限公司绿色发展指数具体主题表现情况

具体来看：

在绿色管理指数方面，其社会责任主题所得分数与上年相同，在所有被评价对象企业中表现较好。中国海洋石油集团有限公司绿色信息披露得分较高，其表现为所披露的绿色信息完整度较高，同时，在绿色发展战略或文化、绿色发展目标制定、绿色发展管理体系、绿色产业投资等践行绿色发展理念行动方面均表现良好。

在绿色生产指数方面，中国海洋石油集团有限公司总体表现优秀。尤其是在设施设备方面，该公司配置了完善的节能减排、污染物处理等设备。但在可再生能源使用和绿色产品生产等方面仍有较大提升空间。在环境排放表现上，中国海洋石油集团有限公司在 NO_x、SO_x 排放水平和强度上表现较好。

在绿色增长指数方面，中国海洋石油集团有限公司表现较绿色管理和绿色生产方面相对不足，尤其是在水污染物排放强度进步上表现一般。但在能源消耗强度、水资源消耗强度进步、NO_x 排放总量进步、SO_x 排放总量进步方面表现较好。2022 年中国海洋石油集团有限公司全年累计实施 50 余项节能改造项目，实现节能量 27.57 万吨 / 标准煤。二氧化硫和氮氧化物等的排放均下降 40% 以上。

3. 石化行业企业绿色发展评价的保障措施与建议

本研究以中国石化行业企业公开的绿色发展相关指标数据为基础，研究提出了一套绿色发展评价指标体系，并以客观评价为原则，选取了中国石化行业中绿色发展相关数据披露较完整的上市公司作为研究对象，建立在探索基础上，对所取样本企业的绿色发展情况进行了客观、量化评价。然而，在整个研究评价过程中，研究团队也遇到了一定程度的困难阻碍，在结果分析中，也发现了我国石化行业企业存在的一系列共性问题。为了更有效推动我国石化行业企业绿色发展评价工作的顺利开展，助力我国石化行业企业明确绿色发展目标，本研究团队以实际问题为导向，提出如下保障措施及建议。

第一，提高我国石化行业企业绿色发展相关数据披露的完整性和准确性。

在研究过程中发现，虽然相较上一年，石化企业的绿色相关指标对外披露的程度有所提升，进行披露的企业数量增加，但仍存在能源使用效率或污染物排放水平等指标数据缺失等问题，这不仅是因为受限于监测设备或制度等原因，导致其对部分指标的监测不全面，无法得到确切的数据信息；也说明部分企业自身对信息披露的重视程度不够，没有按照要求填报相关指标数据。

第二，加快推动制定我国石化行业标准体系和评价体系。

在数据收集过程中发现，企业可持续发展报告中公布的指标和制表格式各不相同，造成企业间绿色表现的对比可比性低、追溯困难。因此，市场或行业监管部门应当加快对企业尤其是上市企业ESG相关表现披露准则的制定，规范绿色指标披露要求，参与全球标准规则制定，加强国际标准评估转化。此外，在绿色成效评价方面，需要进一步完善探索基于碳足迹制修订含碳化工产品碳排放核算以及低碳产品评价等标准；完善针对化工新材料特别是改性专用料、精细化学品等的标准体系，生物基材料、生物可降解塑料、再生塑料材料评价标识管理体系，绿色用能监测与评价体系。

第三，加大绿色金融和碳市场对绿色发展的促进作用。

我国石化行业企业自身必须要充分意识到盲目追求经济效益所带来的危害，在提升环境意识的基础上将其与经济效益紧密结合在一起，把可持续发展理念进一步融入日常内部管理。针对企业营收增长和绿色发展不匹配问题，应加快建设绿色金融体系和碳市场，拓展绿色债券市场的深度和广度，支持符合条件的节能低碳发展企业上市融资和再融资，以期采取绿色生产方式的企业能够以更低的成本获得资金，从而进一步提高企业发展绿色经济的意愿，形成绿色发展的正循环。

案例篇

坚决筑牢长江上游生态屏障
坚定不移推进绿色低碳高质量发展

一、基本情况

近年来，重庆市长寿经济技术开发区（以下简称长寿经开区）坚持生态优先，绿色发展，坚决筑牢长江上游生态屏障，坚定不移地推进绿色低碳高质量发展。2023 年，长寿经开区成功入选重庆市首批近零碳园区建设试点、全国第二批清洁生产审核创新试点、全国化工园区突发水污染事件“一园一策一图”试点，规划环评入选生态环境部温室气体排放环境影响评价典型案例。

二、主要做法

（一）在全国率先建成五级事故废水防控体系和四级大气风险防控系统。按照企业最优设计、事故废水最优收集和最大拦截的原则，通过科学规划合理布局，建成企业围堰、企业事故池，经开区片区事故池、南北区闸门、晏家河闸门五级事故废水防控体系，可对事故废水进行层层拦截，长寿经开区全园区各级拦截能力达 154 万方，坚决守住水环境安全的底线。在全国率先开展四级大气污染防治体系建设，对 1300 套装置、150 个车间、50 家工厂、20 平方公里的生产区域开展了四级大气污染防治体系建设，园区大气治理

图 4-1　重庆市长寿经济技术开发区办公楼

图 4-2　重庆市长寿经济技术开发区园区

体系和能力实现质的飞跃。

（二）在西部率先开展智慧环保管理。推动重点企业开展智慧环保建设，对重点企业安装废水、废气、固废在线监测和视频监控，将信号接入智慧园区平台。2023年，56家重点企业投资3400万元，安装远程视频407路，重要工序水电气计量设施185套476个传感器，重点环保参数58套179个传感器，在线监测设备20套123个传感器，实现了重点企业全天24小时监测监控。圆满完成生态环境部大气预防预警体系试点任务，投资3990万元，建成8座有毒有害气体监测站、2座环境敏感点监测站、1个移动监测站。推进生态环境治理体系和治理能力现代化。

（三）在重庆市率先开展减污降碳试点。在重庆市率先开展“三线一单”协同减污降碳全国试点工作，强化“三线一单”生态环境分区管控的硬约束，严格控制“产业链条短、深加工程度低、产废强度高、综合利用能力低”的传统行业发展规模。构建7大产业集群，形成“园区大循环、产业中循环、企业小循环”的循环经济发展格局。以入选重庆首批近零碳园区建设试点为契机，推动科技创新，减污降碳，持续降低碳排放强度，实现园区绿色低碳高质量发展。

（四）在西部率先开展责任关怀行动。2013年3月长寿经开区在西部率先成立长寿经开区责任关怀协会，协会成立以来认真履行为行业服务、为企业服务、为社区服务、为政府服务的职责，加强与中国石油和化工联合会等专业协会的联系和合作，先后加入了中化环保联合会和中国石油化学工业联合会责任关怀工作组。

三、主要成效

（一）为长江上游生态保护装上了防护之手。全面建成五级事故废水风险防控体系。自开园以来，妥善处理环境污染事故30余次，仅有2起次生环境污染事故用到第三级防控系统，其余事故均未出厂区便得到妥善处置，严守了“不让一滴工业污水流入长江”的承诺。2017年以来，长江长寿段水质稳定达到II类。2022年10月，长寿经开区五级事故废水风险防控体系被重庆卫视“闪亮的答卷”进行系列报道。大气环境质量有效提升，全区环境空气质量优良情况稳中向好，有毒有害气体日均浓度值同比下降53%，工业固体废物综合利用率达99%，危险废物处置利用率保持100%。

（二）为长江上游生态保护安上了智慧之眼。通过智慧园区平台，对经开区生态环境做到了一屏知全局，一键达现场。2023年，实时监测监控检测出数据3000多万条，发现隐患51处，及时督促企业开展整改治理，消除环境风险隐患，保护了生态环境安全。园区的天更蓝、水更清、地更绿，环境投诉数量连年下降，人民幸福感、获得感稳步提升。

（三）为长江上游生态保护换上了绿色之肤。持续推进绿色园区建设，2022年工业和信息化部正式授牌长寿经开区为“国家绿色园区”，园区累计6家企业荣获“国家绿色工厂”称号，16家企业荣获“市级绿色工厂”称号。大力发展循环经济，长寿经开区企业资源化利用，实现经济效益超 3 亿元。坚持科技创新减污降碳，长寿经开区大力推进减污减碳工程，年减排二氧化碳超 100 万吨，实现经济效益超 5 亿元。

（四）为长江上游生态保护打开了心灵之窗。通过开展责任关怀公众开放活动，构建了公众、企业和政府部门间的桥梁，让入驻企业更加自觉履行安全环保责任，更加关心员工和社区居民健康，让社区真正了解和正确认识园区企业的安全环保风险，消除公众对园区企业的神秘感和不安全感。责任关怀工作得到了中国石化联合会的肯定，2014 年、2019 年协会连续两届被中国石化联合会评为“最佳组织单位”，2023 年被中国石化联合会评为“责任关怀之星”。

四、经验启示

（一）风险防控是筑牢生态屏障的关键一环。长寿经开区作为长江上游重要的工业生产基地，通过建立五级事故废水防控体系和四级大气风险防控系统，守护好一江碧水，两岸青山，蓝天白云美丽之地，提升了人民群众的幸福感、获得感。

（二）智慧管理是筑牢生态屏障的重要抓手。通过开展智慧环保建设，实时监测、监控企业的污染治理设施工况，规范企业的环境管理行为，推动生态环境治理走向精细化、数据化、智能化。智慧管理锁住了污染之源，破解了治理之困，是筑牢生态屏障的重要抓手。

（三）绿色低碳是园区高质量发展的必由之路。通过“三线一单”试点，绿色园区和绿色工厂创建，以及减污降碳工程的实施，长寿经开区产业结构不断优化，生态环境显著改善，企业效益持续提升。要深切认识到绿色低碳是园区发展的必由之路，既要绿水青山，也要金山银山。

（四）责任关怀是园区高质量发展的重要标志。发展不忘责任，温度源自关怀，长寿经开区责任关怀活动广泛深入开展，既是该区高质量发展的重要标志，也是该区产业发展的坚固基石。

打造“无废企业”，赋能高质量绿色发展

一、背景情况

新型煤化工是我国高效利用煤炭的突破性进展，具有重要的能源战略意义。党的二十大报告明确提出，深入推进能源革命，加强煤炭清洁高效利用。国家“十四五”规划纲要也明确了我国五大煤化工战略基地。煤化工行业在迎来发展机遇的同时，环境和资源压力也在不断加大。其中，大宗固废资源化利用程度低，已严重制约行业高质量发展。

为破解资源环境约束难题，国能新疆化工有限公司联合知名高校和科研机构，积极探索“无废企业”建设路径模式。

图 4-3　国能新疆化工有限公司厂区

二、主要做法

（一）加强组织领导，做好“无废企业”顶层设计

1. 成立领导小组，公司主要负责人任组长，统筹部署“无废企业”建设工作。

2. 联合中国环境科学研究院编制《“无废企业”建设实施方案》，积极推进 40 项重点任务，边建设边总结边凝练。

（二）深化绿色低碳发展，推动固体废物源头减量

深入推行清洁生产，强化固体废物源头管控，从工艺改进、原辅料替代、管理精细化等方面推进固体废物源头减量。

1. 实施化工三剂投加精准化。依据污水装置进水水质变化趋势，精心调控、优化匹配生化系统、含盐膜系统、高效膜系统、蒸发结晶系统运行参数，精准投加污水处理药剂，减少化工三剂投加量，从而降低废盐产生量。

2. 推动黄油与废碱液减量，研究优化 CO_2 吸附技术，将原有碱液吸附 CO_2 工艺升级为改性氧化铝吸附 CO_2，解决行业内黄油难题，实现黄油与废碱液“零排放”，危险废物减排率为 57%。

3. 实施气化粗渣脱水，研究开发气化粗渣高效脱水工艺，将含水率从 50% 降至 39%，在减少气化渣产量的同时，为实现气化渣资源化利用奠定基础。

（三）厂内厂外双向发力，促进固体废物高效利用

1. 成功将气化渣掺烧锅炉。气化渣含有高活性玻璃体和孔隙结

构丰富的残碳，可替代部分天然矿物资源，实现变废为宝。一是充分利用厂内现有煤粉锅炉开展掺烧气化细渣。自 2022 年 4 月至今，共计厂内掺烧气化细渣 2 万吨。在掺烧期间，锅炉运行状况良好，锅炉受热面结焦、蒸汽负荷较未掺烧前无明显变化，烟气经处理后满足超低排放标准要求。二是将气化细渣循环流化床锅炉掺烧。掺烧比例为渣量：煤量 =1∶9。自 2022 年至今，共计掺烧 17 万吨气化渣，锅炉运行情况良好。通过锅炉掺烧充分利用气化渣的残碳热值，可替代 6.5 万吨标煤，起到较好的节能减碳作用。

2. 成功解决结晶盐处置的行业难题。目前废盐资源化程度低，大多数长期在库房堆存，部分企业委托利用刚性填埋场进行填埋，处置成本非常高。而该公司主要做法为：一是通过优化蒸发结晶装置冲洗时间、改造结晶盐卸料口等方式，提高结晶盐品质，将结晶盐代替元明粉用于洗衣粉生产；二是将结晶盐替代元明粉用于规模化硫化碱生产，确保全部实现资源化利用。

3. 气化炉常态化掺烧生化污泥。国能新疆化工有限公司根据国家政策率先组织开展生化污泥危险特性鉴别，在鉴别为一般固体废物后，创新实施气化炉掺烧生化污泥试验，制定投料方案，充分评估对气化炉、水系统影响，掺烧后未出现堵渣、带水等现象，对水煤浆制备工序、煤浆指标无明显影响，具备常态化掺烧条件，目前已实现常态化掺烧。

（四）坚持科技创新赋能，探索高附加值利用路径

国能新疆化工有限公司联合中国矿业大学（北京）以新疆煤矿

排土场和塌陷区为研究区，探索“煤炭原料—气化渣等固废资源化利用—矿区土壤生态修复”为主线的循环经济发展模式。

1. 完成气化渣用于矿山修复和土壤重构试验。气化渣与当地不同粒径砂石级配后，用于深层土壤重构，重构土壤表层较原状土盐分降低 88%，多次灌溉后较原状土增加保水量的 50.2%，对在新疆地区盐碱荒漠化地区开展矿山修复起到了良好的示范效果。

2. 完成气化渣制备土壤改良剂试验。气化渣表面多孔，含有丰富的有机质、氮、磷、钾等作物所需的养分元素。以改性后的气化渣为主要成分，辅以活性污泥等作为助剂制备土壤调理剂，可以获得具有养分缓释性能、吸水速率好、保水性能强、保肥性能优、控盐性能佳，适用于新疆盐碱荒漠化严重矿山修复用的土壤调理剂。调理剂在新疆红沙泉煤矿进行了野外盆栽实验与野外大田实验，使用气化渣制备的土壤调理剂植被成活率提高 20%，土壤保水保肥性能提升明显。该土壤改良技术被生态环境部环境发展中心及行业内专家认可，取得煤气化渣土壤改良技术评估证书。

另外，由国能新疆化工有限公司牵头主笔的《煤基改良剂用作矿区土地复垦后土壤质量评价》《煤基土壤改良剂产品技术要求》《煤气化熔渣回填采煤沉陷区要求》三项团体标准于 2023 年正式发布，对促进行业内煤基固体废物综合利用有着重要的意义。

图 4-4　新疆红沙泉煤矿试验种植的云杉和红柳

三、意义

针对煤化工行业内普遍存在的固体废物处置难、资源化利用水平低的突出问题，本案例提出联合知名高校、科研院所、本地区企业力量共同实施“无废企业”建设，攻克煤基固体废物资源化利用单一、规模化应用少的难题，探索煤化工“无废企业”建设路径模式。煤基固体废物的资源化利用作为煤炭清洁高效利用的重要环节，契合“双碳”目标下煤化工绿色发展的理念。

圣奥化学“碳管家”系统：智慧降碳，引领低碳数字化

2022年8月18日，圣奥化学科技有限公司自主研发的碳排放管理系统“碳管家”解决方案正式上线运行。该产品基于国际ISO 14064—1：2018碳盘查体系方法论结合国内碳盘查理论，实现双体系支撑，自上而下顶层设计，同步推进体系建设与产品研发，将碳盘查体系管理的方法论通过数字化手段落地生根。

2022年，圣奥化学“碳排放管理系统V1.0”申请了软件著作权并进行登记，获得国家版权局授予的《计算机软件著作权登记证书》。2023年，在中国中化控股有限责任公司年度“智能工厂+智慧HSE”评价体系中，山东圣奥“碳管家”系统荣获中国中化“节能低碳”单项应用冠军称号。

一、什么是“碳管家”？

“碳管家”系统通过自主研发的低碳数字化平台，实现了与MES、SAP、办公系统等相关业务的数据集成，将数字化与“双碳”管理有序结合，为圣奥化学及下属企业提供低碳解决方案及服务。通过构建“绿色、节能、高效”的低碳平台，实现“双碳”管理一站式服务，助力企业低碳发展，早日实现“碳达峰、碳中和”目标。

二、"碳管家"平台功能

（一）碳盘查

"碳管家"系统同时兼容国内化工行业及国际 ISO 14064—1：2018 碳盘查两套体系逻辑，实现精准碳排放量计算。通过实现与相关系统对接，确保数据来源实时准确，保证计算的高时效性，减少人工抄录数据的场景。系统内嵌了因子库、排放核算方法，可方便快捷引用，计算逻辑透明。

"碳管家"系统未来计划增加 ISO 14067：2018 产品碳足迹盘查核算业务，基于体系框架设计出产品碳足迹计算模型，使公司能够精准掌握关键产品从摇篮到大门和摇篮到坟墓的产品碳排足迹。该

图 4-5　圣奥化学科技有限公司园区

系统将精准对接 MES 系统和 SAP 系统，形成系统间联动效应，为产品碳足迹盘查的准确性保驾护航。

（二）排放因子管理

根据《2016 IPCC 国家温室气体清单指南》《中国化工生产企业温室气体排放核算方法与报告指南（试行）》等，形成碳盘查排放因子数据信息库，方便支持后续碳排放量计算。

（三）碳多维分析

“碳管家”系统涵盖了碳多维分析、碳排放、碳减排、双控指标监控、碳绩效目标跟踪、排放结构分析等功能，通过不同角度的统计数据，为企业识别碳减排路径，跟踪碳减排效果并提供数据支撑。

（四）碳排放报告

支持国内、国际两套计算逻辑，形成碳排放报告，确保企业快速摸清“碳家底”。

（五）碳资产及减排项目管理

统一对标、节能降碳，提升企业竞争力，实现碳资产效益最大化，为企业后续参与市场交易提供数据依据，同时支持对减排项目的跟踪管理。

（六）碳全景巡航

通过分级全景监控，实现集团级、工厂级管理，为公司全方位跟踪碳排放和碳管理数据，落实双控指标提供数字化保障。

（七）碳绩效分析

针对集团年度绩效目标进行月度跟踪，自动生成报表，实现工业万元产值综合能耗，工业万元产值碳排放强度等绩效目标在线跟踪。

三、“碳管家”实施意义

（一）落实“双碳”势在必行

工业是我国能源消费的主体，能源消费量占全国能源消费总量的三分之二，是碳排放的重要领域。因此，工业企业降碳具有非常大的潜力和空间，是我国实现碳达峰与碳中和的主力军，企业积极参与“双碳”目标行动势在必行。

碳排放权将对企业生产经营活动进行约束，低碳管理不到位将导致企业生产经营活动受限，而购买碳排放权将导致成本增加。

多国金融监管部门相继出台相关指引，鼓励或要求金融机构开展气候风险分析，我国多地也陆续出台绿色金融支持工具，将信贷投放与企业的碳减排能力挂钩。

欧盟碳关税的实施将增加国内企业成本，削弱企业的国际竞争力。中国企业须加快绿色低碳转型，采取更有力的措施实现碳减排来应对挑战。

（二）数智化助力企业转型升级

圣奥化学已深耕绿色化工多年，随着“双碳”目标的持续推进，圣奥化学坚定贯彻国家重大政策，聚焦时代热点，在应对气候变化、碳排放管理、科技创新等领域开展扎实行动。上线“碳管家”，以数字化助力“双碳”管理，对公司长远发展具有非凡的意义，这将提升公司 ESG 管理水平以及可持续发展水平，助推公司实现转型升级。

（三）落实“碳达峰、碳中和”

在国家“双碳”目标下，碳排放管理解决方案的投用为圣奥化学“双碳”管理提供了数字化技术，保障落实“碳达峰、碳中和”管理，持续提升公司 ESG 管理水平和可持续发展水平，真正实现“拥抱‘双碳’迈向蔚蓝”。

四、“碳管家”应用成效

（一）实现碳排放精准管控

各级管理人员可通过全境巡航实时了解公司总部、工厂的碳排放运行情况，实现双控目标在线监测。此外，支持用户自主商业智能数据分析，有效识别减排路径，实现低碳管理。

（二）构建碳管理体系，摸清碳家底

推动企业完善碳管理体系的组织架构和管理制度，提升企业碳管理能力；满足碳排放自动核算、报告生成、质量控制等要求，提供多种分析功能和可视化显示，帮助企业直观了解自身在低碳发展赛道中的行业位置。

（三）内外兼顾，两条腿走路

“碳管家”系统可服务于对外碳配额的核算申报与清缴履约，实现企业自身碳资产管理，为后续参与碳市场交易提供支撑；辅助企业在内部实现碳排放总目标的制定、分解、考核，“双碳”目标绩效跟踪，实现企业资源能源的优化配置和碳排放指标动态调整。

低温临界冷冻真空热法分盐技术在煤化工废水处理中的应用

一、案列背景

煤化工行业是国家能源结构的重要组成部分。西北地区水资源短缺，煤化工项目的废水处理尤为关键。国家发展和改革委员会于2017 年发布的《煤炭深加工产业示范“十三五”规划》也明确要求“无纳污水体的新建示范项目通过利用结晶分盐等技术，将高盐废水

图 4-6　国能榆林化工有限公司高盐水分盐结晶装置

资源化利用，实现污水不外排”。这一政策背景催生了国能榆林化工有限公司的煤化工废水热法分盐冷冻结晶系统项目（见图 4–6）。

在我国早期的高盐废水“零排放”处理项目中，对无机盐的资源化回收考虑较为有限，通常在蒸发结晶阶段得到的是混合盐类。这些结晶形成的混合盐往往被视作危险废物并加以处理。鉴于其产量庞大，常规的固废处理中心难以处理这种规模的废物，同时面临着高昂的处理成本。因此，推动高盐废水的分盐结晶技术及其资源化利用已成为一项紧迫的任务。

煤化工废水结晶分盐技术起步晚、技术不成熟。目前形成以纳滤为主的膜法结晶分盐技术和以蒸发为主的热法分盐技术。经过行业长时间的努力，纳滤膜法结晶分盐趋于稳定，但投资高、运行费用高、纳滤膜还需进口。因此综合考虑，榆林化工针对高盐水采用低温临界冷冻加真空热法分盐技术。

二、技术创新与应用

本项目的核心技术是低温临界冷冻结合真空热法分盐技术。这一技术的创新点在于结合了纳滤膜技术与热法分盐技术的优点，通过低温冷冻结晶过程分离出纯度高的盐类，同时通过热法回收过程中的热量，实现能源的再利用，大幅降低了运行成本。具体技术流程包括预处理、蒸发结晶和低温冷冻结晶三个主要阶段。①预处理阶段：采用氢氧化钠和石灰软化除硬技术，以及氧化镁除硅和高效沉淀池过滤工艺，有效去除水中的硬度和悬浮固体等。

②蒸发结晶阶段：利用 MVR+TVR 高效降膜蒸发工艺进行盐水浓缩，实现高盐水的浓缩、减量化。③低温冷冻结晶阶段：在临界冷冻点（–5.0℃）下，利用不同温度下硫酸钠和氯化钠在水中溶解度不同的原理，利用低温冷冻结晶技术进行分离硫酸钠和氯化钠，硫酸钠结晶系统采用“冷冻结晶 + 芒硝热熔”结晶工艺，产出工业级硫酸钠产品，硫酸钠产品盐质量满足 GB/T 6009—2014 工业无水硫酸钠标准中的Ⅱ类一等品标准要求。氯化钠结晶系统采用“强制循环闪蒸结晶 + 溶盐重结晶”工艺产出工业级氯化钠产品，工业盐品质满足 GB/T 5462—2015 工业盐标准中的精制工业盐一级标准要求。

运行效率：预处理系统设计处理能力达 450 m^3/h，分盐结晶系统设计处理能力 114m^3/h，实际运行负荷 90% 以上，盐回收率高达 95% 以上，氯化钠纯度分别达到 99.0% 以上，硫酸钠产品盐纯度 99.0% 以上，系统杂盐率 6% 以下。

三、应用成效与影响力

公众与政策影响力：本项目的成功实施，受到了政府和环保机构的高度评价，成为煤化工行业环保处理的示范项目。项目成果在煤化工企业推广应用，有效带动了行业的绿色发展。

四、创新示范与奖项

该项目的成功在国内获得了广泛认可与关注。项目获得了多个技术创新奖项，包括：《煤化工废水低温临界冷冻真空热法分盐技术开发与应用》荣获2023年国家能源集团科技进步二等奖、《分盐结晶提高芒硝提取率的研究与应用》荣获煤炭企业2023年五小成果一等奖、《煤化工废水分盐结晶技术的工艺创新助推企业绿色高质量发展》荣获第16届全国石油和化工企业管理创新成果二等奖、《低温临界冷冻真空热法煤化工废水结晶分盐工艺》被中国石化联合会评选为绿色工艺，列入《石化绿色低碳工艺名录（2024年版）》《优化运行工艺实现冷冻结晶器长周期稳定运行》荣获2023年榆林市质量管理小组二等奖。此外，该技术已在多个同类煤化工企业中推广应用，成为行业内的一个重要示范项目。

五、环保效益与社会影响

该项目的实施显著提高了高盐废水的处理效率和盐类资源的回收率，每年可处理高盐废水约370万吨，回收硫酸钠、氯化钠资源约3万吨。实现了废水处理和资源回收的双重目标，有效减少了环境污染，保护了水资源。在社会影响方面，项目的成功运行提高了地方环保标准，增强了社会对高盐废水处理技术的认知和接受度。项目的实施极大提升了公众对高盐废水处理技术的认知，为煤化工行业树立了绿色发展的新标杆。

六、循环利用与经济效益

该项目的成功应用，提高了废水处理的效率和盐类资源的回收率。此技术的成功应用不仅在环保和资源回收方面表现出色，其经济效益也是显而易见的。通过优化生产工艺和技术升级，实现了冷冻结晶器的长周期稳定运行，减少了设备维护成本和运行故障，进一步降低了生产成本，同时显著减少了企业对原材料的依赖，降低了生产过程中的原材料成本。

经济效益的提升也带动了企业在煤化工行业中的技术创新和环保标准的提升。项目不仅成为行业内的绿色示范项目，而且通过技术的推广应用，带动了整个行业向绿色、高效、低成本的方向发展，实现了行业的可持续发展目标。

七、结论

国能榆林化工有限公司的煤化工废水热法分盐冷冻结晶系统项目，是在国家环保政策指导下，针对煤化工高盐废水处理问题的一项创新技术应用。项目的成功实施，不仅实现了高盐废水的零排放，而且促进了资源的循环利用，为我国煤化工行业的绿色发展提供了有力支持。

铝钒高值化绿色项目

一、建设背景

我国是世界铬盐第一生产大国，全球铬盐产能约 110 万吨 / 年，我国铬盐产能（以重铬酸钠计）约 40 万吨 / 年，在铬盐生产过程中副产含有 Cr（VI）和高致癌性 $CaCrO_4$ 的含铬铝泥和含铬沉钒钙渣约 2 万 ~15 万吨 / 年，难以处置且造成铝钒资源浪费及环境污染。在现行回收方法中，含铬铝泥主要用于生产铬粉和氢氧化铝，因铬粉市场萎缩，导致后续生产和销售难以为继。在含铬铝泥制备氢氧化铝方面，由于国家规定氧化铝生产单套设计规模不小于 80 万吨，铬行业生产应用规模太小，难以使用现行管道化溶出等技术，处理成本偏高。因此，不论从资源高效利用还是经济效益方面讲，开发含铬铝泥和含铬沉钒钙渣绿色清洁化生产工艺技术已迫在眉睫。面对以上行业发展难题，四川省银河化学股份有限公司联合中国科学院过程工程研究所共同开发铝钒同步分离和富集技术，建设年产 1000 吨拟薄水铝石及 300 钒酸钠的生产线。目前，该项目已完成项目建设，年产值达 8000 万元。

二、政策符合性

为全面推进资源节约型社会建设，国务院制定《关于做好建设节约型社会近期重点工作的通知》和《关于加快发展循环经济的若干意见》，将资源生产率、利用率、回收率和废弃物最终处理率纳入工作考核指标。本项目结合四川省银河化学股份有限公司现有铬盐生产线产生的含铬铝泥危废，将含铬铝泥危废作为原料，进行无害化、高值化生产拟薄水铝石和钒酸钠，形成循环产业链，减少资源消耗，推动资源综合利用。

三、绿色生产

（1）该项目工艺与现有分步脱出方法相比，将铝钒硅脱出合格率由71%提高到98%以上，其中铝脱出率超99.8%，脱钒率达到97%，脱出效果显著。

（2）该项目作为典型的行业绿色适用技术，铝钒同步分离技术工艺简单，指标先进，适用性强，实现铬渣源头排放减量7000t/年，对铬盐行业降本增效和铬渣的源头减量减排具有革命性意义。

（3）该项目实施过程中始终坚持污染物处置减量化、资源化和

图4-7　四川省银河化学股份有限公司厂区

无害化原则。生产废水经厂区现有工业废水处理中心处理后循环利用，不外排。

（4）该项目全程采用湿法工艺，使用天然气和电供能，不新建燃煤锅炉，不增加温室气体排放。工艺前端采用铝钒同步分离和富集工艺，减排含铬废渣 10%；后端工艺以前端碱性液铝钒同步脱除产生的含铬铝泥为原料，消耗含铬铝泥 2.5 万吨 / 年，节能减排效益显著。

四、循环利用

四川省银河化学股份有限公司与中国科学院过程工程研究所联合，创造性开发了铝钒同步分离和富集技术，突破铬盐行业节能减排和含铬铝泥资源利用技术瓶颈，填补了国内外技术空白，充分利用 γ-AlOOH 的特异吸附性能固定溶液中的钒，从源头上减少了含铬废渣产量 10%、含铬铝泥 22.9% 以上。后端工序采用脱附技术先将含钒羟基铝泥中 V（V）含量由 3%~8% 降到 0.1% 以下，Cr

（VI）降低到0.01%以下，采用成胶技术将铝制成拟薄水铝石，经沉钒、压滤等工序最终形成钒酸钠产品。简化工艺，实现含铬危废的资源化利用，年消纳含铬铝泥2.5万吨，拟薄水铝石年产能为10000t/年，钒酸钠年产能300t/年，产品综合市场占有率在10%以上。

五、公众影响力

该项目作为石化行业《绿色低碳工艺目录》推荐工艺，在整个国内铬盐行业进行推广，有助于行业绿色可持续发展。

六、创新示范

开发铝钒高值化利用技术，最大限度缩短工艺流程，成为国内行业首家具备铬、铝、钒、铁等多种元素同步分离提纯能力的企业，实现铬及其伴生元素全效利用，年产拟薄水铝石及钒系材料约1万吨，拓宽了行业资源循环利用的选择模式。

七、应用成效

该项目围绕先进材料、绿色低碳等重点领域，开发铝钒同步分离及高值化利用技术，目前已申请专利18项，其中发明专利12项；取得相关科技成果鉴定2项，成果水平均达到国际领先。

作为典型的绿色适用技术，本项目对铬盐行业降本增效和铬渣源头减排具有普遍意义，通过调控铝硅酸钠等高温可熔相的水溶性，实现铬铁矿中铝组分的反应转化，解决了浸出液中铝等杂质稳定性的问题。通过突破浸出液中铝中和水解过程 A1（OH）$_3$胶体溶解—平衡，生成 γ-AlOOH 替代 A1（OH）$_3$，同时突破 V（V）吸附动力学限制，解决了铝、钒杂质的高效同步脱除问题，从源头上减少含铬沉钒钙渣的产生。

（1）与现有分步脱出方法相比，将铝钒硅脱出合格率由 71% 提高到 98%，铝脱出率 99.8% 以上，脱钒率达到 97%，脱出效果显著。

（2）可将行业铬盐无钙焙烧生产技术的吨产品成本降低 3%~5%，铬渣吨产量由 0.8-1t/t 降至 0.5-0.7t/t，降幅达到 10% 以上，同时实现铬渣源头排放减量 7000t/ 年，有效降低环境影响风险，促进铬化工绿色技术体系的建立。

（3）通过先进工艺将铝、钒等元素产品化，实现了危废资源的高值化综合利用，从源头实现铬渣的减量，按公司 10 万吨 / 年红矾钠的产量核算，仅公司的年减排含铬铝泥约 2.5 万吨 / 年，若推广到行业可达 40 万吨 / 年，年减排量达到 3.2 万吨。

（4）在经济效益上，该项目技术的成功实施，将铬铁矿需求由原来的高铁低铝进一步扩展至高铝铬铁矿，降低进口原材料依赖性，可节约成本近 1500 万元；项目年产 10000 吨拟薄水铝石和 300 吨钒酸钠，年新增产值约 8000 万元，新增利润 1500 万元，税金约 600 万元，经济效益可观，能有效拉动当地经济发展。

八、获得的奖项和意义

该项目被中国石化联合会列入《绿色低碳工艺目录》作为行业推广技术进行登报宣传，同时技术取得中国工业大奖提名奖。

夯实绿色发出基础，打造可持续发展绿色生态环境

重庆紫光国际化工有限责任公司从建设投产以来，一直致力于绿色工艺技术开发应用、绿色生产装备推广应用、再生资源综合回收利用。在生产中不断探索工艺技术的绿色化改进点、生产装备的能耗优化点及环境污染物的回收利用点等，进而对生产工艺进行有续的绿色升级改造，对重点用能设备进行能效升级，对“三废”治理设施综合升级改造，不断从源头降低污染物产生量、排放量。在

图 4-8　重庆紫光国际化工有限责任公司厂区设备

依托集团公司技术力量的基础上，形成并不断完善覆盖全部生产装置的绿色化升级技术方案，通过系统性的推进实施，公司的生产运行绿色化、工艺系统集成化、产品能耗低碳化、环境排放无害化水平逐年提升。

一、坚持依法经营，严格规范管理

重庆紫光国际化工有限责任公司严格执行建设项目核准制度、环境保护三同时制度、安全生产三同时制度等，生产运行过程依法执行排污许可证制度，依法开展环境保护等，实现了绿色、可持续、高质量发展。

二、推进节能改造，践行“双碳”战略

国家提出“双碳”重大战略以来，重庆紫光国际化工有限责任公司立即制定节能减碳规划，持续开展节能减碳改造，定期开展节能审查，将节能减碳作为公司实践绿色发展的重要手段之一。公司将能源管理纳入ESG治理体系建设，通过开展设备能效检查、检测，结合企业实际情况制定节能改造方案，落实碳减排专项资金，不断淘汰高耗能、能效低的装备设备，优先应用二级及以上节能设备，推动锅炉、电机、制冷供热机组、换热器、机泵等用能设备更新换代。

三、高度重视环境保护，履行企业社会责任

一是采购、销售环节严格控制原辅材料、主副产品品质，源头控制污染物的产生，减少使用含 N、Cl、F、重金属等的原料，严格管控且不允许不合格产品流入市场。二是在设置各排放口污染物实时监测的基础上，设立专门实验室，运用技术手段对原辅材料、环保排放进行全面分析检测，减少有毒有害物质的入厂投产和产出排放。三是不断完善污水治理设施，推进全厂废水治理绿色升级项目建设，增加 250 吨 / 天废水无害化处理能力，提高废水处理能力 60%，进一步提升了绿色无害排放水平。四是建设特殊污染物专项治理设施，针对氢氰酸装置，同步建设一套尾气焚烧炉和一套脱氮吸收装置，减少氮氧化物排放 7.8 吨 / 年。五是增设 VOCs 散排气收集治理设施，将污水治理装置废水池、液体罐区储罐、产品装车系统等设施的散排气体进行有效收集治理，全年减少 VOCs 排放 1.56 吨 / 年。六是加强环境安全管理，通过环境管理体系认证，制定环境保护和安全管理制度，通过环境管理体系内审、外审，不断提升治理水平。制定环境治理方案，按周、月、季、年，针对生产过程中污染治理设施进行隐患排查、专项整改。七是通过 ESG 治理体系建设，确保污染治理设施的稳定运行，保障环境污染物的稳定达标排放。

四、推行循环经济，加强废物余热综合利用

重庆紫光国际化工有限责任公司在生产过程中积极推行绿色循环经济运行，加强对废弃物和余热的综合利用。全厂各装置原料、中间过程、产品、“三废”的计量系统升级，提升反应原料精确性，减少反应多余废弃物的产生，提高安全、环保可靠性。尾气锅炉送风机、引风机及硫酸余热锅炉送风机进行变频电机改造。实施回收甲醇精制项目、甲酸甲酯回收项目。

五、开发应用“酶－化学”偶联合成技术

公司开展技术研发，对S-氰醇生产线进行绿色延伸，通过工艺和设备升级建成250吨/年氰醇生产装置，用“酶－化学”偶联合成技术替代化学全合成，使产品合成步骤缩短，产品收率提高，生产成本降低，“三废”排放减少。

六、持续践行绿色发展企业文化

为贯彻落实重庆市委“三攻坚一盘活”改革目标任务以及“止损、瘦身、提质、增效”工作要求，重庆紫光国际化工有限责任公司立足ESG治理体系建设，结合国家“双碳”战略和生态环保战略，出台一系列攻坚盘活绿色发展项目措施，通过“揭榜挂帅”，持续推进TMOF、DHP、氰醇产品工艺提升，实施硫黄制酸低温余热回收与尾气深度净化项目等十余项提效增能绿色项目，减少大气

污染物二氧化硫排放 100 吨 / 年，切实履行更多社会责任。公司始终坚持绿色发展理念，夯实绿色发展坚实基础，不断探索创新绿色发展技术，用实际行动践行绿色发展企业文化。

七、绿色发展荣誉

2018 年，重庆紫光国际化工有限责任公司荣获重庆市“绿色工厂”称号，公司农药中间体绿色关键工艺系统集成实践经验荣获石油和化工行业质量标杆。

2019 年，公司荣获国家级石油和化工行业绿色工厂，公司获评重庆市环保诚信企业。

2021 年，公司国家级绿色集成项目通过工业和信息化部达标验收，公司获评重庆市环保良好企业。

2024 年，公司入选重庆市金融服务绿色低碳示范工程单位。

全流程碳排放管理及绿色低碳技改助推“双碳”目标达成

福建合盛气体有限公司成立于2013年9月24日，隶属于恒申控股集团有限公司，是一个以生产工业气体为主的综合工厂。为响应国家碳达峰号召，公司依据《2030年前碳达峰行动方案》，始终把节能降耗、资源综合利用作为提高综合竞争力的重要手段，不断学习先进工艺及管理技术，提升自身的专业水平，从组织机构、环境、领导作用、能源策划、运行控制、绩效评价与改进等方面入手，从减碳源头拧紧节能“阀门”，深入分析企业能源流转各个环节节能潜力，采用航天炉配套盘管式水冷壁气化炉、低温低压下高

图4-9 福建合盛气体有限公司厂区

活性氨合成催化剂、合成氨反应热回收产生高压蒸汽、捕抓利用二氧化碳、优化天然气用量等节能技术措施提高生产效率和能源利用率。具体措施如下：

一、加强能源管理制度建设

为提高公司的能源管理水平，福建合盛气体有限公司根据 ISO 50001：2018《能源管理体系要求》和 RB/T 112—2014《能源管理体系化肥和甲醇认证要求》标准及国家有关法律、法规的要求，结合能源管理的实际需要编制了《能源管理手册》等 24 个与能源管理相关的制度，建立并运行一套架构清晰、目标明确、实操性强的能源管理体系，不断提升公司能源利用效率。

二、定期监视体系运行

福建合盛气体有限公司每年制定并签发能源基准和能源目标，并将合成氨单位产品综合能耗细化分解成子目标，通过三级计量系统落实到重点用能设备能源绩效参数上，每天自动采集数据 / 自动分析、每月对能源使用情况统计并编制能源消耗报表和分析简报，对异常用能情况分析跟踪，并提出应对措施。

三、学习政策，站上潮头

随着“碳中和”“碳达峰”时间线确定，以及能耗“双控”不断深入，涌现出了更先进的能源理念和更多的节能技术。福建合盛气体有限公司紧跟时代潮流，积极研究能源政策，并引进第三方指导本公司的能源管理，提高企业竞争力。

四、深入分析能源流转，创新节能改造方案

福建合盛气体有限公司深入分析企业能源流转各个环节的节能潜力，对生产过程中产生的废渣、废气、废水等进行综合利用或循环使用，大力发展循环经济，助力行业高质量发展，已经实施并运行的项目如下。

（一）企业能源管控中心建设工程

为实现全方位对能源进行管控，实时掌控工厂能源成本比重、耗能趋势，提高能源利用效率并降低日常管理中的能耗成本，福建合盛气体有限公司建设了能耗在线监测系统，通过对重点用能单位的节能设备、主要工艺设备、主要耗能设备的能耗和工况进行全面监测、诊断与分析等多种手段相结合的方式，为重点用能单位经济用能、合理用能提供产品、技术、策略、方法和信息支持。

（二）电机系统节能技术改造工程

循环风机是气化装置煤粉制备单元用电设备，风煤比是煤粉制备系统主要控制工艺参数之一，福建合盛气体有限公司之前采用的循环风机以风门控制风量，对控制风量效果有限且不稳定，通过对高能耗的循环风机进行改造，使得改造后的风机电流较改造前降低10A，每年可节能521tce。

（三）CO_2 尾气回收利用工程

合成氨装置甲醇洗工序放空尾气中的 CO_2 含量高，排放量每年达 5 万吨以上，福建合盛气体有限公司采用我国自主研发的食品级液体二氧化碳精制专利技术，采用催化氧化与低温精馏组合工艺，建设了 1 条食品级液体二氧化碳生产线，对放空尾气中的 CO_2 其进行回收，可年产 5 万吨食品级液体二氧化碳；在液体二氧化碳生产线的基础上通过技术改造，建设了 1 条干冰生产线，可年产 5000 吨食品级固体二氧化碳。CO_2 尾气回收利用工程，是合盛公司推进节能减排、发展循环经济、实现降本增效的一项重要举措，截至 2023 年累计减少 CO_2 排放 19.6 万吨。

（四）气体再利用氪氙提取改造工程

福建合盛气体有限公司对原有空分装置进行改造升级，实施气体再利用氪氙提取改造工程。提取装置在生产中需使用液氮作为冷源，因此液氮的消耗是机组能耗水平的重要指标。项目采用了液氮梯次利用节能工艺，将作为冷源的液氮在二次浓缩模块使用完后，汽化为氮气。为利用氮气中残余冷量，将此股氮气引至冷却模块再次作为换热冷源使用，充分利用了液氮的冷量，降低了液氮的耗量，起到了良好的节能效果。

自 2019 年以来，福建合盛气体有限公司坚持低碳运营，碳转化率可达到 99% 以上，氢气纯度达到 99.9% 以上，生产过程无环境污染、能耗低。近三年合成氨单位产品综合能耗指标分别为

1183.57 kgce/t、1139.77 kgce/t、1156.24 kgce/t，优于《合成氨单位产品能源消耗限额（GB21344—2015）》标准中新建厂合成氨单位产品能耗限额先进值（1500kgce/t），在国内合成氨行业的能耗处于领先水平。在公司及员工共同努力下，节能减排项目累计 26 项，设备升级改造累计 30 余套，累计节能规模 7750tce/ 年。因节能减排工作成绩突出，获评国家能效“领跑者”、福建省能效“领跑者”、国家绿色工厂、福建省绿色工厂和福州市节能标兵单位等荣誉，同时已连续三年被评定为环保诚信企业。

未来，福建合盛气体有限公司将持续发挥示范引领作用，开展技术装备攻关、加快成果转化，激发全产业链绿色技术需求，将绿色技术研发、绿色装备制造打造成为未来产业转型升级的“蓝海”，助力恒申集团高质量发展。

卫星化学股份有限公司：用减污降碳，打造工厂绿色金名片

卫星化学股份有限公司嘉兴工厂成立于2005年，主要从事丙烯酸、丙烯酸酯类、高吸水性树脂、高分子乳液、颜料（医药）中间体等产品的研发、生产和销售。公司以化工让生活更美好为使命，秉承着安全比利润更重要，把环保当成产品来做的安全环保理念深耕绿色低碳化学新材料领域。

近年来，卫星化学股份有限公司陆续开展了利用重组分回收产品工作、废液焚烧炉燃烧器节能技改工作、丙烯酸异辛酯精馏塔节能技改工作、废气处理提标改造工作、光伏发电工作、全自动灌装、全自动包装、中水回用等。2023年度公司绿色发展主要围绕以下几个方面展开。

一、营造绿色发展的人文环境

为了更好地推进绿色发展工作，公司宣传贯彻绿色、低碳文化理念，把绿色低碳生活融入小细节中。比如洗手盆边上的节水小提示，搭建数字化平台（文档系统、OA系统、MES系统、SAP系统等）开展无纸化办公，纸张双面打印，强调使用陶瓷水杯减少一次性杯子的消耗，工厂内安装太阳能路灯，每月2次无组织废气检查等。

生态保护，化工与自然相融合。公司在主通道、雨水排放区域营建自然景观，给化工生产装置添上青草和红花，打造花园式工厂。

二、利用工艺技改的方式，实现节能减排

工艺路线的调整与提升在公司减污降碳工作发挥着举足轻重的作用。2023 年卫星化学股份有限公司深入分析各个工艺环节，优化各个生产过程的资源配置，在降低能源消耗和污染物排放上持续投入，做绿色工艺，践行绿色低碳发展理念。

（一）工艺调整

以丙烯氧化增湿环节为核心，寻找节能降碳的突破点。从源头减少中压蒸汽的用量，在增湿塔中利用回收了系统热量的热水来调节工艺空气的湿度替代外购中压蒸汽调节空气湿度。以蒸汽轮机能耗为焦点，在蒸汽轮机输送空气这一工艺环节上开展技术升级，追求更加高效的蒸汽利用率，降低蒸汽消耗量。这两项技改工作可以实现年节约中压蒸汽 2.08 万吨，减排二氧化碳 0.64 万吨。

（二）余热回收

丙烯酸及酯类产品在生产过程中的有机废气通过催化氧化装置氧化分解，各污染物达到排放标准后高空排放。催化氧化装置氧化分解有机废气的运行温度维持在 400℃ ~600℃，改造前仅使用锅炉水换热回收部分废气中的热能，烟气在 250℃时就直接进行排放，极大地浪费了废气中蕴含的较高品质热能。2023 年卫星化学股份有

限公司将中压蒸汽经过空气换热器和废热锅炉对废气进行换热，将600℃的高温废气温度降低至400℃，回收该部分热量使中压饱和蒸汽转化为中压过热蒸汽。将400℃的废气与催化氧化前的废气进行换热降温到250℃，这部分热能供催化氧化装置使用。将250℃的废气利用锅炉水回收热量产低压蒸汽降温到150℃排放，实现热量梯级回收利用。本项改造实现了年产低压蒸汽1.6万吨，减排二氧化碳0.47万吨。

（三）回收利用污水站沼气

2023年卫星化学股份有限公司就污水站厌氧工艺开展技术升级工作，调整了布水方式、废水水质、厌氧菌种等，提升厌氧池废水处理效率、产沼气的能力和沼气品质。新增一台增压风机收集污水站厌氧池产生的沼气，并把沼气送到沼气锅炉燃烧自产蒸汽。本项改造实现年产低压蒸汽0.4万吨，减排二氧化碳0.13万吨。

三、推广新设备，公用工程精准供给

压缩空气、仪表空气系统，在公司内属于用电大户。空气压缩机能效低、压缩空气和仪表空气管网的气体泄漏，就是在悄无声息地浪费电能。2023年卫星化学股份有限公司选购了新型节能空气压缩机替代公用工程车间老旧空压机，引入声学成像仪，检查压缩空气、仪表空气的泄漏情况，降低压缩空气和仪表空气的泄漏量。通过空气压缩机的能效，降低压缩空气和仪表空气管网的气体泄漏两条途径，来降低压缩空气、仪表空气系统的电耗，达到节能环保和

（a）

（b）

（c）

图 4-10 （a）（b）（c）卫星化学股份有限公司厂区

降本增效的目的。公用工程车间的另一个用电大户就是循环水系统。2023年公司分析各生产单元对循环水的需求，淘汰了原循环水泵，选配更加高效的循环水泵，制定了循环水精准化供水方案。在高效循环水泵供水的条件下，按照各用水单元生产负荷调节循环水供给量，减少电能的浪费。本项改造实现了年度节电67.4万度，减排二氧化碳474吨。

卫星化学股份有限公司嘉兴工厂是一家肩负社会责任的公司，积极开展生态环境保护和节能降碳工作，深耕绿色发展模式，走低碳发展路线。2023年公司上榜了年度国家级绿色工厂和国家级绿色供应链管理企业。卫星化学股份有限公司以此为新起点，全面推进安全生产、环境保护和清洁生产工作，把减污降碳与降本增效相协调，提升公司在绿色低碳新材料领域的核心竞争力，打造工厂绿色金名片。

人工智能赋能工业园区污水厂，助力减污降碳节能增效

嘉兴港区工业污水处理有限公司成立于2017年5月，位于中国化工新材料（嘉兴）园区内，由博瑞德环境集团股份有限公司、嘉兴市水务投资集团有限公司与嘉兴市港区污水处理有限责任公司共同投资，为化工园区污水集中处理提供服务，承担了削减污染物总量的重要责任。

在深入推进工业园区“污水零直排”建设过程中，涉及到工业园区内污水集中处理设施的提标改造工作。为完成设施的提标改造

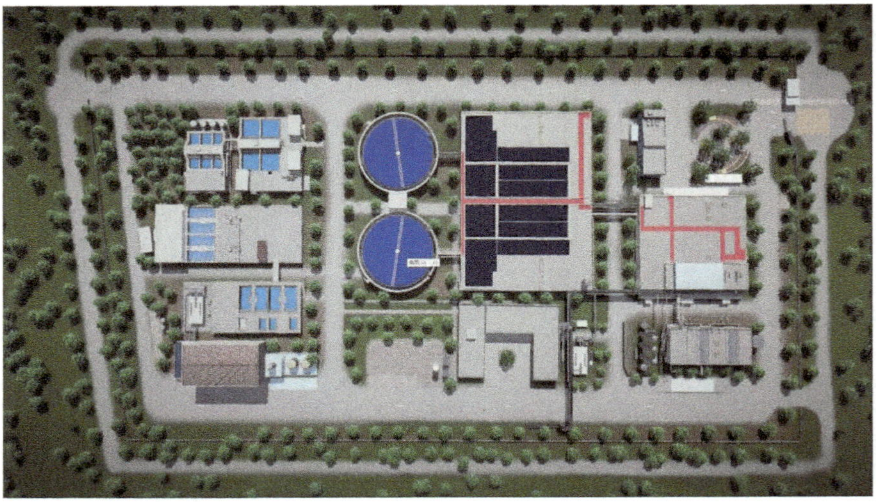

图4-11　嘉兴港区工业污水处理有限公司鸟瞰图

工作，现嘉兴港区工业污水处理有限公司已于2022年开始实施3万吨/天污水扩容工程，针对循环冷却排污水等水质较好的废水设计一套污水处理设施，进行分质处理，满足水量处理需求。

本项目从厂区的实际工艺出发，从3大方向着手，提出数字化“低碳”工厂理念：

（一）通过数字化技术融合，助力污水治理的绿色转型升级。一是打造污水处理的“未来工厂”。通过嘉兴港区工业污水厂“绿色零碳”开展人工智能运维系统实验，通过AI系统对运行系统进行精确调控，相较于传统运行控制，节省20%以上的电耗、节省20%以上药剂投加量，打造智慧型，数字化的未来工厂。二是打造园区污水处理的“智慧平台”。利用园区集中管理平台，将其进一步推广至园区企业自备污水预处理站，实现园区污水处理减污降碳协同增效。

（二）通过废水的资源化利用，实现污水治理循环利用。一是实施高浓废水专管输送处理产沼气。园区污水专管化收集处置，嘉兴港区工业污水处理厂将园区内企业高浓废水通过园区污水专管收集至高浓污水处置线，高浓度废水集中处理生产线所产沼气（日产量约10000 Nm^3），建设沼气发电系统，预计日产电量28000kW·h，覆盖污水厂二期运营所需电力，不进行外购电力，实现间接碳排放每日减少17.4吨。二是实施清下水专管输送处理制中水。通过清下水零直排建设，统一收集至园区工业污水厂处置后通过排海通道排放，先行实现河道水体降污，后期通过清下水分质处理，回用至上游用水企业，实现企业降碳和协同增效。

（三）通过“以废治废”，推进污水治理的绿色生产过程。嘉兴港区工业污水厂绿色低碳项目实践过程，探索了园区上下游协同，实现减污降碳协同增效道路。以实施企业间污水点对点综合利用为突破点，通过技术创新，利用园区 PDH 产业华泓新材料的硫吸收液废水，在污水处理反硝化环节，作为硫源替代碳源投加，在减少自身每日 1.8 吨碳排放基础上，进一步减少上游企业污水处理成本，集约 660 平方米污水站及 1700 万建设投资、减少企业每日 12.4 吨碳排放和污水处理运行费用 300 万 / 年，综合综合减碳 6219 吨 / 年。

综上所述，在环境效益上：本项目通过废物资源化利用、以废治废和数字化手段，每年可实现减排污染物 1928 吨，减碳 1.8 万吨以上。

在经济效益上：可为上游企业节约治污成本 2000 万元以上，产生经济效益超 7000 万元。

在社会效益上：AI 智能运维系统可以提高污水处理效率，减少污水排放对环境的污染，保护水资源和生态环境；实现了污水处理过程的自动化和智能化，提升治理水平。

本项目最重要的是数字化改革，在原有两期项目的自动化控制系统的基础上应用 AI 智慧化运维控制系统，主要是基于污水处理的全流程工艺过程，安装 AI 智能运维系统，让全厂的数据发生联动，建立适用于污水处理的全流程的运维控制方法，即通过人工智能系统探究加药量、曝气量、溶氧量等参数对于出水水质影响；根据人工智能的预防性维护策略，利用设备的 loT 传感数据，建立设备的实时检测系统，并通过大数据分析手段，建立设备故障预警机制，实现运维安全智能化；并根据运行参数与碳排放量之间的关系，形成碳足迹监测系统，实现系统实时预测与反馈；通过机器学习等手段实现系统的自我学习，并最终形成整个污水处理厂运维监控的精准控制。

本项目采用的是以下三项核心技术：

（一）仿真系统，利用核心算法，结合历史决策策略和实时感知数据不断学习，选择、优胜劣汰，得出最优策略；

（二）负荷感知，通过科学试错，不断循环假设验证、预期调整过程，直到认知收敛，决策进化；

（三）负荷分摊，决策系统不局限于某个单一工艺系统，会基于安全性和经济性为基础统筹整个系统的决策。

依托于上述三大核心技术，采用自主开发的通用算法大模型为核心，从小数据中寻找通用规律实现高效自我学习，降低数据依赖程度，并在仿真环境中快速策略试验，不断寻找最佳的控制参数，以污水厂的全流程工艺过程为对象，开发建设了包括智能曝气系统、智能碳源投加系统、智能臭氧投加系统在内的 12 项智能系统，并通过系统间的内在协同，实现全厂全流程的有效运维管控。

本项目基于前沿的核心技术，产生三点创新价值：

（一）新模式

人工智能决策系统通过传感器感知各项参数，通过人工智能的底层逻辑中的核心算法，在工艺逻辑层进行自我调控，实现了污水厂从自动化，信息化到数智化、智慧化的转变发展，完成了污水治理、减污降碳的智慧化、数字化协同，实现污水处理厂的绿色低碳转型。

（二）新技术

本项目针对市政及工业污水的运营需求，通过机理模型与数据模型相结合的形式，突破污水处理过程数字化及智能调控等关键技术，实现了运营过程的节能降耗、低碳节约，达到提质增效的目标。

（三）新理念

以本系统为控制中台，通过标准接口与其他系统实现有效兼容，打破信息孤岛与技术间的协作壁垒，实现更顺畅的数据交换和技术协同，提升整体系统的集成性和互操作性，打造兼容并包、生态共赢的合作理念，加速水处理行业的数字化升级。

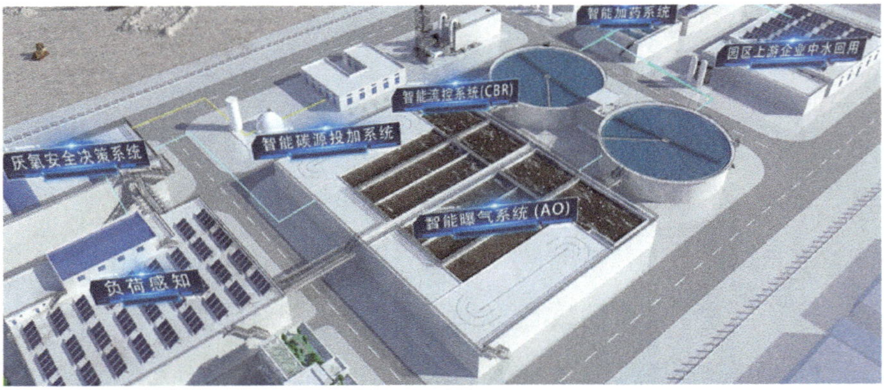

图 4-12　AI 智能运维系统

基于人工智能和大数据的污水处理减污降碳协同工艺，最终形成成熟的AI智能运维系统的人工智能+技术，具有核心技术知识产权，已经形成一整套系统理论与实践相结合的应用技术，可复制性高具有广泛在行业内推广的技术基础。

嘉兴港区工业污水处理有限公司通过AI智能运维系统应用，将在环境治理行业内树立标杆，发挥积极的示范引领辐射作用，同时将推动浙江省乃至中国污水处理行业及相关产业的可持续发展，为最终实现水资源的高效处理与循环利用奠定坚实的技术和应用基础。此模式不仅符合我国生态环境保护与资源综合利用的战略要求，而且对促进环保产业的绿色低碳转型具有重要意义，满足污水处理行业减污降碳协同处理的关键技术需求。本项目曾入选“浙江省第一批减污降碳标杆项目”，荣获“浙江省减污降碳协同试点”等。

以循环经济为舵，探索企业转型新篇章

河北诚信集团有限公司（以下简称“河北诚信集团”）是一家集产品研发、生产加工、销售物流和技术服务于一体的大型企业，公司为高新技术企业、国家技术创新示范企业、制造业单项冠军、工信部第三批“绿色工厂”。

自 1990 年创立以来，河北诚信集团始终秉持立足河北、布局全国的经营战略，在河北、内蒙古、四川等地成立了 8 家全资子（分）公司。产品广泛应用于黄金冶炼、农药、医药、日化、营养保健等多个行业，产品畅销国内，远销至海外 120 多个国家和地区，有着强大的市场竞争力和国际影响力。2023 年，河北诚信集团凭借卓越的企业实力和行业贡献，荣登中国精细化工百强榜单第 3 位，在中

图 4-13　河北诚信集团有限公司厂区

国石油和化工民营企业百强中占据第25位。这一成绩的取得，这不仅彰显了河北诚信集团在行业内的领先地位，更凸显了其转型发展的显著成效。

河北诚信集团坚持以全产业链布局为核心的发展战略，从单一产品起步，逐步拓展至多品类并立。从核心产品氰化钠出发，不断延伸产业链，涉足医药、农药、日化等多个领域，成功构建了品类齐全、品质卓越的氰衍生物产品系列。作为循环经济的坚定践行者，河北诚信集团始终将可持续发展作为企业发展的核心战略，以循环经济为导向，致力构建绿色经济体系，实现了经济效益与生态效益的双赢，为行业的可持续发展贡献力量。

一、践行循环经济，打造绿色产业链

资源的综合回用是实现循环经济的关键。河北诚信集团不断优化生产工艺，将副产物、废弃物等资源进行综合回用，成功实现了废气治理与开发利用、副产氯化钠处理与资源利用、废水治理与循环利用、能量回收与余热利用等多个方面的结合。通过多维度分析技术开发到工艺设计再到生产管理的流程，制定资源回收与利用的应对之策，实现了尾气、废水、余热、副产物的综合利用。

以含氢尾气综合利用项目为例，河北诚信集团将氰化钠生产过程中产生的含氢尾气进行提纯，进而合成液氨，为氰化钠生产供应原料。这种“产品—副产物—原料”的循环闭环模式，不仅提高了资源利用效率，还降低了生产成本，成为资源循环利用的典范。该项目的实施，不仅提高了公司的环境效益，也为绿色发展树立了标杆。

二、构建绿色制造体系，推动可持续发展

在绿色制造方面，河北诚信集团同样不遗余力。通过引进先进技术和设备，推动生产过程的清洁化和高效化。蒸汽冷凝水回用项目将蒸汽冷凝水回收并直接回用于锅炉，实现了水资源的循环利用；利用树脂吸附原理解析回收工业废气中的有机溶液并吸附回收盐水中的有机酸，实现了降本增效；含盐废水综合利用项目将工艺水进行处理并回用于生产系统，减少了新鲜水的用量；三聚氯氰连续化清洁改造项目则彻底解决了废水处理问题并回收了无水氯化钙。

这些绿色制造项目的实施，不仅提高了河北诚信集团的生产效率和产品质量，还降低了能源消耗和污染物排放。同时，河北诚信集团还不断拓展上下游产品，延长产品链条，提高了产品附加值，为公司发展注入了新的动力。

三、深耕绿色工艺研发，引领行业技术创新

在绿色工艺研发方面，河北诚信集团秉承“绿色优先、循环为本”的理念，致力于研发绿色环保、循环利用的工艺技术。在产品研发与技术创新过程中，优先选择绿色环保、循环利用的工艺路线，形成了在涉氰环保领域的技术优势。

公司充分考虑产品全生命周期对环境的影响，在产品研发设计伊始，优先选择绿色清洁生产工艺，减少“三废”产生。在产品开

发和项目评估中，优先研发以氢氰酸为核心的上下游产品，构建循环产业链。同时，公司将绿色工艺融入项目建设之中，实现副产品综合回用、变废为宝。

目前，河北诚信集团研发创新投入占销售收入比例3.5%以上，在绿色科技方面知识产权数量日益增加。其中，“三聚氯氰生产中氯化氰气体干燥技术”等6项环保工艺荣获无机化工科技奖—技术创新奖。这些成果的取得，不仅提升了公司的核心竞争力，也为行业的绿色发展提供了有力支撑。

四、荣誉彰显实力，绿色发展成果斐然

一分耕耘一分收获。河北诚信集团在绿色发展道路上的不懈努力得到了社会各界的广泛认可。公司获得“中国精细化工绿色低碳发展企业10强”“企业公民楷模榜·绿色化工奖”“绿色创新奖”“绿色企业管理奖”“环境友好型企业”等荣誉称号。同时，集团内4家企业光荣入选工业和信息化部“绿色工厂”名单，3家企业入选省级绿色制造名单，充分彰显了公司在绿色发展方面的卓越成果和实力。

河北诚信集团将继续秉承绿色发展理念，加大研发投入和创新力度，以循环经济为导向，通过践行循环经济、构建绿色制造体系、深耕绿色工艺研发等多项举措，推动产业结构优化升级和绿色转型，构建更加完善的绿色制造体系和循环经济产业链，为实现可持续发展和建设美丽中国贡献更大力量。

己内酰胺一体化智能绿色制造体系实践案例

福建申远新材料有限公司隶属于恒申控股集团有限公司，为改变高端己内酰胺产品依赖进口的局面，恒申控股集团逆向整合产业链，于2013年3月12日成立了福建申远新材料有限公司，并与全球最先进己内酰胺生产技术与管理体系的荷兰皇家帝斯曼集团签订战略合作协议，采用荷兰皇家帝斯曼（DSM）HPO plus® 己内酰胺生产工艺，在福建连江可门港建设年产100万吨己内酰胺一体化项目，该工艺在环保与节能方面有着突出的优势，将副产品硫酸铵的数量降至最低，是目前世界上最成熟稳定、最安全环保的己内酰胺生产技术。项目总投资400亿元，全部建成后预计年产值可达250亿元，每年实现税收15亿元。项目采取分期建设，目前80万吨/

图 4-14　申远新材料一体化产业园

年己内酰胺装置已投产。高品质己内酰胺的投产，带动了地方乃至全国化纤纺织行业的提升，弥补了中国多项技术的空白，大大提升了中国企业在己内酰胺领域的定价权及品牌定价权，一定程度上助推全行业实现中国制造迈上新台阶。

申远工厂建设初期，公司编制了《绿色工厂创建实施方案》。在公司层面上制订了己内酰胺一体化智能绿色制造体系建设工作计划，全员上下严格贯彻执行国家各项安全职业健康、环境保护法律法规，始终把节能降耗、资源综合利用作为提高综合竞争力的重要手段，不断学习先进工艺及管理技术，积极推动己内酰胺一体化智能绿色制造体系的建设。主要做法如下。

一、完善制度建设，设立专人负责绿色制造

在公司层面上制订了智能绿色制造项目实施计划，明确了智能绿色制造责任单位和负责人，制定了《福建申远新材料有限公司绿色工厂管理办法》（以下简称“《绿色工厂管理办法》”），指派了绿色工厂相关的职责的权限，确保绿色工厂运行和实施的管理能获得足够的资源。

二、设立关键 KPI 指标，确保绿色制造落地

福建申远新材料有限公司在发展的工程中逐步制定工厂建设绿色标准、建立实时分析的监测体系和有效的奖惩体系，针对环保、节能和职业卫生分别设立了考核指标，推进绿色制造水平提升，公

司先后通过了质量管理体系、环境管理体系、职业健康安全管理体系和能源管理体系认证。

三、采用环保材料和节能器具，降低能源消耗

福建申远新材料有限公司的厂区厂房多采用了钢结构的建筑体系，建筑材料和装饰装修材料满足高耐久性的要求，能减少建材在全生命周期中的能源消耗，厂区节水器具配置率为100%，节能灯具使用比例为100%，计量器具配置率为100%。

四、采用先进工艺，产品实现低碳绿色制造

己内酰胺一体化项目主工艺采用恒申集团HPO plus®工艺，设备工艺先进，能效等级高，技术水平国际先进。近年来，公司研发团队不断推进生产技术的优化及改进，HPO装置IPL项目实施后，能够有效维持高羟胺反应选择性和活性，每年为公司减少原料消耗成本1100万元。碱洗工艺的改进，每年可带来1200万元的收益，同时提高了碱洗塔的抗干扰能力，进一步提升了己内酰胺产品的质量稳定性。在项目建设的过程中公司持续优化用能结构，实施了疏水器更换，年节锅炉水量120000 t；实施了场外栈桥照明更改控制方式，年节电量237250 kW；实施了1T3501A/B循环水站风扇增加变频器，年节电量296000 kW；通过冷凝液热量回收改造每年可节约标煤34464吨；通过对洗涤除尘器C8351排水改造产区全年节省低压蒸汽7200吨（0.5MPa、150℃）；通过加氢副产蒸汽增

加旁路并入装置内低压蒸汽管网的改造，年节约高压蒸汽8000吨（3.5MPa、365℃）。产品质量、物耗、能耗、“三废”排放均达到世界一流水平。

五、应用新一代信息技术，实现智能生产与绿色生产有机融合

多年来，福建申远新材料有限公司将智改数转作为高质量创新发展的重大战略目标。打造了申远信息管理一体化平台，实现智慧监管的“精细智能”；构建了数字化全流程生产监控平台、资源协同配置管理平台和健康安全环境管理平台等“三大平台”协同合作的智能生产模式，实现了生产过程全过程管控、库存物资统一协调、产品信息可追溯的产、供、销一体化的高效智能管理模式；实现了对人员和车辆进出的分类管理，对施工作业进行全程在线管控，对重大危险源全过程监控，对工艺异常、火灾爆炸、液体气体泄漏等进行实时监测。

六、科学的污染物处理方式，实现零事故、零违规

厂区配套先进的污水处理装置、废液废气焚烧装置、中水及污水处理装置，通过废气废水的达标排放、余热利用、水资源高效回用，实现绿色、循环、经济的生产运行模式。

七、加强供应商管理，构建绿色供应链管理模式

在采购和供应链方面，制定了《供应商管理制度》《DMD 项目供应商质量控制程序》《供应商考核评价表》。每年对合格供应商进行评定，并定期进行实地审查，确保供应商能持续满足申远新材料的要求。将环境保护和资源节约的理念贯穿于企业产品设计、原材料采购、生产、运输、储存、销售、使用和回收处理的全过程。

通过以上措施，福建申远新材料有限公司智能绿色工厂达到国际先进水平，成为全球领先的己内酰胺与锦纶聚合一体化生产基地，近三年己内酰胺单位产品综合能耗指标分别为 0.3212 tce、0.2621 tce、0.2621 tce，单位产品综合能耗不断降低。己内酰胺生产线关键装备数控化率达到 94.5% 以上，生产数据自动采集率达到 98% 以上。福建申远新材料有限公司的生产效率提升 45.22%，资源综合利用率提升 2.02%，单位产品成本下降 2.02%，产品不良率下降 23%，质量损失率下降 23%，己内酰胺的生产成本显著降低并提升高品质己内酰胺的优等品率，优等品率达到 100%。

强大的市场竞争力，促使福建申远新材料有限公司快速稳步发展，2023 年营业收入达 258.8 亿元，利润达 72.6 亿元，研发投入达 11250 万元。近年来公司的发展也受到了社会各界的广泛关注与认可，先后获评“国家级绿色工厂”“企业绿色低碳发展优秀实践案例”“中国建设工程鲁班奖”“福建省级龙头企业”“省级工业和信息化高成长企业”“福建省绿色工厂”“福建省智能制造示范工厂”“化

纤行业绿色制造先进企业”“化纤行业智能制造优秀企业”“中国石油和化工企业500强”“中国品牌价值产品品牌组第3位”“福建省品牌价值百强产品品牌组第1位”等荣誉。

中国中化能碳管理信息系统

中控技术股份有限公司（以下简称“中控技术”）成立于1999年，是国内领先、全球化布局的智能制造整体解决方案供应商，致力于“工业AI+数据”核心能力的构建及落地应用，已累计服务海内外客户3万多家，覆盖化工、石化、油气、电力、制药、冶金、建材、造纸、新材料、新能源、食品等数十个重点行业，公司核心产品被广泛应用在50多个国家和地区，为客户提供“AI+安全”“AI+质量”“AI+低碳”“AI+效益”的智能化解决方案，助力全球流程工业从传统生产制造模式向高度自动化、智能化转变，实现高质量可持续发展，为人类创造更加轻松美好的生活环境。

一、案例情况

2022年11月至2024年3月，中国中化试点企业能碳管理信息系统在河南焦作建设，能碳管理信息系统含两套氯碱，两台PVC，以及配套公用工程系统。总投资466万元，旨在完善能源计量仪表，配置能源管理专岗和能源管理体系运行制度。运行一年后，项目带来超过1.5%的节能率，按照该企业每年能耗30万吨计算，预计每年可带来节能量4500吨标准煤，减排量约1.2万吨CO_2/年。节能降本效益：4500×800=360万/年；减排效益：1.2万CO_2×60元（碳价）=72万/年；合计效益：432万/年。投资回收周期1.1年。

二、项目建设背景

2021年和2022年国务院国资委先后印发了《关于推进中央企业高质量发展做好碳达峰碳中和工作的指导意见》与《中央企业节约能源与生态环境保护监督管理办法》两份文件，要求中央企业应加强二氧化碳排放统计核算能力建设，提升信息化实测水平。中国中化为落实“双碳双控”政策，推进“线上中化”战略数字化转型，在《中国中化“智能工厂+智慧HSE”建设指导白皮书》中的工作任务明确指出，企业需要以能源管理为抓手，遵循科学规范、技术先进、易扩展、易维护、通用性等原则，采用在线方式广泛接入生产过程中能源相关的指标数据，并利用大数据、云计算和智能算法，实现能源运行监测、统计查询、能效分析、绩效评价、预警报警等功能，通过低碳管理信息化平台建设、能碳管理协同融合，完善企业能碳管理体系框架，实时监测和强化跟踪能源消费和碳排放状态，辨识节能降碳机会，合理制定节能降碳目标，力求实现全生命周期、全过程减碳，进一步压降企业成本，促进企业可持续发展。

为了解决中国中化企业能源管理“看不见、管不住、降不下”的问题，中控技术为中国中化建设企业能碳管理信息系统项目。项目总计新增能源计量仪表600块，建立包含6000多个指标的能源统计核算模型，形成了“三层九表”能源管理体系，实现能源“管得住”的目标。通过装置能效指标自动分解至班组，中国中化实现了“人人头上有指标”，并结合奖惩制度，有效激发了全体员工节能降碳参与热情。

三、项目技术与功能亮点

（一）基于大数据技术，支持能源系统运行优化模型的参数自调节。使得运行节能效果是同类技术的两倍。

（二）多时空尺度能效动态评估功能，能够根据工况调整，合理评估用能合理性，更为精准识别能耗不合理使用，大幅提升管理节能效果。

（三）基于生产计划精准预测用能和碳排放，辅助用能需求管理和碳交易策略优化，在实际产量与计划产量偏差不超过 1% 的情况下，预测碳排放与实际排放偏差 <5%。

（四）模型化的能碳统计核算，能耗与碳排放的统计核算透明化、可追溯、可优化，且方便随业务需求快速变更，维护简单，延长系统寿命周期，可在同行业复用，缩短同类型项目交付成本。

（五）能碳核算过程可视化，方便用户在开展能碳数据分析过程中，通过交互操作，实现数据的追溯，快速定位能耗和碳排放的异常点，使能碳指标数据分析效率提高 >20 倍。

（六）多时空尺度能效动态评估，可以对装置、工序、设备等多空间尺度的能效数据按照工况进行聚类，通过大数据计算出不同工况的能效基线，用于动态评价当前工况能效水平。

（七）生产计划驱动能碳预测，考虑了工况变化对能效的显著影响，进而影响碳排放，该方法预测精度更高，为辅助企业开展用能预算和主动碳交易提供强有力支撑。

四、项目技术综合绿色效益

相较于传统的依赖人工经验粗放式的能源管理模式，基于能碳管控平台的精细化管控模式，可以为企业带来1%~1.5%的综合节能率目标，按照全国4000家工业企业，平均每家企业每年综合能耗5万吨标准煤计算，大约可以带来的总节能量超过200万吨标准煤/年，合计减排约532万吨CO_2/年。

1. 经济社会效益

根据前面“技术综合绿色效益”估算方法得到的532万吨CO_2减排量计算，预期带来的经济效益约为29.3亿元。（计算过程：200万吨标准煤 ×1200元/吨标准煤+532万吨CO_2×100元/吨CO_2。）

2. 创新示范

能源管理场景推广比例在20%左右，碳排放管理和能源优化运行场景目前仅在头部企业试点应用，仅在1%左右。该项目也成为了行业内的典型示范项目。随着“双碳”政策的逐步完善和相继出台，预期能碳管理技术应用在25年前后出现加速上升趋势，到2030年预期可实现60%以上的覆盖率。

3. 技术查新、鉴定、获奖等情况

中控技术在石化、化工行业累积实施超过50家能源优化与能源管理项目，曾获得多项领域内的奖项和荣誉，包括：

（1）入选石化行业“十四五”首批智能制造适用技术名单。

（2）入选“2019 中国智能制造十大科技进展”名单。

（3）入选“国家工业和信息化领域节能技术装备推荐目录（2022 年版）。

（4）入选工业和信息化部 2023 年度智能制造系统解决方案揭榜挂帅项目名单。

（5）获得制造业智能化解决方案创新大赛优胜奖。

（6）中国节能协会“节能减排企业贡献奖”三等奖。

4. 技术知识产权情况

软著：

（1）中控能源管理软件。

（2）中控碳管理软件。

（3）中控公用工程优化软件。

专利：

（1）一种蒸汽动力系统的在线实时优化方法及装置。

（2）一种工业循环水的节水优化方法及系统。

创新驱动绿色发展，
打造橡胶轮胎行业新质生产力

“新质生产力”作为关键热词，首次被写进2024年全国两会《政府工作报告》。新质生产力代表着先进生产力的演进方向，特点在“新”，优势在“质”，落脚在“生产力”，这正是液体黄金轮胎的产品特质。

一、向“新”而生　引领橡胶工业高质量发展

赛轮集团股份有限公司（以下简称赛轮集团）以液体黄金轮胎为典型，体现了新质生产力的“新”内涵，以颠覆性技术不断提升产品的先进性、创新性和低碳特性，增强了轮胎产品的核心竞争力。

2023年，赛轮集团获评橡胶轮胎行业首家唯一中国工业碳达峰“领跑者”企业称号，荣获了国家级绿色工厂、国家级工业产品绿色设计示范企业、山东省绿色供应链管理企业等荣誉称号，为橡胶行业的科技创新与绿色制造注入新动能。

赛轮集团液体黄金轮胎的研发历时十几年，从理论到实验室，再到工业化和产业化，是一项从0到1，再从1到100的原始创新成果。液体黄金轮胎应用世界首创的化学炼胶技术，在国际上首次攻克滚动阻力、抗湿滑性和耐磨性无法同时提升的“魔鬼三角”难

题。2016年，欧洲权威橡胶杂志《国际轮胎技术》对化学炼胶技术进行了特别报道，评价它将“助力中国轮胎工业实现跨越式发展，达到国际领先水平”。同时，该项创新成果荣获中国工业大奖、山东省技术发明一等奖和中国石化联合会技术发明一等奖等多项殊荣。

二、向“绿”而行 “碳”路橡胶工业可持续未来

绿色发展是新质生产力的“底色”。

赛轮集团持续深化并积极践行绿色低碳发展理念，在产品的打造上一直朝着“低碳”和“绿色”的方向努力，将绿色、节能轮胎作为企业研发的方向与核心竞争力。集团从绿色材料应用、绿色产品设计、绿色工艺、产品终端绿色服务以及资源综合利用等方面展开全方位技术探索和技术储备。

赛轮集团自主研发的“液体黄金”轮胎产品，是集团践行绿色发展理念的集大成者。从原材料选用、生产制造、产品使用和循环再利用的全生命周期内突破性地实现了绿色、低碳和可持续发展。液体黄金轮胎采用可再生的“非化石”原材料，采用白炭黑作为主填料，保证了其磨损颗粒对环境没有任何污染。同时，赛轮集团使用“绿色一体化”工艺制备高性能橡胶新材料，采用氮气硫化及新型电加热硫化设备。并依托于集团首创的“橡链云”工业互联网平台，将原有ERP、SRM、MES、WMS、EMS、LIMS、CRM、B2B、EIP等9个核心系统进行了技术升级，涵盖研发仿真一体化、设备

连接、产线智能化、物流智能化、质量管理等多个层面。实现了工艺参数动作数控率实现核心设备80%以上、非核心设备60%以上，生产效率提升30%，基于质量控制升级实现产品不良率降低45%，企业运营效率提升30%。

三、聚焦行动以绿色产品重塑交通减碳新篇章

如今，赛轮集团已将科技创新成果切实转化成了现实生产力。液体黄金轮胎已经通过市场检验，驰骋于广阔大地。经国际权威机构测试，液体黄金轿车轮胎的滚动阻力和湿地抓地性能达到国际最高等级AA级，液体黄金卡客车轮胎的滚阻、湿地和噪声达到中国橡胶工业协会《轮胎分级标准》最高等级AAA级，并获得国际权威机构颁出的“节能先锋奖”。

通过对液体黄金轮胎进行节油测试，如果按照中国2022年轿车胎销售量2.5亿条，以每条胎平均行驶里程12万公里来计算，若能全部采用液体黄金轮胎，则可以节油450亿升，约等于3.18个西湖，减少二氧化碳排放1.04亿吨。经国际权威认证机构TÜV实车测试，液体黄金卡车胎综合油耗较参加测评的国际一线品牌低18%。

四、向“链”而动构建橡胶产业链协同创新模式

发展新质生产力是在布局未来、创造未来、竞争未来，最终落脚点在于“生产力”。赛轮集团出身于被誉为“橡胶界黄埔”的青

岛科技大学，基因中便厚植下创新精神。自创立以来，赛轮集团就以“做一条好轮胎”“让橡胶工业站上世界新高度”为使命，协同产业链持续致力于科技研发。

2009年，赛轮集团联合青岛科技大学、软控股份，共同承建了国家橡胶与轮胎工程技术研究中心（以下简称“国橡中心”），国橡中心是中国橡胶与轮胎行业唯一的、开放的、最高的科技研发与创新管理平台，是全国唯一一家获得科技部批复的“管理模式创新试点单位”的工程技术研究中心，承担着围绕行业重大共性关键技术进行联合攻关，促进全产业链协同创新的使命。

液体黄金轮胎的诞生，正是凝聚了行业上下游资源，以赛轮集团这一龙头企业作为主体，国橡中心各创新主体相互协同组建成创新联合体，充分打通了创新链、产业链和人才链，提高资源利用效率，加速科技成果向现实生产力转化。通过技术革新与效率提升，液体黄金轮胎成为新能源、新材料、新一代信息技术、先进制造等诸多新科技的关键载体。如同每一次伴随科技浪潮而出现的卓越产品，不断让人们的生活变得更加美好。在为新质生产力蓄势赋能的过程中，液体黄金轮胎正以新技术、新质态布局未来生产力，让全球用户的出行更安全、更绿色、更智能。

五、砥砺前行，创新驱动筑就高质量发展新高地

央视对液体黄金轮胎的特别节目《激扬赛场　轮动四方》，不仅展示了该技术的独特之处，还进一步增强了赛轮品牌的公众形

象，扩大了液体黄金技术在广大观众中的知名度。在中央广播电视总台第四届《中国汽车风云盛典》颁奖典礼中，赛轮集团液体黄金轮胎技术因其代表性和引领性，以及对推动中国汽车产业发展的特殊意义而摘得评委会特别奖，赛轮集团也成为唯一获此殊荣的汽车零部件企业。

重庆华峰己二酸绿色低碳高质量发展案例

重庆华峰化工有限公司是华峰集团于 2010 年 6 月在白涛新材料科技城投资注册的子公司，注册资本为 12.03 亿元，现有员工 3000 余人，是国家高新技术企业、重庆市百强企业、重庆市优秀民营企业和涪陵区综合 10 强工业企业。公司通过 ISO 9001、ISO 14001、ISO 45001 和国家级两化融合管理体系等认证，成功揭榜工业和信息化部 2022 年度智能制造示范工厂，获评全国五一劳动奖状、国家级"绿色工厂"、中国石油化工行业"绿色工厂"、重

图 4-15　重庆华峰化工有限公司的氧化亚氮减排装置

庆市智能制造标杆企业、全国模范职工之家等荣誉称号。公司专注于己二酸系列产品的研发、生产和销售，其中己二酸产品获评重庆市“名牌产品”，并通过工业和信息化部第四批单项冠军产品认定。目前己二酸产品产能达150万吨，系全球最大的己二酸生产企业。成功创建市级企业技术中心，拥有国家授权专利81项，省部级科技奖8项。公司结合自身安全环保管理实践经验，率行业之先推出自主研发的华峰智慧安环一体化管控平台，围绕高效集成，精准智能，通过集成PIMS、EHR、一卡通、海康系统、LIMS、EAM、YMS、TMS以及集团飞书，将安环所需各类信息融会贯通；通过人员精准定位将人、车行为进行精准管控，最终依托平台形成的大数据，提供智能分析决策。同时，公司还积极推广“5G+”新一代信息技术应用，打造“5G+”管廊无人机巡检、“5G+”智能巡检等多个应用场景，实现了产业数字化。

己二酸俗称肥酸，是脂肪族二元酸中最有应用价值的二元酸，己二酸主要用于生产尼龙66、聚氨酯、可降解塑料PBAT等。己二酸在生产过程中，环己醇（醇酮）与硝酸氧化生产过程中会生成含一氧化二氮的尾气。一氧化二氮又称笑气，它是《京都议定书》中界定的六种温室气体之一。每生产1吨己二酸排放0.27t~0.30t一氧化二氮，相当于每生产一吨己二酸将排放将近83.7t~93t的二氧化碳。

重庆华峰化工有限公司自主开发的氧化亚氮低温分解技术和催化剂，于2022年建成第二套工业化装置并顺利投产，保障了20万吨/年己二酸生产线尾气无污染排放，副产蒸汽还增加公司的经济效益。既能实现碳减排目标，还为绿色生态可持续发展奠定坚实的基础。目前第三套更节能、更先进的20万吨/年己二酸生产过程氧化亚氮低温分解消除装置已经处于调试当中。目前全球己二酸行业拥有能实现N2O催化分解技术的企业仅有3家，其中国内只有1家—重庆华峰。本项目是国内己二酸行业氧化亚氮减排自主技术的首次工业化应用，填补了国内己二酸氧化亚氮减排自主技术空白，为助力国家实现“双碳”战略和非二氧化碳温室气体减排提供了重要技术解决方案。本技术通过了由中国石化联合会组织的科技成果鉴定。鉴定委员会认为该成果达到国际领先水平。

在绿色生产与循环利用方面，重庆华峰化工有限公司拥有百余项技术创新成果。建成单套全球最大的环己醇装置、己二酸装置。生产运行的能耗、物耗都处于行业领先。具体技术开发如：第一是把环己烯水合法副产的环己烷用作环己烷氧化法的原材料，实现环己烯法副产物近100%的回收与再利用；第二是把环己烷氧化法副产的氧化液用于制备己二酸和混合二元酸；第三是研制了高效脱硫催化剂及加氢催化剂，将苯定向转化为环己烯的转化率提高到50%以上，环己烯的选择性提高到80%以上；第四将己二酸尾气之中的N_2O进行低温分解，实现了“非二氧化碳”温室气体减排，成为国内为数不多的含氮温室气体减排企业。

重庆华峰化工有限公司不仅是全球最大的己二酸生产企业，还率先攻克己二腈“卡脖子”技术，填补国内该领域的空白，并陆续建成20万吨己二腈装置。当前，重庆华峰化工有限公司正在进行新材料研究院和中试试验基地建设，努力实现以科技创新支撑实体工业的“科创+产业”发展新模式，建设成为世界一流千亿级新材料领军企业。

2023年，重庆华峰化工有限公司实现产值130亿元，出口创汇17亿元。推广应用技术如下。

一、醇酮装置尾气减排与资源回收成套工艺

以醇酮装置尾气为原料制备高纯氮气，主要技术包括：TSA分离、催化氧化、PSA等，本技术解决了醇酮尾气难以生产高纯氮气的难题。自主开发了尾气制氮生产设备，实现了醇酮装置尾气的循环再利用和高纯氮气的自动化清洁生产。本成果实现醇酮装置尾气中有机物去除率达到99.9%，有效地将尾气中有机物的浓度降低至$1mg/m^3$以下。该项目已获授权发明专利3项、实用新型专利5项。

二、环己烷空气氧化过程中资源化利用关键技术

以环己烷氧化中的废液制备己二酸和二元酸，主要技术包括：“逆向水洗—反向萃取”“双效提浓、热分解反应、梯度硝酸氧化反应”、结晶、蒸发浓缩、熔融切片，最终得到己二酸和C4 ~ 6-二元酸两种产品。成果形成了完整自主知识产权的成套技术，获授权发明专利6项、实用新型专利3项。

三、己二酸生产过程中氧化亚氮低温催化分解消除技术

以含 N_2O 的己二酸生产尾气为原料气。主要技术包括：混合、催化分解、SCR、余热回收等。转化率在 95% 以上，单套处理原料气处理能力达 11000m^3/h 以上。

全套技术已在重庆华峰己二酸生产装置实施应用，形成了完整自主知识产权的成套技术成果，获授权发明专利 2 项。

未来展望篇

一、中国石化行业绿色发展机遇和挑战分析

石化化工行业是推进我国经济高质量发展的重点和关键行业之一，产业链条长、产品种类多、涉及领域广，关乎经济稳健发展、产业链供应链稳定安全、绿色低碳转型和民生改善，应从全局和战略的高度，准确把握行业发展的时代背景、面临的机遇和挑战，明确高质量发展的主要任务。

（一）我国石化行业绿色发展机遇分析

石化行业在数字转型、能效管理等方面的需求，带来了更多的新的行业机遇。与此同时，石化行业碳减排的需求，以及在氢能产业的优势，也让绿氢、CCUS 的相关项目不断落地，成为产业拓展的新方向。一方面，新型城镇化和消费升级将拉动需求持续增长。另一方面，中国制造业升级提供了巨大市场需求，主要集中在汽车、高铁、航空航天等高端装备用化学品，医药、生物、农业等生命科学用化学品，建筑节能、大气治理、污水处理等节能环保用化学品，以及电子化学品、新能源用化学品等领域。

目前，我国风电、光伏发电设备制造已形成完整的产业链，技术水平和制造规模处于世界前列，其中风电整机制造占全球总产量的 41%。中石油从 2017 年开始试点在加油站屋顶布局分布式光伏项目，目前累计建成光伏发电装机规模 35 兆瓦，2020 年开始了全面布

局光伏发电项目；中石化光伏发电业务起步于2016年，目前累计建成光伏发电装机规模85兆瓦，年发电量近1亿千瓦时；随着风电技术的进步，我国海上风电市场快速崛起，中国海油从2018年底开始进军海上风电业务。

我国以中石化、中石油为首的石化企业大力布局发展氢能业务，储氢材料、管道输氢、加氢站、燃料电池等多项储备技术取得积极进展。我国首套10万吨/年生物航煤生产装置于2020年8月在中石化镇海炼化建成，中石油也已在吉林建成了6240吨/年玉米燃料乙醇生产基地。

大力提高能效，加强全过程节能工作，大幅降低资源能源消耗强度，有效控制化石能源消耗总量。加强现有业务的节能工作，大力提高能效，遵循“高质高用、低质低用”的原则，形成能量多次梯级利用的用能格局，实现能量的高效利用。制氢过程是炼厂碳排放的主要来源之一，可借鉴德西尼布公司和IFP（法国石油研究院）提出的优化制氢流程实现碳减排的方案。淘汰落后产能，大幅降低资源能源消耗强度。按照《石油和化学工业“十四五”发展指南》，“十四五”期间要继续加大安全和环保不达标的落后产能淘汰力度，加快推动落后产能出清，推进企业优胜劣汰。

加快部署二氧化碳捕集和封存、二氧化碳用作原料生产化工产品等项目，积极开发碳汇项目，发挥生态补偿机制作用。目前国内已有的二氧化碳捕集装置中，采用的捕集方法包括化学吸收法、变压吸附法等，其中以化学吸收法为主。

（二）我国石化行业绿色发展挑战分析

世界百年未有之大变局加速演进，面对日趋复杂的外部环境和行业供需格局的转变，我国石化化工行业的产业链与供应链实现稳链、补链、强链的要求更加迫切，行业必须顺应环境的变化和行业趋势的发展，抓住机遇，积极应对如下四方面挑战。

1. 新一代信息技术带来机遇，但行业数字化深度融合存在短板

目前我国石化化工行业主要工艺技术及其配套的工业控制系统较依靠进口，较依赖霍尼韦尔、艾默生等国外控制系统。我国软件开发能力不强、标准化水平低，工程设计、产品设计、工艺仿真、流程模拟、优化和生产过程控制等软件不占优势。因此，必须突破制约“两化”深度融合的关键技术和软件、硬件短板，构建新型现代化智能石化厂和运营模式，推进技术研发、工程设计、生产过程、经营管理、供应链与服务的数字化和智能化，实现由大到强的发展方式转变。

2. 行业面临发展与减碳双重挑战，能源效率与低碳技术水平有待提高

石化化工行业产业链各环节都面临通过技术创新推动碳减排、实现低碳发展的目标任务，这其中既包括 CCUS，生物化工，废弃化学品循环利用及先进节能等本行业低碳生产技术，也包括绿电供应等外部相关行业技术。目前，我国自主开发的低碳技术大部分处于小试或示范阶段，与行业国际领先水平仍有差距。例如，截至 2021

年9月，全球共有135个CCS项目，27个项目正在运行，捕集能力达3660×104t/a，其中美国占比达43%，中国仅占比8%。绿电供应不仅需要能源领域重大转型，还需要所有终端用能技术和设备的低碳转型。对石化化工行业而言，电气化将是过程用能去碳的重要抓手，相应的基础设施、工艺技术、工程设备等都需围绕新型电气化进行改造。

3. 新兴产业快速发展，但技术水平无法完全匹配需求

尽管我国石化化工行业取得了长足进展，乙烯、芳烃等成套技术和装备基本实现自主，煤化工等技术取得突破，但仍缺少部分关键核心技术及下游配套技术。以聚乙烯为例，技术对外依存度超过90%，行业处于依靠引进技术、进行大规模投资建设的追赶期，自主创新能力不强。一方面，企业研发投入不足。国际大型石化公司的研发投入占销售收入比例约为3%，而我国石化企业仅占1%左右。另一方面，现行机制尚不能有效激发企业科研人员开展以应用为导向的原创性基础研究的积极性，企业研发基本局限于跟跑和消化吸收。总体来看，企业内外的创新体系尚未完全形成，自主创新能力较薄弱。

二、我国石化行业绿色发展路径建议

2022年4月7日，工业和信息化部、国家发展和改革委员会等6部门联合发布《关于“十四五”推动石化化工行业高质量发展的指

导意见》，提出到2025年，石化化工行业基本形成自主创新能力强、结构布局合理、绿色安全低碳的高质量发展格局，高端产品保障能力大幅提高，核心竞争能力明显增强，高水平自立自强迈出坚实步伐。“十四五”期间，石化化工行业进一步加快转变发展方式，推动行业质量变革、效率变革、动力变革，实现高质量发展。

（一）持续加强创新能力，稳健提升产业链供给能力和竞争力

当前，全球科技创新进入空前密集活跃期，新一轮科技革命和产业变革正在重构全球创新版图、重塑全球经济结构。行业要由大到强，实现高质量发展，就一定要持续提升科技创新能力。因此，完善创新机制，开拓科技投入渠道，推动产学研用深度融合，构建协同创新体系，提供和储备面向国家当前和未来发展需求的科技资源尤为重要。一方面，要重视以应用为导向的基础研究，建立从分子水平认识石油等原料的平台，形成对原料中烃类结构特征和核心化学反应规律的系统理论，开发出针对性强的高效催化剂和分离与反应工艺，实现烃分子的定向高效转化；突破特殊结构反应器、大功率电加热炉等重要装备及零部件的制造技术、感知技术、控制技术等核心技术，增强创新发展动力，提升产业链稳定性和竞争力。另一方面，围绕战略性新兴产业和细分市场，通过催化剂、工艺创新或后改性等，加速三大合成材料的高端化、差异化、绿色化，形成全系列产品解决方案，同时科学布局电子化学品、膜材料等高新材料研发。创新资本运作和商业运作模式，推动产品供给侧结构性

改革，提升高端聚合物、专用化学品等产品供给能力。

（二）完善绿色低碳标准评价体系，加强推动金融财税扶持力度

强化绿色发展引领标准，力争实现绿色工厂／企业和重点产品全覆盖。持续加强节能节水标准体系建设，修订炼油、乙烯、合成氨、甲醇等重点产品能耗限额强制性国家标准，增强石化生产企业节能和低碳技术改造项目动力；提高化工泵、空压机、锅炉、加热炉等主要用能设备能效标准，拓展高能效、低排放装备市场空间；完善石化化工企业能源管理、低碳产品认证等标准，推动企业碳排放管理水平提升。针对低碳发展导向，完善重点产品能耗限额标准，编制重点产品碳排放限额标准。在绿色制造体系的基础上，建立完善低碳评价体系，建立碳回收再利用产品的认证、绿色低碳技术评估等服务体系和平台。

此外，加大对石化产业节能、清洁能源替代等投资项目的财政支持力度，落实节能节水和环境保护专用设备享受企业所得税抵免的优惠政策。加快全国碳市场建设，全面实行碳排放权市场化交易，尽快将石化产业纳入全国碳市场中。将碳排放成本有机结合进石化产业投资和运行体系中，探索固定资产投资项目碳排放评价制度，发挥碳市场与行业发展相互促进、协同互补作用。

（三）优化调整产业结构和布局，促进高水平集聚发展

我国石化化工行业整体发展质量不高，产业布局不尽科学，产业结构多处于中低端，重复建设仍然存在，行业盈利能力有待提高，亟待转变发展方式，提高发展质量。现有石化装置要加快结构调整和升级改造。一方面，以最大化为社会创造价值为目标，利用数字化和智能化技术，进一步提高资源利用率，细化原料加工路径，高效分离利用副产物，降低能耗物耗，提升装置运行水平，有序推进“减油增特”“减油增化”，拓展延伸化工产业链，加快提质增效的改革进程，提升与市场需求灵活匹配的能力。另一方面，本着全局统筹、系统节约的原则，综合各方面因素，建立合理的指标体系，科学评估推进低效落后产能退出和生产企业搬迁。

新建石化项目要严格准入条件、统筹布局。国家层面建立高质量发展标准体系，从本质安全和低碳环保可靠性、物流传输便利性、产品结构和技术先进性，以及创新能力、经济效益、国际竞争力等方面，进行全面系统评估，严格准入条件。布局时要综合考虑资源、市场、环境容量和物流等条件，最大限度发挥上下游协同、公用辅助工程一体化、安全环保应急一体化、管理服务金融一体化的集群发展优势，推进“两化”深度融合，提高运营效率，提升专业化管理和抗风险能力，形成世界领先石化产业基地。

（四）推进绿色循环低碳发展，提高本质安全和清洁生产水平

“双碳”目标下，低碳绿色发展是大势所趋。石化行业的碳排放主要来自燃料燃烧排放，其次是工艺过程排放。可聚焦“源头、过程、终端”3条路径，有序推动重点领域节能降碳。

在源头减碳方面，加快突破废旧化工材料再生和循环利用技术、低碳/零碳制氢技术、生物化工技术等，部分替代传统油气等原料，达到减污、降碳、节约资源多重效果；在过程减碳方面，持续开发加热炉提效、富氧燃烧、高效分离、过程强化、新型节能等新技术，以及物料优化、能量优化、智能化等系统优化技术，加快节能与提高能效、清洁能源替代、新型工艺与催化剂、系统优化等举措的落地，推进示范引领，实现过程用能的减量化与低碳化，以及工艺过程的低排放；在终端减碳方面，加强与低碳产业联合创新，重点围绕新能源汽车、可再生能源发电、CCS等低碳产业发展所需，强化汽车轻量化材料、风电叶片、先进储能材料等新材料的研发，开展二氧化碳规模化捕集、封存、驱油和制化学品等的示范。

当前，我国石化化工行业重大安全风险防范化解能力与世界先进水平相比仍存在差距，制约行业安全、绿色发展的问题依旧突出。特别是在产业转型升级步伐加快，产业链条不断拓展延伸，新工艺、新材料、新产品大量涌现时期，更需加强安全举措。必须要以遏制

防范重特大事故为目标，把防范危险化学品系统性安全风险作为主攻方向，突出企业主体责任，强化监管责任，规范石化化工园区建设和安全管理，构建与石化化工生产大国相适应的石化化工安全治理体系。